新世纪高职高专
建筑工程技术类课程规划教材

BIM 建模基础

新世纪高职高专教材编审委员会 组编
主　编　张　喆
副主编　李嘉仪　张玉洁　宋　祥
主　审　杨　谦

大连理工大学出版社

图书在版编目(CIP)数据

BIM 建模基础 / 张喆主编. -- 大连：大连理工大学出版社，2021.6(2024.8重印)
新世纪高职高专建筑工程技术类课程规划教材
ISBN 978-7-5685-3022-4

Ⅰ.①B… Ⅱ.①张… Ⅲ.①建筑设计－计算机辅助设计－应用软件－高等职业教育－教材 Ⅳ.①TU201.4

中国版本图书馆 CIP 数据核字(2021)第 097405 号

大连理工大学出版社出版

地址：大连市软件园路 80 号　邮政编码：116023
发行：0411-84708842　邮购：0411-84708943　传真：0411-84701466
E-mail：dutp@dutp.cn　URL：http://www.dutp.cn
北京虎彩文化传播有限公司印刷　大连理工大学出版社发行

幅面尺寸：185mm×260mm　印张：11.75　字数：286 千字
2021 年 6 月第 1 版　2024 年 8 月第 4 次印刷

责任编辑：康云霞　　　　　　　　　　　　责任校对：吴媛媛
　　　　　　　　　封面设计：张　莹

ISBN 978-7-5685-3022-4　　　　　　　　　定　价：39.80 元

本书如有印装质量问题，请与我社发行部联系更换。

前　言

《BIM 建模基础》是新世纪高职高专教材编审委员会组编的建筑工程技术类课程规划教材之一。

BIM 已经成为当前建设领域的前沿技术之一，正在推动行业工作方式的变革。为推动建筑行业产业的转型升级，培养建筑行业紧缺的高质量建筑信息技术技能人才，我们编写了《BIM 建模基础》教材。

本书在编写过程中力求突出以下特色：

1. 基于不断成熟落地的建筑信息化建模技术，深度挖掘 BIM 技术，融入建筑工程全生命周期，建设课程思政元素，结合 1+X 建筑信息模型职业技能等级标准，以"理实一体、学训结合、岗课赛证融通"为主旨思想，以教学楼项目为主线，按照建模流程模块化分解学习任务，步步递进、层层深入。

2. 本书主要介绍 BIM 技术在建筑全生命周期的应用前景与现状，用建筑信息模型全球通用工具软件 Revit 创建建筑、结构专业模型的流程，以及对完成的模型进行多形式渲染、输出与表达的方法。

3. 本书提供了理实结合、线上线下交互式的教学方式，全书以学习者为中心，以理实楼工程建模贯穿始终，详细介绍每一步操作的目的和相关的操作技巧，对主要操作技能点配备了微课视频。

4. 立足岗位实际能力需求，本书线上资源配备了实战拓展项目及丰富的多种建筑、结构形式的成套工程图纸及完整建筑信息模型及 BIM 技术应用点分析案例。

本书由陕西工业职业技术学院张喆任主编；陕西工业职业技术学院李嘉仪、张玉洁、宋祥任副主编；陕西工业职业技术学院陈强、安亚强及陕西建工第六建设集团有限公司雷升杰、赵华龙任参编。具体编写分工如下：张喆编写模块 1、模块 5、模块 6；宋祥编写模块 2 及附录；陈强编写模

块3、模块4;安亚强编写模块7、模块8;张玉洁编写模块9、模块10、模块11;李嘉仪编写模块12、模块13、模块14;雷升杰、赵华龙提供了本书工程图纸和配套模型。全书由张喆负责统稿和定稿。陕西工业职业技术学院杨谦担任本书主审。特别感谢陕西省建设教育协会白剑英、师磊等对本书在开发过程中给予的指导意见!

  本书可以作为高等职业院校相关专业的教材,也可以满足各类建筑、施工和开发企业用户对Revit软件学习的需求。

  由于时间仓促,书中仍可能存在不足,恳请读者批评指正。

编　者

2021年6月

所有意见和建议请发往:dutpgz@163.com

欢迎访问职教数字化服务平台:http://sve.dutpbook.com

联系电话:0411-84707424　84706676

目 录

模块 1 绪 论 ·· 1
   1.1　BIM 的定义 ··· 1
   1.2　BIM 的特点 ··· 2
   1.3　五个阶段的应用 ·· 3
   1.4　建模流程 ·· 5
   小　结 ·· 6

模块 2　Revit 基础 ·· 7
   2.1　Revit 简介 ·· 7
   2.2　Revit 基本术语 ··· 8
   2.3　图元行为 ·· 10
   2.4　Revit 基本操作 ··· 11
   小　结 ·· 20

模块 3　建模前期准备 ··· 21
   3.1　项目介绍 ·· 21
   3.2　图纸分析及预处理 ·· 22
   3.3　建立项目文件 ··· 23
   小　结 ·· 26

模块 4　创建标高及轴网 ··· 27
   4.1　创建项目标高 ··· 27
   4.2　创建项目轴网 ··· 33
   4.3　标注轴网 ·· 36
   小　结 ·· 38

模块 5　创建柱 ··· 39
   5.1　创建建筑柱 ·· 39
   5.2　创建结构柱 ·· 42
   小　结 ·· 45

模块 6　创建墙体 ·· 46
   6.1　墙体命令使用方法 ·· 46
   6.2　新建建筑墙 ·· 47
   小　结 ·· 56

模块 7　创建幕墙 ····· 57
7.1　幕墙简介 ····· 57
7.2　创建幕墙的方法 ····· 59
7.3　划分幕墙网格 ····· 62
7.4　设置幕墙嵌板 ····· 64
7.5　添加幕墙竖梃 ····· 67
小　结 ····· 70

模块 8　创建门窗 ····· 71
8.1　创建一层门 ····· 71
8.2　创建一层窗 ····· 73
8.3　创建其他层门窗 ····· 75
小　结 ····· 76

模块 9　创建楼板及屋顶 ····· 77
9.1　创建室内楼板 ····· 78
9.2　创建屋顶 ····· 82
小　结 ····· 97

模块 10　创建交通联系构件 ····· 98
10.1　创建室内楼梯 ····· 98
10.2　创建栏杆扶手 ····· 103
10.3　创建室外台阶、坡道和散水 ····· 104
小　结 ····· 115

模块 11　创建基础、结构柱及结构梁 ····· 116
11.1　创建独立基础 ····· 116
11.2　创建桩基础 ····· 124
11.3　创建结构柱 ····· 126
11.4　创建结构梁 ····· 130
小　结 ····· 133

模块 12　创建场地 ····· 134
12.1　添加地形表面 ····· 134
12.2　添加建筑地坪 ····· 140
12.3　创建场地道路 ····· 142
12.4　场地构件 ····· 143
小　结 ····· 144

模块 13　Revit 建筑表现 ····· 145
13.1　设置视觉样式 ····· 145
13.2　设置日光及阴影 ····· 148
13.3　创建相机与漫游 ····· 151
小　结 ····· 159

模块 14　渲染与输出 ┈┈┈┈┈┈┈┈┈┈┈┈┈┈┈┈┈┈┈┈┈┈┈┈┈┈┈┈┈┈┈┈ 160
　14.1　渲染设置 ┈┈┈┈┈┈┈┈┈┈┈┈┈┈┈┈┈┈┈┈┈┈┈┈┈┈┈┈┈┈┈┈┈┈ 160
　14.2　导出效果图及渲染优化 ┈┈┈┈┈┈┈┈┈┈┈┈┈┈┈┈┈┈┈┈┈┈┈┈┈┈ 172
　14.3　软件交互及应用 ┈┈┈┈┈┈┈┈┈┈┈┈┈┈┈┈┈┈┈┈┈┈┈┈┈┈┈┈┈ 173
　小　　结 ┈┈┈┈┈┈┈┈┈┈┈┈┈┈┈┈┈┈┈┈┈┈┈┈┈┈┈┈┈┈┈┈┈┈┈┈ 177
参考文献 ┈┈┈┈┈┈┈┈┈┈┈┈┈┈┈┈┈┈┈┈┈┈┈┈┈┈┈┈┈┈┈┈┈┈┈┈┈ 178
附　　录 ┈┈┈┈┈┈┈┈┈┈┈┈┈┈┈┈┈┈┈┈┈┈┈┈┈┈┈┈┈┈┈┈┈┈┈┈┈ 179
　附表1　柱编号、截面尺寸及数量 ┈┈┈┈┈┈┈┈┈┈┈┈┈┈┈┈┈┈┈┈┈┈┈ 179
　附表2　标高3.950梁的尺寸及数量 ┈┈┈┈┈┈┈┈┈┈┈┈┈┈┈┈┈┈┈┈┈ 180

本书思政案例列表

序号	思政案例名称	页码
1	科技创新,智能建造,BIM技术助力中国建筑产业高质量发展	P1
2	BIM技术助力超级工程,彰显新时代风采	P5
3	中国二十冶集团有限公司BIM技术助力绿色建筑	P5
4	传承"工匠精神":BIM建模标准化	P21
5	红色建筑镌党史,弘扬延安精神,传承红色经典	P57
6	传承"工匠精神":避免浅尝辄止,需循序渐进	P135
7	"BIM+三维激光扫描技术"助力历史文化传承	P173
8	"BIM+装配式"创造"中国速度",助力火神山医院交付	P177
9	《中国建设者》未来之城,勇担使命与责任	P177

本书配套微课视频

序号	微课视频名称	所在页码	序号	微课视频名称	所在页码
1	CAD写块	22	28	创建雨篷-钢雨篷	115
2	新建项目	23	29	创建雨篷-混凝土板雨篷	115
3	导入CAD图纸	25	30	创建散水	115
4	绘制标高	28	31	创建室外坡道	115
5	用复制或阵列命令创建标高	29	32	创建室外台阶	115
6	编辑标高	30	33	识读结构施工图纸及创建结构模型	116
7	修改标高类型属性	32	34	创建独立基础-三阶	117
8	创建轴网	33	35	创建独立基础-二阶	119
9	编辑轴网	34	36	创建独立基础-坡型	124
10	标注轴网	36	37	创建桩基础	124
11	创建建筑柱	39	38	创建框架柱	126
12	创建结构柱	42	39	创建框架梁	130
13	墙体命令使用方法	46	40	添加地形表面-导入创建	134
14	新建建筑墙1	47	41	添加地形表面-放置点	134
15	新建建筑墙2	47	42	添加建筑地坪	141
16	新建建筑墙3	47	43	创建场地道路	142
17	嵌入法创建玻璃幕墙	59	44	创建场地构件	143
18	幕墙网格划分	63	45	设置视觉样式	145
19	门窗嵌板	64	46	设置静态阴影	148
20	门的载入	71	47	设置动态阴影	150
21	窗的载入	73	48	创建漫游	151
22	创建其他层门窗	75	49	编辑漫游	151
23	楼板及楼板开洞	78	50	导出漫游	151
24	室内楼梯-1号楼梯创建	98	51	创建三维视图	160
25	室内楼梯-建筑施工图识读	98	52	设置材质渲染外观	163
26	创建室内楼梯-栏杆扶手	103	53	设置照明	164
27	创建散水-内建模型	115	54	定义渲染设置及保存导出	168

模块1 绪 论

建筑信息模型(Building Information Modeling,以下简称 BIM)的理论基础主要源于制造行业集 CAD、CAM 于一体的计算机集成制造系统 CIMS(Computer Integrated Manufacturing System)理念和基于产品数据管理 PDM 与 STEP 标准的产品信息模型。BIM 是近十年在原有 CAD 技术基础上发展起来的一种多维(三维空间、四维时间、五维成本、N 维更多应用)模型信息集成技术,可以使建设项目的所有参与方(包括政府主管部门、业主、设计、施工、监理、造价、运营管理、项目用户等)在项目从概念产生到完全拆除的整个生命周期内都能够在模型中操作信息和在信息中操作模型,从而从根本上改变了从业人员依靠符号文字、形式图纸进行项目建设和运营管理的工作方式,实现了在建设项目全生命周期内提高工作效率和质量以及减少错误和降低风险的目标。

1.1 BIM 的定义

目前,国内外关于 BIM 的定义或解释有多种版本,现介绍三种常用的 BIM 定义。

1. McGraw Hill 集团的定义

McGraw Hill(麦克格劳·希尔)集团在 2009 年的一份 BIM 市场报告中将 BIM 定义为:"BIM 是利用数字模型对项目进行设计、施工和运营的过程。"

2. 美国国家 BIM 标准(NBIMS)的定义

美国国家 BIM 标准对 BIM 的含义进行了四个层面的解释:"BIM 是一个设施(建设项目)物理和功能特性的数字表达;一个共享的知识资源;一个分享有关这个设施的信息,为该设施从概念到拆除的全生命周期中的所有决策提供可靠依据的过程;在项目不同阶段,不同利益相关方通过在 BIM 中插入、提取、更新和修改信息,以支持和反映其各自职责的协同作业。"

3. 国际标准组织设施信息委员会（Facilities Information Council）的定义

国际标准组织设施信息委员会将 BIM 定义为："BIM 是利用开放的行业标准，对设施的物理和功能特性及其相关的项目生命周期信息进行数字化形式的表现，从而为项目决策提供支持，有利于更好地实现项目的价值。"在其补充说明中强调，BIM 将所有的相关方面集成在一个连贯有序的数据组织中，相关的应用软件在被许可的情况下可以获取、修改或增加数据。

根据以上三种有关 BIM 的定义、相关文献及资料，可将 BIM 的含义总结为：

（1）BIM 是以三维数字技术为基础，集成了建筑工程项目各种相关信息的工程数据模型，是对工程项目设施实体与功能特性的数字化表达。

（2）BIM 是一个完善的信息模型，能够连接建筑项目生命周期不同阶段的数据、过程和资源，是对工程对象的完整描述，可提供自动计算、查询、组合拆分的实时工程数据，可被建设项目各参与方普遍使用。

（3）BIM 具有单一工程数据源，可解决分布式、异构工程数据之间的一致性和全局共享问题，支持建设项目生命周期中动态的工程信息创建、管理和共享，是项目实时的共享数据平台。

1.2 BIM 的特点

1. 信息完备性

BIM 除了对工程对象进行 3D 几何信息和拓扑关系的描述，还包括完整的工程信息描述，如对象名称、结构类型、建筑材料、工程性能等设计信息；施工工序、进度、成本、质量以及人力、机械、材料资源等施工信息；工程安全性能、材料耐久性能等维护信息；对象之间的工程逻辑关系等。

2. 信息关联性

信息模型中的对象是可识别且相互关联的，系统能够对模型的信息进行统计和分析，并生成相应的图形和文档。如果模型中的某个对象发生变化，与之关联的所有对象都会随之更新，以保持模型的完整性。

3. 信息一致性

在建筑生命周期的不同阶段，模型信息是一致的，同一信息无须重复输入，而且信息模型能够自动演化，模型对象在不同阶段可以简单地进行修改和扩展而无须重新创建，避免了信息不一致的错误。

4. 可视化

BIM 提供了可视化的思路，让以往呈现在图纸上的线条式的构件变成一种三维的立体实物图形展示在人们的面前。BIM 的可视化是一种能够在构件之间形成互动性的可视，可以用来展示效果图及生成报表。其更具应用价值的是，在项目设计、建造、运营过程中，各过程的沟通、讨论、决策都能在可视化的状态下进行。

5. 协调性

在设计时,由于各专业设计师之间的沟通不到位,往往会出现施工中各专业之间的碰撞问题,例如结构设计的梁等构件在施工中妨碍暖通等专业中的管道布置等。BIM 建筑信息模型可在建筑物建造前期将各专业模型汇集在一个整体中,进行碰撞检测,并生成碰撞检测报告及协调数据。

6. 模拟性

BIM 不仅可以模拟设计出建筑物模型,还可以模拟在真实世界中难以进行操作的事物,具体表现如下:

(1)在设计阶段,可以对设计上所需数据进行模拟试验,例如节能模拟、日照模拟、热能传导模拟等。

(2)在招投标及施工阶段,可以进行 4D 模拟(在 3D 模型中加入项目的发展时间),根据施工的组织设计来模拟实际施工,从而确定合理的施工方案;还可以进行 5D 模拟(在 4D 模型中加入造价控制),从而实现成本控制。

(3)后期运营阶段,可以对突发紧急情况的处理方式进行模拟,例如模拟地震中人员逃生及火灾现场人员疏散等。

7. 优化性

整个设计、施工、运营的过程,其实就是一个不断优化的过程,没有准确的信息是做不出合理优化的结果的。BIM 模型不仅提供了建筑物存在的实际信息,包括几何信息、物理信息、规则信息,还提供了建筑物变化以后的实际存在。BIM 及与其配套的各种优化工具提供了对复杂项目进行优化的可能:把项目设计和投资回报分析结合起来,计算出设计变化对投资回报的影响,使得业主明确哪种项目设计方案更有利于自身的需求;对设计施工方案进行优化,可以显著地缩短工期和降低造价。

8. 可出图性

BIM 可以自动生成常用的建筑设计图纸及构件加工图纸。通过对建筑物进行可视化展示、协调、模拟及优化,可以帮助业主生成消除了碰撞点、优化后的综合管线图,生成综合结构预留洞图、碰撞检测报告及改进方案等。

1.3 五个阶段的应用

1. 基于 BIM 的工程设计

作为一名建筑师,首先要真实地再现自己脑海中或精致、宏伟、灵动或庄重的建筑。在使用 BIM 之前,建筑师常常通过泡沫、纸板做的手工模型展示头脑中的造型、创意,相应调整方案的工作也是在这样的情况下进行的,由创意到手工模型的工作需要较长的时间,而且设计师还会反复在创意和手工模型之间进行工作。

对于双重特性项目,只有采用三维建模方式进行设计,才能避免许多二维设计后期才会发现的问题。采用基于 BIM 技术的设计软件做支撑,以预先导入的三维外观造型做定位参考,在软件中建立建筑物内部建筑功能模型、结构网架模型、机电设备管线模型,实现了不同专业设计之间的信息共享,各专业设计可从信息模型中获取所需的设计参数和相关信息,不需要重复录入数据,避免数据冗余、歧义和错误。

由于BIM模型真实的三维特性,它的可视化纠错能力直观、实际,对设计师很有帮助,这使在施工过程中可能发生的问题,提前到设计阶段来处理,减少了施工阶段的反复,不仅节约了成本,还节省了建设周期。BIM模型的建立有助于设计师对防火、疏散、声音、温度等相关的分析研究。

BIM模型便于设计人员跟业主进行沟通。二维和一些效果图软件只能制作效果夸张的表面模型,缺乏直观、逼真的效果;而三维模型可以提供一个内部可视化的虚拟建筑物,并且是实际尺寸比例,业主可以通过电脑里的虚拟建筑物,查看任意一个房间、走廊、门厅,了解其高度构造、梁柱布局,通过直观视觉的感受,确定建筑高度是否满意,窗户是否合理,在前期方案设计阶段通过沟通提前解决很多现实当中的问题。

2. 基于BIM的施工及管理

基于BIM进行虚拟施工可以实现动态、集成和可视化的4D施工管理。将建筑物及施工现场6D模型与施工进度相连接,并与施工资源和场地布置信息集成一体,建立4D施工信息模型。实现建设项目施工阶段工程进度、人力、材料、设备、成本和场地布置的动态集成管理及施工过程的可视化模拟,以提供合理的施工方案及人员、材料使用的合理配置,从而在最大范围内实现资源合理运用。在计算机上执行建造过程,虚拟模型可在实际建造之前对工程项目的功能及可建造性等潜在问题进行预测,包括施工方法实验、施工过程模拟及施工方案优化等。

3. 基于BIM的建筑运营维护管理

综合应用GIS技术,将BIM与维护管理计划相连接,实现建筑物业管理与楼宇设备的实时监控相集成的智能化和可视化管理,及时定位问题来源。结合运营阶段的环境影响和灾害破坏,针对结构损伤、材料劣化及灾害破坏,进行建筑结构安全性、耐久性分析与预测。

4. 基于BIM的全生命周期管理

BIM的意义在于完善了整个建筑行业从上游到下游的各个管理系统和工作流程间的纵、横向沟通和多维性交流,实现了项目全生命周期的信息化管理。BIM的技术核心是一个由计算机三维模型所形成的数据库,包含了贯穿于设计、施工和运营管理等整个项目全生命周期的各个阶段,并且各种信息始终建立在一个三维模型数据库中。BIM能够使建筑师、工程师、施工人员以及业主清楚全面地了解项目:建筑设计专业可以直接生成三维实体模型;结构专业则可取其中墙材料强度及墙上孔洞大小进行计算;设备专业可以据此进行建筑能量分析、声学分析、光学分析等;施工单位则可根据混凝土类型、配筋等信息进行水泥等材料的备料及下料;开发商则可取其中的造价、门窗类型、工程量等信息进行工程造价总预算、产品订货等。

BIM在促进建筑专业人员整合、改善设计成效方面发挥的作用与日俱增,它将人员、系统和实践全部集成到一个流程中,使所有参与者充分发挥自己的智慧和才华,可在设计、制造和施工等阶段优化项目成效,为业主增加价值、减少浪费并最大限度提高效率。基于BIM的建设工程全生命周期管理如图1-1所示。

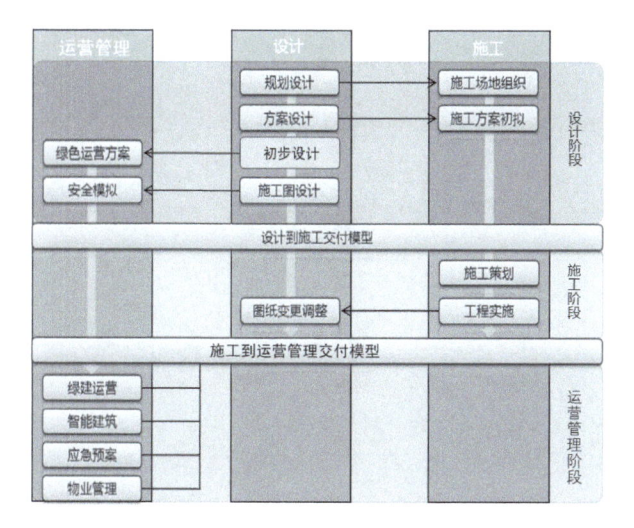

图 1-1　基于 BIM 的建设工程全生命周期管理

5. 基于 BIM 的协同工作平台

BIM 具有单一工程数据源,可解决分布式、异构工程数据之间的一致性和全局共享问题,支持建设项目生命周期中动态的工程信息创建、管理和共享。工程项目各参与方使用的是单一信息源,要确保信息的准确性和一致性。实现项目各参与方之间的信息交流和共享,从根本上解决项目各参与方基于纸介质方式进行信息交流所形成的"信息断层"和应用系统之间的"信息孤岛"问题。

连接建筑项目生命周期与不同阶段数据、过程和资源的一个完善的信息模型是对工程对象的完整描述,建设项目的设计团队、施工单位、设施运营部门和业主等各方人员共用,进行有效的协同工作,节省资源、降低成本以实现可持续发展。促进建筑生命周期管理,实现建筑生命周期各阶段的工程性能、质量、安全、进度和成本的集成化管理,对建设项目生命周期总成本、能源消耗、环境影响等进行分析、预测和控制。

1.4　建模流程

BIM 模型一般在项目的"设计-招标-施工-运营"过程中不断扩充和细化。对于项目中不同专业团队,共同协作完成 BIM 模型的建模流程一般按照"先土建后机电,先粗略后精细"的顺序来进行。考虑到项目设计建造的顺序和协同作业,BIM 建模流程如图 1-2 所示。首先确定项目的样板文件,在样板文件中设定所需的工作环境,包括文字大小及样式、尺寸标注样式、图框、工作界面等,以便于统一标准、协同作业,同时也可以大大减轻工作量。

建好样板文件后,建筑专业人员就开始创建建筑模型,结构专业人员创建结构模型,结构模型的具体创建流程见本书模块 11。以建筑模型来说,通常先绘制标高/轴网,接下来依次绘制墙/幕墙、建筑柱、门窗、楼板、屋顶、楼梯,最后是栏杆、台阶、散水等其他构件。建筑模型和结构模型可以是一个文件,也可以分成两个专业文件,这主要取决于项目的需要。当

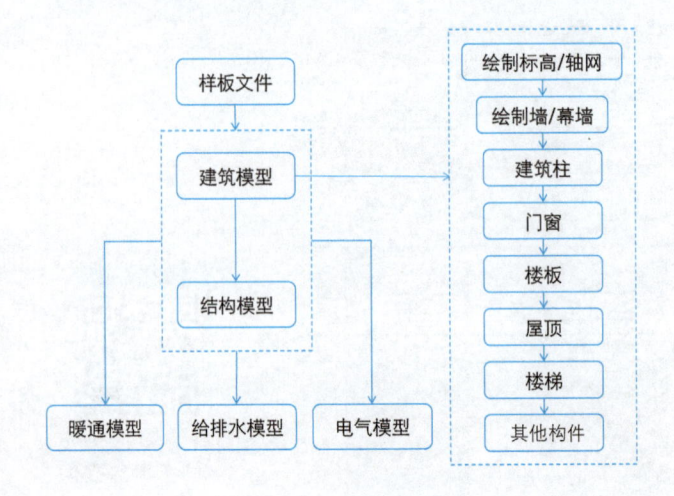

图 1-2　BIM 建模流程

建筑模型和结构模型完成后,水暖电专业人员在建筑结构模型的基础上再完成各自专业的模型。

　　建模流程是灵活多样的,以上建模流程并不是固定不变的,不同的项目要求、不同的应用要求、不同的工作团队都会有不同的建模流程,如何制定一个合适的建模流程需要在项目实践中去探索和总结。

小　结

　　本模块主要讲了 BIM 定义、BIM 技术特点、BIM 技术在建筑生产全生命周期五个阶段的应用现状与效果以及 BIM 建模的基本流程。本模块内容为后续建模内容与精度指明了方向。

模块 2
Revit 基础

Revit 是 Autodesk 公司的一套系列软件的名称。Revit 系列软件是为 BIM 构建的,可帮助建筑设计师设计、建造和维护质量更好、能效更高的建筑。Autodesk Revit 作为一种应用程序,结合了 Autodesk Revit Architecture、Autodesk Revit MEP 和 Autodesk Revit Structure 软件的功能。Revit 是我国建筑业 BIM 体系中使用最广泛的软件。

2.1 Revit 简介

Revit 最早是一家名为 Revit Technology 的公司于 1997 年开发的三维参数化建筑设计软件。2002 年,Autodesk 收购了该公司,并在工程建设行业提出 BIM 的概念。

Revit 是专为建筑行业开发的模型和信息管理平台,它支持建筑项目所需的模型、设计、图纸和明细表,并可以在模型中记录材料的数量、施工过程、造价等工程信息。

在 Revit 项目中,所有的图纸、二维视图和三维视图以及明细表都是同一个基本建筑模型数据库的信息表现形式。Revit 的参数化修改引擎可自动协调在任何位置(模型视图、图纸、明细表、剖面和平面)进行的修改。

1. BIM

BIM 是以三维数字技术为基础,集成了建筑工程项目各种相关信息的工程数据模型,可以为设计和施工提供相互协调的、内部保持一致并可运行的信息。

Revit 具有强大的参数化建模能力、精确统计及 Revit 平台上优秀协同设计、碰撞检查功能,已经被越来越多的民用设计企业、专业设计院、EPC 企业采用。

2. 参数化

参数化是 Revit 的基本特性。所谓"参数"是指 Revit 中各模型图元之间的相对关系,例如,相对距离、共线等几何特征。Revit 会自动记录这些构件间的特征和相对关系,从而实现模型间的自动协调和变更管理。例如,指定窗底部边缘距离标高距离为 900,当修改标高位置时,Revit 会自动修改窗的位置,以确保变更后窗底部边缘距离标高仍为 900。构件间的参数化关系可以在创建模型时由 Revit 自动创建,也可以根据需要由用户手动创建。

在 CAD 领域中，用于表达和定义构件间的这些关系的数字或特性称为"参数"，Revit 通过修改构件中的预设或自定义的各种参数实现对模型的修改，这个过程被称为参数化修改。参数化功能为 Revit 提供了基本的协调能力和生产率优势：无论何时在项目中的任何位置进行任何修改，Revit 都能在整个项目内协调该修改，从而确保几何模型和工程数据的一致性。

2.2　Revit 基本术语

要掌握 Revit 的操作，必须先理解软件中重要的概念和专用术语。由于 Revit 是针对工程建设行业推出的 BIM 工具，因此 Revit 中大多数术语均来自工程项目，例如结构墙、门、窗、楼板、楼梯等。软件中包括的专用术语读者务必掌握。

除前面介绍的参数化外，Revit 还包括几个常用的专用术语。这些常用术语包括：项目、对象类别、族、族类型、族实例。必须理解这些术语的概念，才能灵活创建模型和文档。

1. 项目

在 Revit 中，可以简单地将项目理解为 Revit 的默认存档格式文件。该文件包含了工程中所有的模型信息和其他工程信息，如材质、造价、数量等，还包含设计中生成的各种图纸和视图。项目以".rvt"的数据格式保存。

> ".rvt"格式的项目文件无法用低版本的 Revit 打开，但可以被更高版本的 Revit 打开。例如，使用 Revit 2012 创建的项目数据，无法在 Revit 2011 或更低的版本中打开，但可以使用 Revit 2017 打开或编辑。

2. 对象类别

与 AutoCAD 不同，Revit 不提供图层的概念。Revit 中的轴网、墙、尺寸标注、文字注释等对象以对象类别的方式进行自动归类和管理。Revit 通过对象类别进行细分管理。例如，模型图元类别包括墙、楼梯、楼板等；注释类别包括门窗标记、尺寸标注、轴网、文字等。

在项目任意视图中通过默认快捷键 VV，将打开"可见性图形/替换"对话框，如图 2-1 所示，在该对话框中可以查看 Revit 包含的详细的类别名称。

> 在 Revit 的各类别对象中，还将包含子类别定义，例如楼梯类别中，还可以包含踢面线、轮廓等子类别。Revit 通过控制对象中各子类别的可见性、线形、线宽等设置，控制三维模型对象在视图中的显示，以满足建筑出图的要求。

在创建各类对象时，Revit 会自动根据对象所使用的族将该图元自动归类到正确的对象类别当中。例如，放置门时，Revit 会自动将该图元归类于"门"，而不必像 AutoCAD 那样预先指定图层。

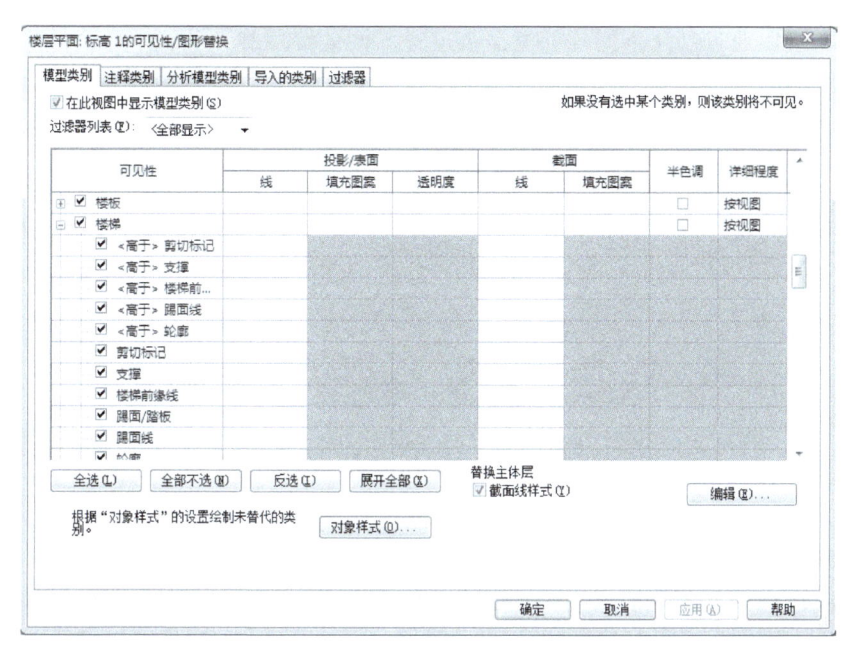

图 2-1 "可见性图形/替换"对话框

3. 族

Revit 的项目是由墙、门、窗、楼板、楼梯等一系列基本对象"堆积"而成的,这些基本的零件称为图元。除三维图元外,包括文字、尺寸标注等单个对象也称为图元。族是 Revit 项目的基础。Revit 的任何单一图元都由某一个特定族产生。例如,一扇门、一面墙、一个尺寸标注、一个图框。由一个族产生的各图元均具有相似的属性或参数。例如,对于一个平开门族,由该族产生的图元都将具有高度、宽度等参数,但具体每个门的高度、宽度可以不同,这由该族的类型或实例参数定义决定。

在 Revit 中,族分为三种:

(1) 可载入族

可载入族是指单独保存为族".rfa"格式的独立族文件,是可以随时载入到项目中的族。Revit 提供了族样板文件,允许用户自定义任意形式的族。在 Revit 中,门、窗、结构柱、卫浴装置等均为可载入族。

(2) 系统族

系统族仅能利用系统提供的默认参数进行定义,不能作为单个族文件载入或创建。系统族包括墙、尺寸标注、天花板、屋顶、楼板等。系统族中定义的族类型可以使用"项目传递"功能在不同的项目之间进行传递。

(3) 内建族

在项目中,由用户在项目中直接创建的族称为内建族。内建族仅能在本项目中使用,既不能保存为单独的".rfa"格式的族文件,也不能通过"项目传递"功能将其传递给其他项目。

与其他族不同,内建族仅能包含一种类型。Revit 不允许用户通过复制内建族类型来创建新的族类型。

4. 族类型和族实例

除内建族外,每一个族包含一个或多个不同的类型,用于定义不同的对象特性。例如,对于墙来说,可以通过创建不同的族类型来定义不同的墙厚和墙构造。而每个放置在项目中的实际墙图元,则称为该类型的一个实例。Revit通过类型属性参数和实例属性参数控制图元的类型或实例参数特征。同一类型的所有实例均具备相同的类型属性参数设置,而同一类型的不同实例可以具备完全不同的实例参数设置。图2-2列举了Revit中族类别、族、族类型和族实例之间的关系。

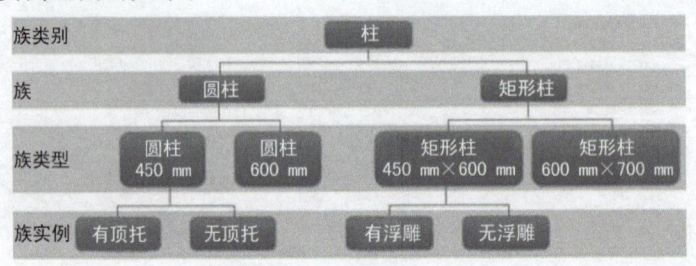

图2-2 族类别、族、族类型和族实例之间的关系

例如,对于同一类型的不同墙实例,它们均具备相同的墙厚度和墙构造定义,但可以具备不同的高度、底部标高等信息。

修改类型属性的值会影响该族类型的所有实例,而修改实例属性时,仅影响所有被选择的实例。要修改某个实例使其具有不同的类型定义,必须为族创建新的族类型。例如,要将其中一个厚度为240 mm的墙图元修改为300 mm厚的墙,必须为墙创建新的类型,以便于在类型属性中定义墙的厚度。

2.3 图元行为

1. 基准图元

基准图元可帮助定义项目的定位信息。例如,轴网、标高和参照平面都是基准图元。

2. 模型图元

模型图元表示建筑的实际三维几何图形,它们显示在模型的相关视图中。例如,墙、窗、门和屋顶都是模型图元。

模型图元分为主体和模型构件两种类型:

主体(或主体图元)通常在构造场地在位构建,例如墙和天花板是主体。

模型构件是建筑模型中其他所有类型的图元,例如窗、门和橱柜是模型构件。

3. 视图专有图元

视图专有图元只显示在放置这些图元的视图中。它们可帮助对模型进行描述或归档。例如,尺寸标注、标记和二维详图构件都是视图专有图元。

视图专有图元分为注释图元和详图两种类型:

注释图元是对模型信息进行提取并在图纸上以标记文字的方式显示其名称、特性。例如,尺寸标注、标记和注释记号都是注释图元。当模型发生变更时,这些注释图元将随模型的变化而自动更新。

详图是在特定视图中提供有关建筑模型详细信息的二维项。例如,详图线、填充区域和二维详图构件。这类图元类似于 AutoCAD 中绘制的图块,不随模型的变化而自动变化。

2.4 Revit 基本操作

Revit 是标准的 Windows 应用程序。可以像其他 Windows 软件一样通过双击快捷键方式启动 Revit 主程序。

启动后,默认会显示"最近使用的文件"界面。如果在启动 Revit 时,不希望显示"最近使用的文件"界面,可以按以下步骤来设置。

(1)启动 Revit,单击左上角"应用程序菜单"按钮,在菜单中选择位于右下角的"选项"按钮,在"选项"对话框中选择"用户界面",如图 2-3 所示。

图 2-3 "选项"对话框(1)

(2)在"选项"对话框中的"用户界面"选项中,取消勾选"启动时启用'最近使用的文件'页面"复选框,设置完成后单击"确定"按钮,退出"选项"对话框。

(3)单击"应用程序菜单"按钮,在菜单中选择"退出 Revit",关闭 Revit,重新启动Revit,此时将不再显示"最近使用的文件"界面,仅显示空白界面。

(4)使用相同的方法,勾选"选项"对话框中"启动时启用'最近使用的文件'页面"复选框并单击"确定"按钮,将重新启用"最近使用的文件"界面。

> 本书以 Revit 2017 版本为例进行讲解。

打开如图 2-4 所示的 Revit 2017 的应用界面,主要包含项目和族两大区域,分别用于打开或创建项目以及打开或创建族。在 Revit 2017 中,已整合了包括建筑、结构、机电各专业的功能,因此,在项目区域中,提供了建筑、结构、机电、构造等项目创建的快捷方式。单击不同类型的项目快捷方式,将采用各项目默认的项目样板进入新项目创建模式。

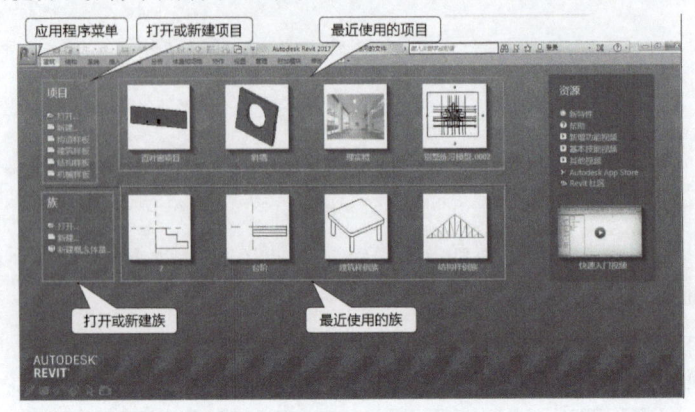

图 2-4 Revit 2017 应用界面

项目样板是 Revit 工作的基础。在项目样板中预设了新建项目的所有默认设置,包括长度单位、轴网标高样式、墙体类型等。项目样板仅为项目提供默认预设工作环境,在项目创建过程中,Revit 允许用户在项目中自定义和修改这些默认设置。

如图 2-5 所示,在"选项"对话框中,切换至"文件位置"选项,可以查看 Revit 中各类项目所采用的样板设置。在该对话框中,还允许用户添加新的样板快捷方式,浏览指定所采用的项目样板。

图 2-5 "选项"对话框(2)

还可以通过单击"应用程序菜单"按钮,在列表中选择"新建→项目"选项,将弹出"新建项目"对话框,如图 2-6 所示。在该对话框中可以指定新建项目时要采用的样板文件,除可以选择已有的样板快捷方式外,还可以单击"浏览"按钮指定其他样板文件创建项目。在该对话框中,选择"新建"的项目为"项目样板"的方式,用于自定义项目样板。

图 2-6 "新建项目"对话框

1. 用户界面

Revit 使用了旨在简化工作流的 Ribbon 界面,用户可以根据自己的需要修改界面布局。例如,可以将功能区设置为四种显示设置之一,还可以同时显示若干个项目视图,或修改项目浏览器的默认位置。图 2-7 所示为项目编辑模式下 Revit 的界面。

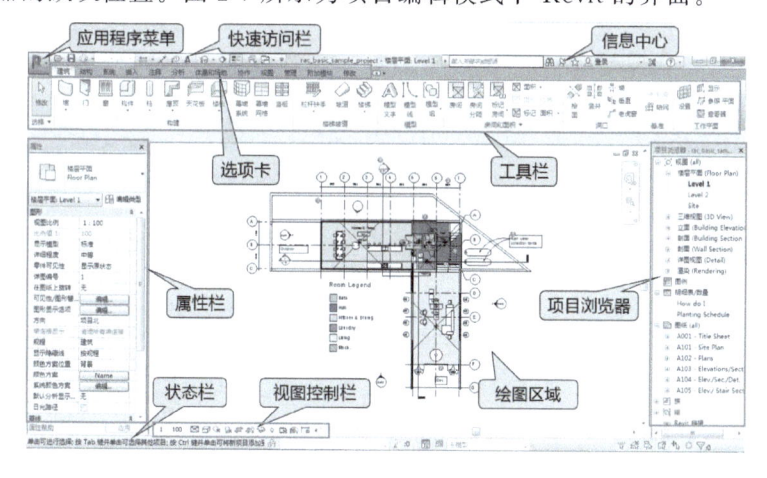

图 2-7 项目编辑模式下 Revit 的界面

(1)应用程序菜单

单击左上角"应用程序菜单"按钮 可以打开应用程序菜单,如图 2-8 所示。

"应用程序菜单"按钮类似于传统界面下的"文件"菜单,包括新建、保存、打印、退出 Revit 等均可以在此菜单下执行。在"应用程序菜单"中,可以单击各菜单右侧的箭头查看每个菜单项的展开选择项,然后再单击列表中各选项执行相应的操作。

单击"应用程序菜单"右下角的"选项"按钮,可以打开"选项"对话框,如图 2-9 所示。在"用户界面"选项中,用户可根据自己的工作需要自定义出现在功能区域的选项卡命令,并自定义快捷键。

图 2-8 应用程序菜单

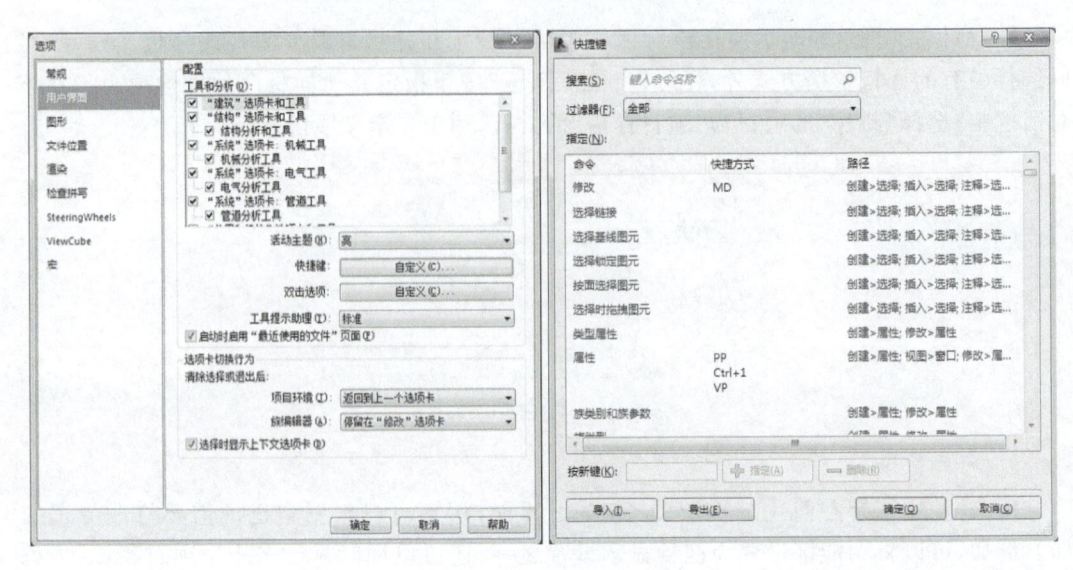

图 2-9 "选项"对话框(3)

(2) 功能区

功能区提供了在创建项目或族时所需要的全部工具。在创建项目文件时,功能区如图 2-10 所示,功能区主要由选项卡、工具面板和工具组成。

图 2-10 功能区

单击工具可以执行相应的命令,进入绘制或编辑状态。本书后面内容,会按选项卡、工具面板和工具的顺序描述操作中该工具所在的位置。例如,要执行"门"工具,将描述为"单击建筑选项卡构建面板中门工具"。

如果同一个工具图标中存在其他工具或命令,则会在工具图标下方显示下拉箭头,单击该箭头,可以显示附加的相关工具。与之类似,如果在工具面板中存在未显示的工具,会在面板名称位置显示下拉箭头。图 2-11 所示为墙工具中包含的附加工具。

图 2-11 墙工具中包含的附加工具

Revit 根据各工具的性质和用途,分别组织在不同的面板中,图 2-12 所示为结构工具面板。如果存在与面板中工具相关的设置选项,则会在面板名称栏中显示斜向箭头设置按钮。单击该箭头,可以打开对应的设置对话框,对工具进行详细的通用设定。

图 2-12 结构工具面板

按住鼠标左键并拖动工具面板标签位置时,可以将该面板拖拽到功能区上其他任意位置使之成为浮动面板。要使浮动面板返回到功能区,移动光标至面板之上,浮动面板右上角显示控制柄时,单击"将面板返回到功能区"符号即可使浮动面板重新返回工作区域,如图 2-13 所示。注意工具面板仅能返回其原来所在的选项卡中。

图 2-13　使浮动面板返回到功能区

Revit 提供了三种不同的功能区面板显示状态。单击选项卡右侧的功能区状态切换符号 ，就可以将功能区的视图在显示完整的功能区、最小化到面板平铺、最小化至选项卡状态间循环切换。图 2-14 所示为最小化到面板平铺时功能区的显示状态。

图 2-14　最小化到面板平铺时功能区的显示状态

(3)快速访问工具栏

单击快速访问工具栏后的向下箭头将弹出下列工具,若要向快速访问工具栏中添加功能区的按钮,请在功能区中单击鼠标右键,然后单击"添加到快速访问工具栏"。按钮会添加到快速访问工具栏中默认命令的右侧,如图 2-15 所示。

图 2-15　添加快速访问工具栏

(4)视图控制栏

视图控制栏位于 Revit 窗口底部的状态栏上方。通过它可以快速访问影响绘图区域的功能,图 2-16 所示为视图控制栏。视图控制栏包括以下功能:

图 2-16　视图控制栏

①比例
②详细程度
③模型图形样式:单击可选择线框、隐藏线、着色、带边框着色、一致的颜色和真实 6 种模式。

(5)状态栏

状态栏沿 Revit 窗口底部显示,如图 2-17 所示。使用某一工具时,状态栏左侧会提供一些技巧或提示,告诉用户如何操作。高亮显示图元或构件时,状态栏会显示族和类型的名称。

图 2-17 状态栏

(6)项目浏览器

项目浏览器用于组织和管理当前项目中包括的所有信息,包括项目中所有视图、明细表、图纸、族、组、Revit 链接等项目资源,如图 2-18 所示。Revit Architecture 按逻辑层次关系组织这些项目资源,方便用户管理,展开和折叠各分支时,将显示下一层级的内容。

在 Revit 2017 中,可以在项目浏览器对话框任意栏目名称上单击鼠标右键,在弹出的右键快捷菜单中选择"搜索"选项,打开"在项目浏览器中搜索"对话框,如图 2-19 所示。可以使用该对话框在项目浏览器中对视图、族及族类型名称进行查找定位。

图 2-18 项目浏览器

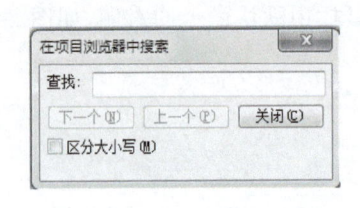

图 2-19 在项目浏览器中搜索

(7)"属性"选项板

"属性"选项板可以查看和修改用来定义 Revit 中图元实例属性的参数。"属性"选项板各部分的功能如图 2-20 所示。

在任何情况下,按快捷键 Ctrl+1,均可打开或关闭"属性"选项板。还可以选择任意图元,单击上下文关联选项卡中的"属性"按钮;或在绘图区域中单击鼠标右键,在弹出的快捷菜单中选择"属性"选项将其打开。可以将该选项板固定到 Revit 窗口的任一侧,也可以将其拖拽到绘图区域的任意位置成为浮动面板。

当选择图元对象时,"属性"选项板将显示当前所选择对象的实例属性;如果未选择任何图元,在选项板上将显示活动视图的属性。

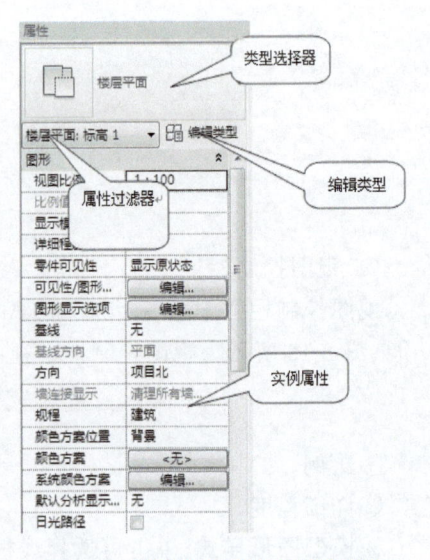

图 2-20 "属性"选项板各部分的功能

(8) 绘图区域

Revit 窗口中的绘图区域显示当前项目的楼层平面视图以及图纸和明细表视图。Revit 每当切换至新视图时,都将在绘图区域创建新的视图窗口,且保留所有已打开的其他视图默认情况,绘图区域的背景颜色为白色。在"选项"对话框"图形"选项中,可以设置视图中的绘图区域背景反转为黑色。使用"视图"选项卡"窗口"面板中的平铺、层叠工具,可设置所有已打开视图排列方式为平铺、层叠等,如图 2-21 所示。

图 2-21 设置已打开视图的排列方式

2. 视图控制

Revit 视图有多种形式,每种都有特殊用途,视图不同于 CAD 绘制的图纸,它是 Revit 项目中 BIM 模型根据不同的规则显示的投影。

常用的视图有平面视图、立面视图、剖面视图、详图索引视图、三维视图、图例视图、明细表等,图 2-22 所示为常用的视图类型。同一项目可以有任意多个视图,例如,对于 F1 标高,可以根据需要创建任意数量的楼面视图,用于表现不同的功能要求,如 F1 梁布置视图、F1 柱布置视图、F1 房间功能视图、F1 建筑平面图等。所有视图均根据模型剖切投影生成。

图 2-22 常用的视图类型

(1) 楼层结构平面视图及天花板平面视图

楼层/结构平面视图及天花板平面视图是沿项目水平方向,按指定的标高偏移位置剖切项目生成的视图。大多数项目至少包含一个楼层/结构平面。楼层/结构平面视图在创建项目标高时默认可以自动创建对应的楼层平面视图(建筑样板创建的是楼层平面,结构样板创建的是结构平面);在立面中,已创建的楼层平面视图的标高标头显示为蓝色,无平面关联的标高标头是黑色。除使用项目浏览器外,在立面中可以通过双击蓝色标高标头进入对应的楼层平面视图;使用"视图"选项卡"创建"面板中的"平面视图"工具可以手动创建楼层平面视图。

在楼层平面视图中,当不选择任何图元时,"属性"选项板将显示当前视图的属性。在"属性"选项板中单击"视图范围"后的编辑按钮,将打开"视图范围"对话框,如图 2-23 所示。在该对话框中,可以定义视图的剖切位置等。

(2) 立面视图

立面视图是项目模型在立面方向上的投影视图。在 Revit 中,默认每个项目包含东、西、南、北四个立面视图,并在楼层平面视图中显示立面视图符号。双击平面视图中立面标记中黑色小三角,会直接进入立面视图。Revit 允许用户在楼层平面视图或天花板视图中创建任意立面视图。

(3) 剖面视图

剖面视图允许用户在平面、立面或详图视图中在指定位置绘制剖面符号线,在该位置对

图 2-23 "视图范围"对话框

模型进行剖切,并根据剖面视图的剖切和投影方向生成模型投影。剖面视图具有明确的剖切范围,单击剖面标头即将显示剖切深度范围,可以通过鼠标自由拖拽。

(4)详图索引视图

当需要对模型的局部细节进行放大显示时,可以使用详图索引视图。可在平面视图、剖面视图、详图视图或立面视图中添加详图索引,这个创建详图索引的视图,被称为父视图。在详图索引范围内的模型部分,将以详图索引视图中设置的比例显示在独立的视图中。详图索引视图显示父视图中某一部分的放大版本,且所显示的内容与原模型关联。

绘制详图索引的视图是该详图索引视图的父视图。如果删除父视图,则也将删除该详图索引视图。

(5)三维视图

使用三维视图,可以直观查看模型的状态。Revit 中三维视图分两种:正交三维视图和透视图。在正交三维视图中,不管观察距离的远近,所有构件的大小均相同,可以单击快速访问栏"默认三维视图"图标 直接进入默认三维视图,可以配合使用 Shift 键和鼠标滚轮根据需要灵活调整视图角度。图 2-24 所示为案例模型的三维视图。

图 2-24 案例模型的三维视图

3. 图元基本操作

(1)图元选择

在 Revit 中,要对图元进行修改和编辑,必须选择图元。在 Revit 中可以使用 4 种方式进行图元的选择,即单击选择、框选、按过滤器选择、特性选择。

①单击选择：移动光标至任意图元上，Revit将高亮显示该图元并在状态栏中显示有关该图元的信息，单击鼠标左键将选择被高亮显示的图元。在选择时如果多个图元彼此重叠，可以移动光标至图元位置，按 Tab 键，Revit 将循环高亮显示各图元，当要选择的图元高亮显示后，单击鼠标左键将选择该图元。

要选择多个图元，可以按住 Ctrl 键后，再次单击要添加到选择集中的图元；如果按住 Shift 键单击已选择的图元，将从选择集中取消该图元的选择。

Revit 2017 中，当选择多个图元时，可以将当前选择的图元选择集进行保存，保存后的选择集可以随时被调用。如图2-25 所示，选择多个图元后，单击"管理"选项卡"选择"面板中的"保存"按钮，即可弹出"保存选择"对话框，输入选择集的名称，即可保存该选择集。要调用已保存的选择集，单击"选择"面板中的"载入"按钮，将弹出"恢复过滤器"对话框，在列表中选择已保存的选择集名称即可。

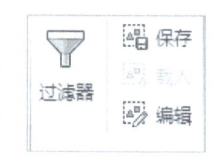

图 2-25 保存选择集

②框选：将光标放在要选择的图元一侧，并对角拖拽光标以形成矩形边界，可以绘制选择范围框。当从左至右拖拽光标绘制范围框时，将生成实线范围框。被实线范围框全部包围的图元才能选中；当从右至左拖拽光标绘制范围框时，将生成虚线范围框，所有被完全包围或与范围框边界相交的图元均可被选中。

③按过滤器选择：选择多个图元时，在状态栏"过滤器"中选择图元种类；或者在过滤器中，取消部分种类图元的选择。

④特性选择：鼠标左键单击图元，选中后图元高亮显示；再在图元上单击鼠标右键，可以用"选择全部实例"工具，在项目或视图中选择某一图元或族类型的所有实例。要选择有公共端点的图元，可以在连接的构件上单击鼠标右键，然后单击"选择连接的图元"，能把这些同端点连接图元一起选中。

(2) 图元编辑

在"修改"面板中，Revit 提供了修改、移动复制镜像、旋转等命令，利用这些命令可以对图元进行编辑操作，如图 2-26 所示。

①移动：能将一个或多个图元从一个位置移动到另一个位置。移动的时候，可以选择图元上某点或某线来移动，也可以在空白处随意移动。

②复制：可复制一个或多个选定图元，并生成副本。点选图元，使用复制命令时，选项栏如图 2-27 所示。可以通过勾选"多个"选项实现连续复制图元。

图 2-26 图元编辑命令

图 2-27 "复制"选项栏

③阵列复制：用于创建一个或多个相同图元的线性阵列或半径阵列。在族中使用阵列命令，可以方便地控制阵列图元的数量和间距，如百叶窗的百叶数量和间距。阵列后的图元会自动成组，如果要修改阵列后的图元，则需进入编辑组命令，然后才能对成组图元进行修改。

④对齐 ：将一个或多个图元与选定位置对齐。使用对齐工具时，要求先单击选择对齐的目标位置，再单击选择要移动的对象图元，选择的对象将自动对齐至目标位置。对齐工具可以以任意的图元或参照平面为目标，在选择墙对象图元时，还可以在选项栏中指定首选的参照墙的位置；要将多个对象对齐至目标位置时，勾选选项栏中的"多重对齐"选项即可。

⑤旋转 ：使用"旋转"工具可使图元绕指定轴旋转。默认旋转中心位于图元中心。移动光标至旋转中心标记位置，按住鼠标左键不放将其拖拽至新的位置，松开鼠标左键可设置旋转中心的位置。然后单击"确定"按钮，即可确定起点旋转角边，再确定终点旋转角边，就能确定图元旋转后的位置。在执行旋转命令时，可以勾选选项栏中的"复制"选项以在旋转时创建所选图元的副本，而在原来位置上保留原始对象。

⑥偏移 ：使用偏移工具可以对所选择的模型线、详图线、墙或梁等图元进行复制或在与其长度方向垂直的方向移动指定的距离。可以在选项栏中指定拖拽图形方式或输入距离数值方式来偏移图元。不勾选复制时，生成偏移后的图元时将删除原图元（相当于移动图元）。

⑦镜像 ："镜像"工具使用一条线作为镜像轴，对所选模型图元执行镜像（反转其位置）。确定镜像轴时，既可以拾取已有图元作为镜像轴，也可以绘制临时轴。通过选项栏，可以确定镜像操作时是否需要复制原对象。

⑧修剪和延伸 ：修剪和延伸共有三个工具，从左至右分别为修剪/延伸为角、单个图元修剪和多个图元修剪。

⑨拆分 ：拆分工具有两种使用方法：拆分图元和用间隙拆分。通过"拆分"工具，可将图元分割为两个单独的部分，可删除两个点之间的线段，也可在两面墙之间创建定义的间隙。

⑩删除 ：删除工具可将选定图元从绘图中删除，和用 Delete 命令直接删除效果一样。

小　结

本模块内容由概念和实操组成，包括 Revit 简介、基本术语、族类型及图元的关系。通过实操，详细阐述了如何用鼠标配合键盘控制视图的浏览、缩放、旋转等基本功能以及对图元进行复制、移动、对齐、阵列等基本操作；还介绍了通过尺寸标注来约束图元及用临时尺寸标注修改图元位置。

这些内容都是 Revit 操作的基础，只有通过练习掌握基本的操作，才能更加灵活地操作软件，创建和编辑各种复杂的模型。本书后续内容还会通过实操讲解这些基本编辑工具的使用。

模块 3 建模前期准备

使用 Revit 软件基于 CAD 施工图建模之前，需要了解项目的基本情况，包括设计说明的概况介绍，各专业每张图纸的大致情况，说明要求，主要构件的尺寸、材质等。在项目规模比较大的情况下，还需要项目负责人统一创建项目样板文件供建模人员使用。本模块将以实际案例为依托，重点介绍项目建模前期准备工作。

3.1 项目介绍

本教材采用的项目案例为陕西工业职业技术学院理实一体化实训大楼（以下简称理实楼）。理实楼位于陕西工业职业技术学院校本部，是一栋总建筑面积 11 344.31 m²，总高度 33.1 m（室外地坪至屋面面层）、地上 8 层、地下 0 层的钢筋混凝土框架结构建筑。理实楼主要作为理论课和部分实践课的教学场地使用，理实楼效果图如图 3-1 所示。

图 3-1 理实楼效果图

思政案例

红色建筑镌党史，弘扬延安精神，传承红色经典

3.2 图纸分析及预处理

本教材使用到的项目图纸包括结构和建筑两个专业图纸。

建筑专业模型主要使用到的图纸为平、立、剖面图,详图作为局部构件建模的参考。结构专业模型主要参考结构基础、柱平面布置图和梁平法施工图,由于不需要创建钢筋模型,配筋图可不做参考。

基于图纸创建模型有两种方法:

1. 方法一:常规方法"照着画"

照着画即同时打开 CAD 图纸和 Revit 2017,对照着图纸去建模。此方法的优点是模型准确,尺寸不容易出现碎数。有些 CAD 施工图由于画图不准确等原因,尺寸常会出现误差,设计师通常需要手动修改标注尺寸使其准确。但其缺点是对于复杂项目,前期定位轴网、墙、门、窗等构件的速度较慢,大大降低了建模速度。

2. 方法二:"印着画"

将 CAD 图纸导入或链接进 Revit,这样二维图纸就存在于 Revit 平面视图空间,在接下来创建轴网、墙等构件时,可以用"拾取"的方式,大大提高了建模速度。此方法适用于 CAD 施工图纸质量比较高的项目,只有 CAD 图纸绘制准确,没有碎数,才具备"印着画"的条件。

当项目平面变化较多且不对称时,可采用方法二,对图纸进行预处理。建议将 CAD 图纸中的平面图逐层"写块"导出,再逐层导入 Revit 的相应平面视图中,这样不会拖慢软件运行速度。具体步骤如下:

首先打开 CAD 图纸,将 CAD 图纸中的一层平面图单独"写块"另存出去,另存版本选择 CAD 2010 以下级别,命名为"一层平面图.dwg",此步骤是防止大量 CAD 图纸在一个文件中,导入 Revit 时由于 CAD 图纸信息量太大,会拖慢软件运行速度(可将每层平面 CAD 图纸都"写块"另存,以便后期分别导入 Revit 的各层平面视图中,如图 3-2 所示的 CAD 软件"写块")。

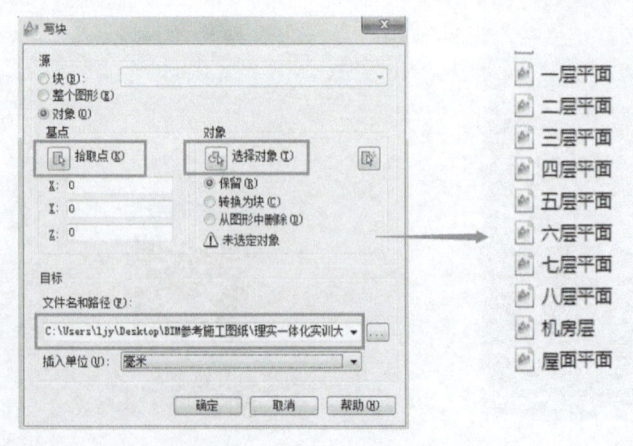

图 3-2 CAD 软件"写块"

CAD 写块

理实楼项目平面规整,轴网对称,但外立面墙体变化较多,使用方法一对照图纸创建速度较慢,可使用方法二将各层平面导入 Revit 相应楼层平面视图中"印着画"。

3.3 建立项目文件

在项目开始之前,需要先建立项目文件。项目文件包含了后期建模过程中的所有数据,所以建立项目文件是建模工作的第一步。

首先我们需要了解项目文件是基于样板文件建立的。样板文件,主要是为新建项目提供一个预设的工作环境,里面会设置好一些已载入的族构件以及其他一些设置,例如项目的度量单位、标高、轴网、线型、可见性等。在新建项目选择样板文件时,需根据所要创建的项目选择不同的项目样板。

一般 Revit 新建项目默认打开的是"构造样板",它包括了通用的项目设置,而"建筑样板"是针对建筑专业的,"结构样板"是针对结构专业的,"机械样板"则是针对水、暖、电全机电专业的,图 3-3 所示为软件自带的各专业样板文件,创建哪个专业的模型,就打开哪个专业的样板文件即可。对于多子项的项目来说,需要不同专业的 BIM 负责人创建好各专业的样板文件供建模人员载入使用,对于理实楼项目来说,仅为一个单体,我们统一使用默认的"建筑样板"即可。

图 3-3 软件自带样板文件

新建项目

项目开始的第一步是新建项目文件,具体步骤如下:

启动 Revit 软件,在左侧项目栏中单击"新建项目"(方法一)或在左上角应用程序菜单中单击"新建—项目"(方法二),图 3-4 所示为打开项目的两种方法。在弹出的对话框中,将样板文件选择为"建筑样板",新建栏里默认勾选"项目",单击"确定"按钮,即可打开新建的项目,如图 3-5 所示。

新建的项目打开后,在开始建模之前需要对项目情况做基本设置,具体步骤如下:

打开"管理"选项卡,在"设置"面板中单击"项目单位",在弹出的窗口中将项目长度单位设置为"mm",如图 3-6 所示。

在"管理"选项卡的"设置"面板中单击"项目信息",在弹出的对话框中将理实楼项目信息填写进去,以便后期如果需要出施工图,图框中的信息可自动生成,如图 3-7 所示。

项目信息修改完成之后,将项目保存至本地,命名为"理实楼.rvt",至此新建项目的工

BIM 建模基础

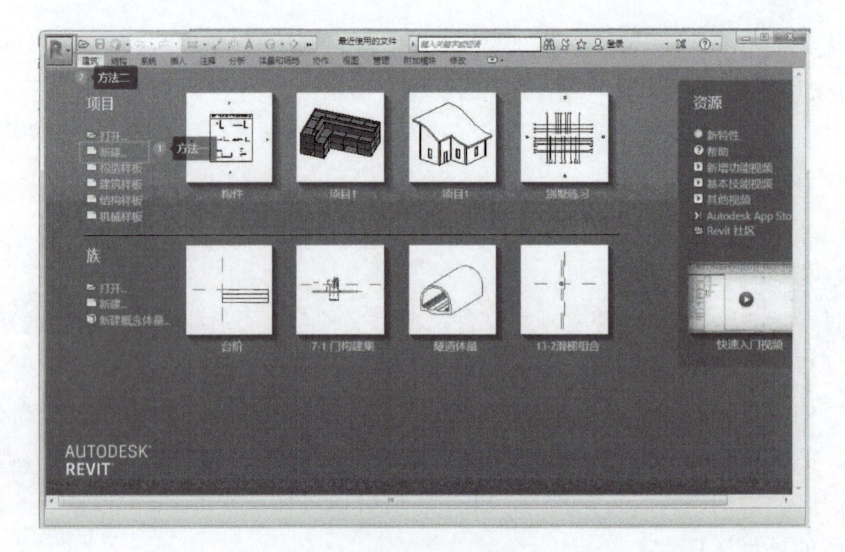

图 3-4 打开项目的两种方法

图 3-5 "新建项目"对话框

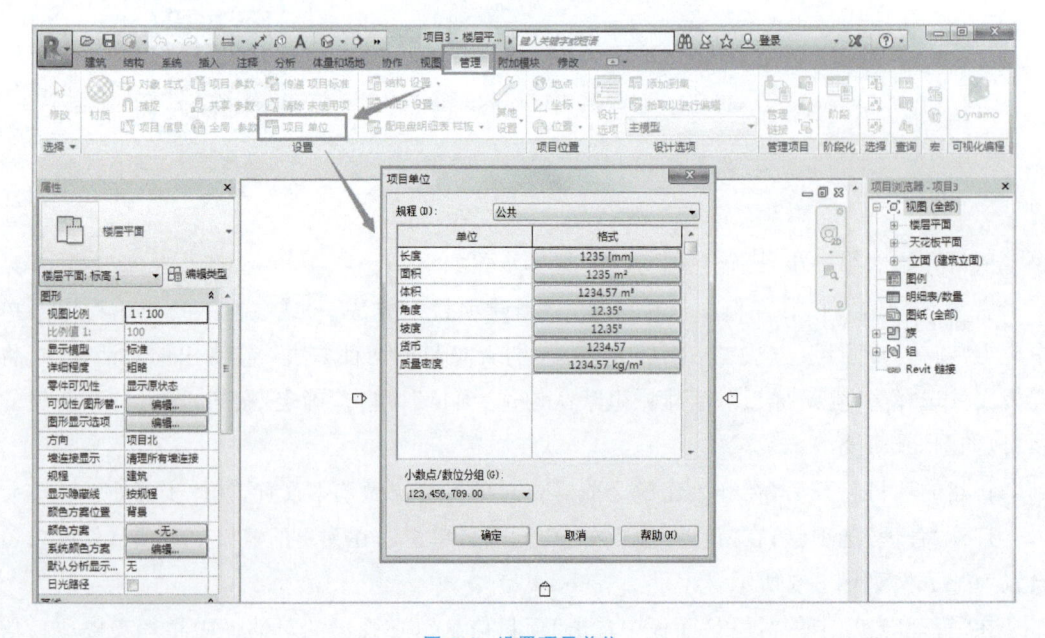

图 3-6 设置项目单位

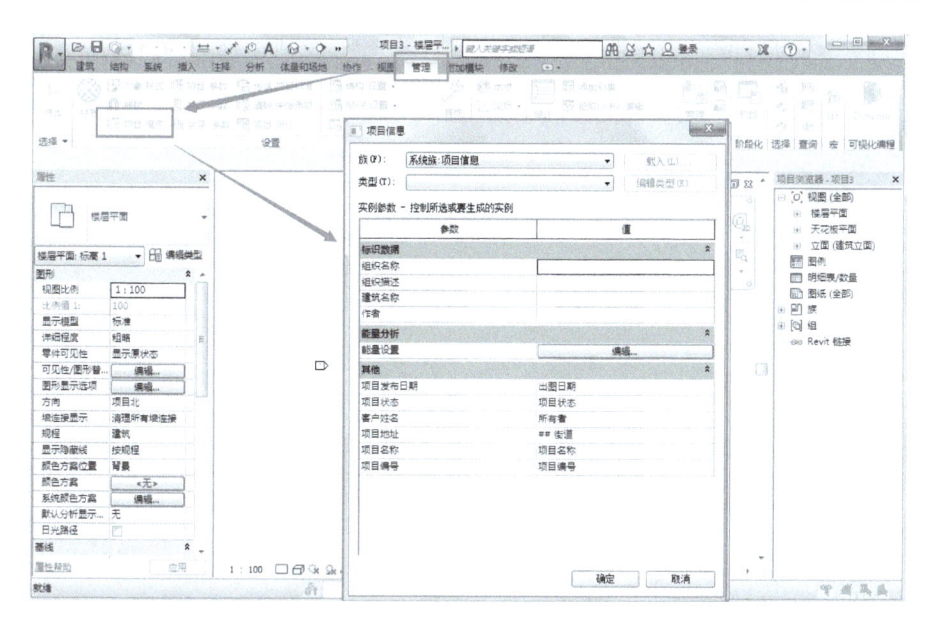

图 3-7　设置项目信息

作就完成了。

　　本项目若采用"印着画"的方法,可将 3.2 小节中写块的 CAD 图纸导入到相应的平面视图中,具体步骤如下:在 Revit 中打开"一层平面"视图,单击"插入"选项卡,在"导入"面板中选择"导入 CAD",在弹出的对话框里选择需要导入的平面图并按图 3-8 所示进行设置,单击"确定"按钮,即可导入 CAD 图纸。

图 3-8　导入 CAD

导入 CAD 图纸

注　导入 CAD 图纸时,应逐层导入,导入的 CAD 图纸应与 Revit 中打开的视图一致,例如 Revit 中打开的是一层平面视图,那么导入的 CAD 图纸也应该是一层平面图的块。

我们可以将 CAD 图纸逐层导入到 Revit 视图中，建模过程中轴网、墙体、门窗等构件可以用"拾取 CAD 线条"的命令直接放置到准确的位置上，将会大大提高建模速度。

小　结

项目前期准备工作主要包括两大部分内容：图纸准备和新建项目。图纸准备阶段主要是熟悉图纸和处理图纸，对于复杂项目建议导入 CAD 图纸进行拾取绘制；新建项目需要打开对应的样板文件，再对项目进行初步设置即可。

模块 4 创建标高及轴网

在模块3中,我们已使用建筑样板新建了一个项目文件,并介绍了两种前期处理项目文件的方法,即"照着画"与"印着画"。因为本项目复杂程度一般,所以以后各构件建模时,均采用"照着画"的方法讲解。导入CAD"印着画"的方法仅为读者提供便捷的思路,具体操作方法不再赘述。

4.1 创建项目标高

与CAD软件不同,用Revit建模前首先要确定的是项目高度方向的信息,即标高。标高作为项目的基础信息,在建模过程中,构件的高度定位大都与标高紧密联系。

标高实际是在空间高度方向上相互平行的一组平面,标高由标头和标高线组成,如图4-1所示。标头反映了标高的标头符号样式、值、标高名称等信息。图4-1中标高线反映标高对象投影的位置和线型表现;立面和名称分别对应标高对象的高度值和标高名称。

在Revit Architecture中,"标高"命令必须在立面和剖面视图中才能使用,因此在正式开始项目设计前,必须事先打开一个立面视图。

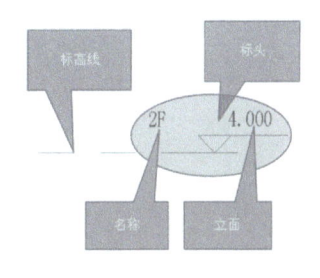

图 4-1 标高组成及名称

在"项目浏览器-项目1"中展开"立面(建筑立面)"项,双击视图名称"南"进入南立面视图,如图4-2所示。调整F2标高,将一层与二层之间的层高修改为3.6 m,如图4-3所示。

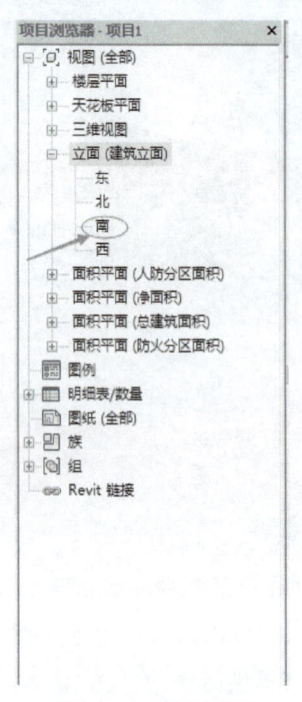

图 4-2　打开立面视图

图 4-3　修改层高

1. 创建标高

（1）绘制标高（直接画线创建）

如图 4-4 所示，单击功能选项卡"建筑"—"标高"，将鼠标放置在标高的起始位置，当出现蓝色虚线时输入楼层高度数值，按 Enter 键，鼠标移至尾端单击"生成"，输入间距，生成标高，如图 4-5 所示，勾选"创建平面视图"选项，如图 4-6 所示，绘制后自动生成相对应的平面视图。

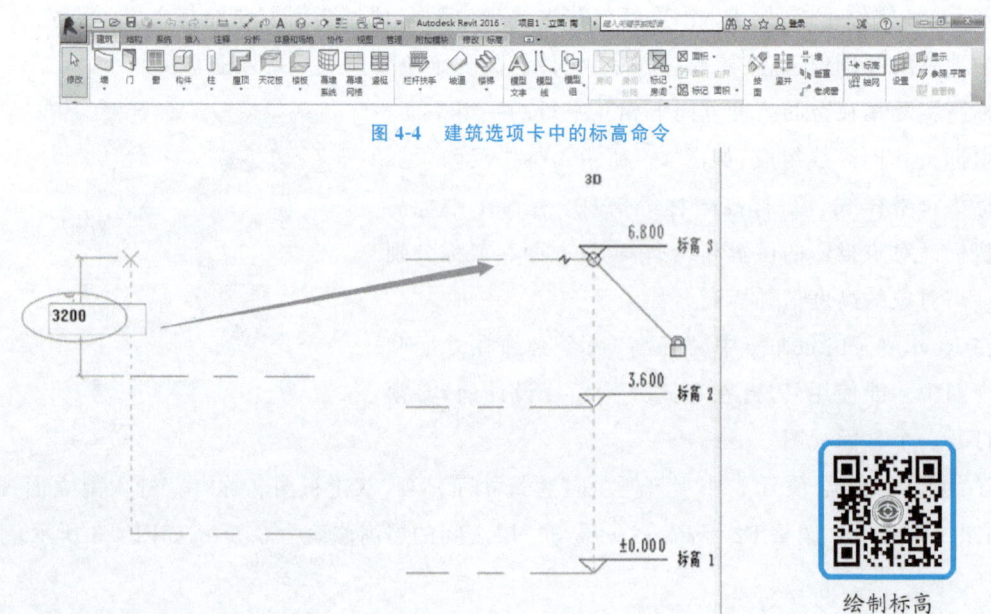

图 4-4　建筑选项卡中的标高命令

绘制标高

图 4-5　输入间距，生成标高

图 4-6　创建平面视图

(2)运用"复制"命令创建标高(复制或多项复制,如同 CAD 的 Copy 命令)

选中要复制的源标高,单击"修改"选项卡,单击面板中的"复制",如图 4-7 所示。

图 4-7　"复制"命令

用复制或阵列命令创建标高

接下来按照图 4-8 所示来调节命令选项栏的设置。

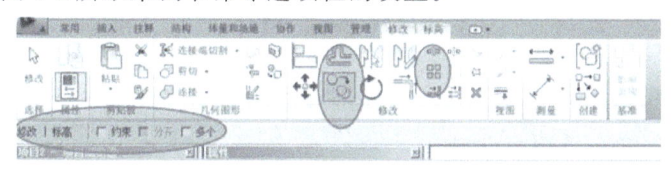

图 4-8　修改标高

①约束:只能垂直或者水平方向复制,即正交功能。

②多个:可连续进行复制,中间不用再次选择需要复制的标高。

命令设置完成后,鼠标放至源标高上单击并向上移动鼠标,手动输入临时尺寸标注数值,确定标高的高度,按 Enter 键或单击空白处完成创建,如图 4-9 所示。

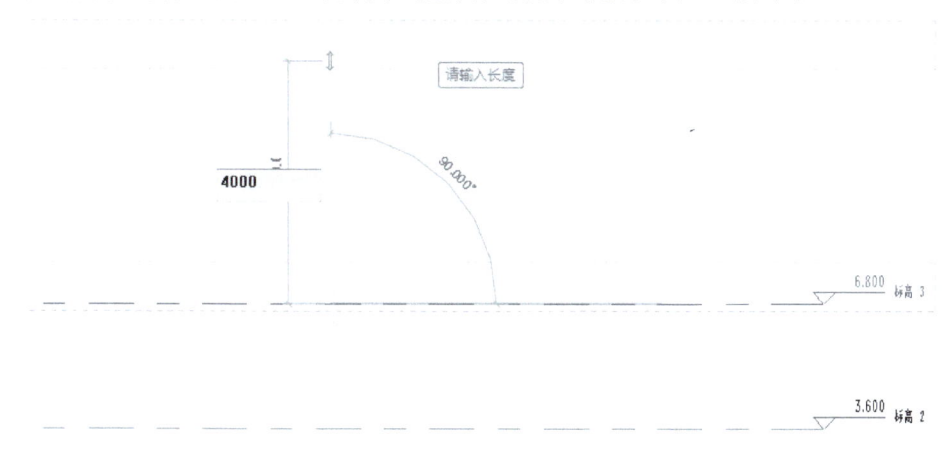

图 4-9　输入临时尺寸

(3)运用"阵列"命令创建标高

"阵列"命令可用于生成多个层高相同的标高,选中要阵列的源标高,单击功能选项卡"修改"下"修改"面板中的"阵列"命令,如图 4-10 所示。

首先进行"命令"选项栏设置,如图 4-11 所示。

①阵列方式:"线性"代表阵列对象沿着某一直线方向进行阵列,"径向"代表阵列对象沿着某一圆心进行旋转阵列,由于标高只能进行垂直方向阵列,此处阵列方式默认为线性且不可更改。

BIM 建模基础

图 4-10 "阵列"命令

图 4-11 "命令"选项栏设置

②成组并关联：如勾选"成组并关联"选项，则阵列后的标高将自动成组，需要编辑或解除该组才能修改标头的位置、标高高度等属性。

③项目数：阵列后总对象的数量（包括源阵列对象在内）。

④移动到："第二个"代表在绘图区输入的尺寸为相邻两阵列对象的距离，"最后一个"代表输入的尺寸为源阵列对象与最后一个阵列对象的总距离。

⑤约束：同复制命令里约束设置。

"命令"选项栏设置完成后，鼠标放至源标高上单击并向上移动鼠标，手动输入临时尺寸标注数值；确定阵列距离，按 Enter 键或单击空白处完成创建，如图 4-12 所示。

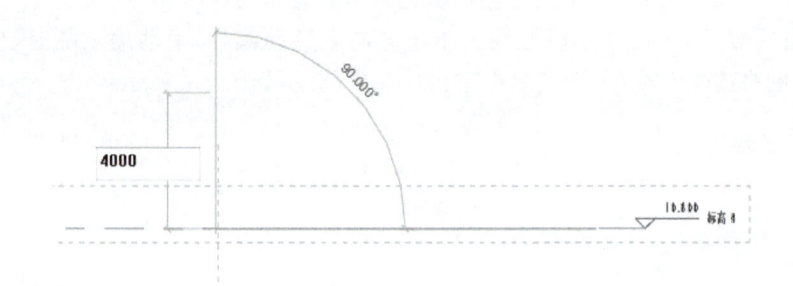

图 4-12 阵列创建标高

2. 编辑标高

(1) 绘图区标高设置

在绘图区选中任意一根标高线，会显示"3D/2D 切换""标头对齐""隐藏/显示标头"等，如图 4-13 所示。

编辑标高

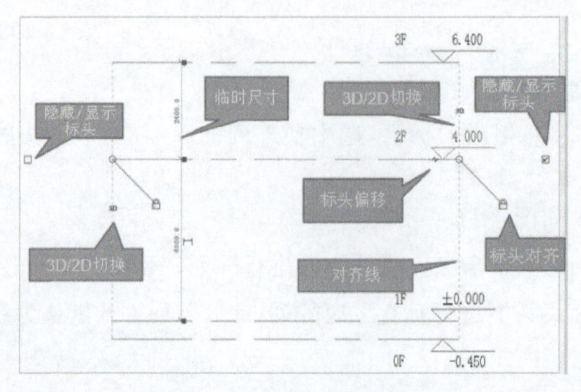

图 4-13 绘图区标高设置

①3D/2D 切换:如果处于 2D 状态,则表明所做修改只影响本视图,不影响其他视图;如果处于 3D 状态,则表明所做修改会影响其他视图。

②标头对齐:表明所有的标高会一致对齐。

③隐藏/显示标头:当标高端点外侧方框勾选时,即可打开标高名称显示,不勾选则不显示。

④添加弯头:单击标头附近的折线符号,偏移标头,鼠标按住蓝色"拖拽点"调整标头位置,主要用于出图时,相邻标头相距过近,不便于观察,可以偏移标头位置。

备注:阵列复制的标高是参照标高,不会创建楼层平面,标头是黑色显示,需要进一步手动创建楼层平面,如图 4-14 所示。

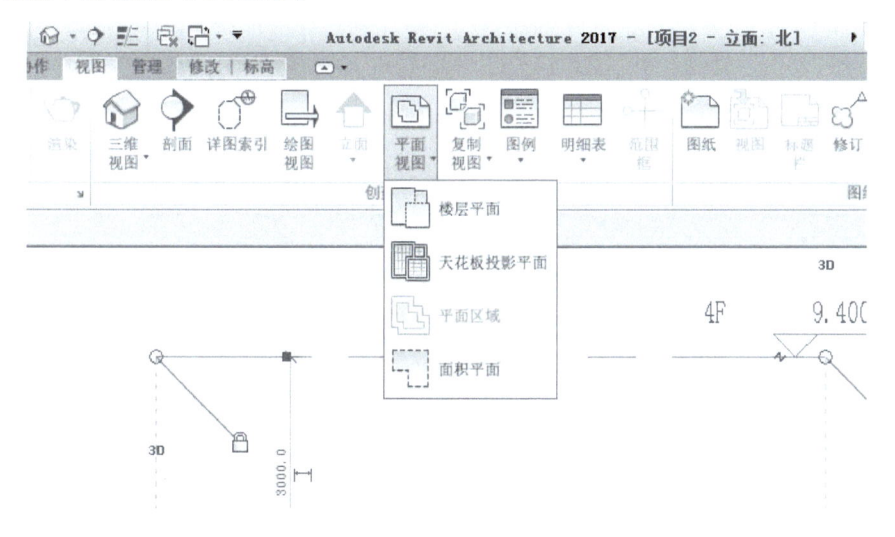

图 4-14　手动创建楼层平面

(2)标高属性设置

①修改标头类型:选中需要修改的标高,在属性栏选择"下标头"类型,如图 4-15 所示。

图 4-15　修改标头类型为"下标头"

②修改标高名称:选中需要修改的标高,在属性栏选择"名称"输入标头名称即可,也可以在绘图区单击标头名称,进入可编辑状态,输入新的标头名称,或者在项目浏览器"楼层平面"鼠标右键单击标高名称进行重命名即可,如图 4-16 所示。当修改标高名称时会弹出如图 4-17 所示的提醒,单击"是",则对应标高的楼层平面名称会与标高名称一致。

(a) (b) (c)

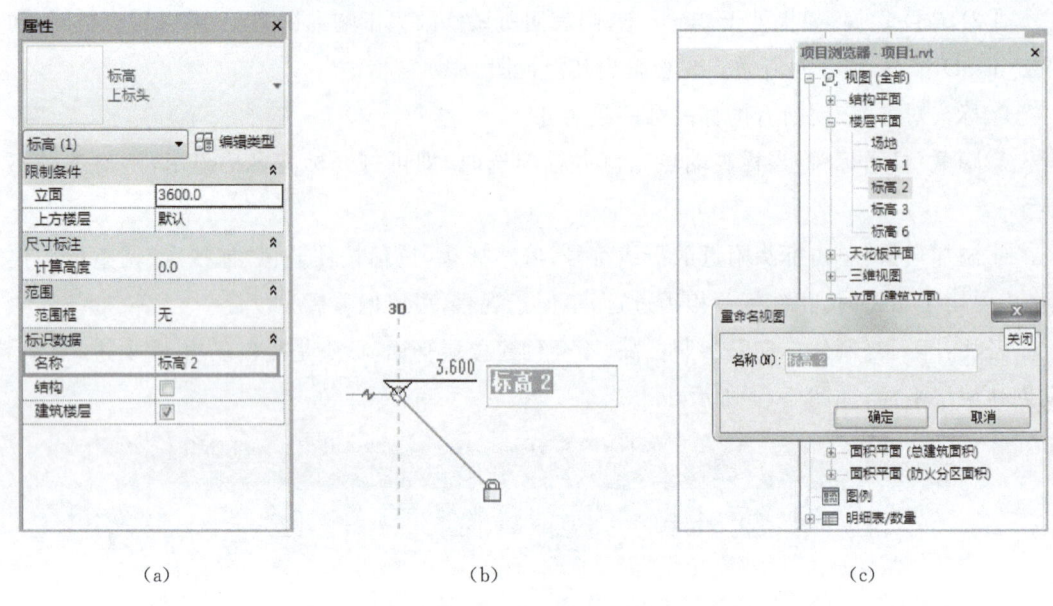

图 4-16 修改标高名称

图 4-17 重命名

③修改标高类型属性：选中标高，在其属性栏单击"编辑类型"，可查看标高符号的对应属性——线宽、颜色等，如图 4-18、图 4-19 所示。

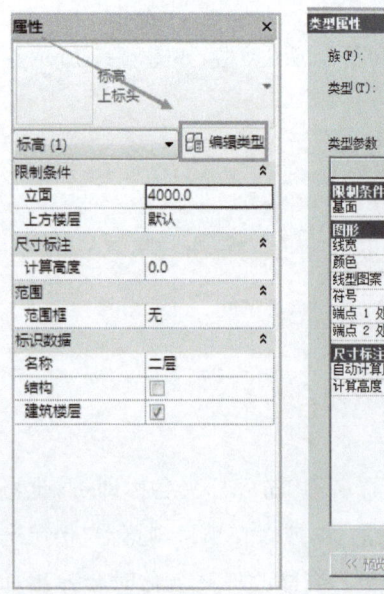

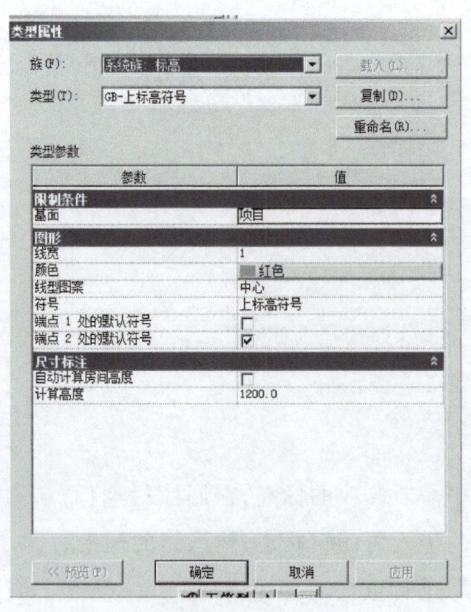

修改标高类型属性

图 4-18 编辑类型　　　图 4-19 修改类型属性

修改标高线线宽、颜色、线型图案、符号、端点 1 处的默认符号、端点 2 处的默认符号。

如果要修改"类型属性"里面的内容,可以"复制"改名称后再修改所需要的类型,则"类型"下拉菜单会出现复制(相当于新建)的新的标高类型名称,如果不复制直接修改类型属性,则所创建的同种标高相应参数都会随之改变。标高的编辑调整,可以影响其他的相关视图,如图 4-20 所示。

根据图纸,理实楼 1~5 层标高示意图如图 4-21 所示,在此基础上继续创建标高 6~标高 8,以及屋面(32.000)和标高 10(−0.750),单位米。

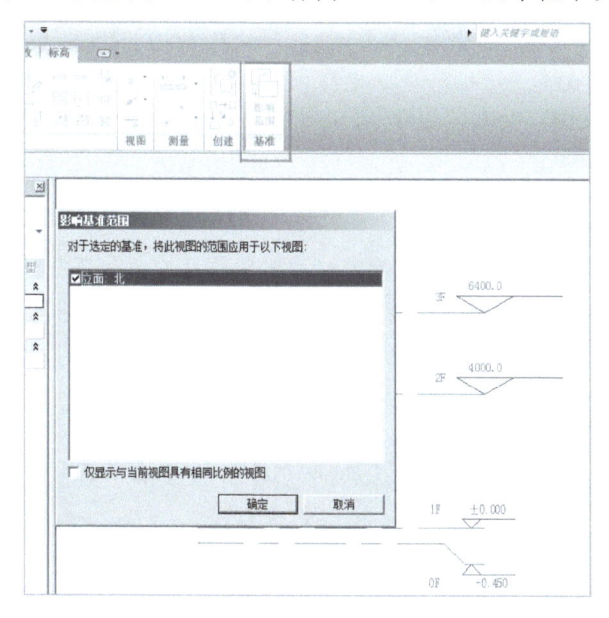

图 4-20　基准范围

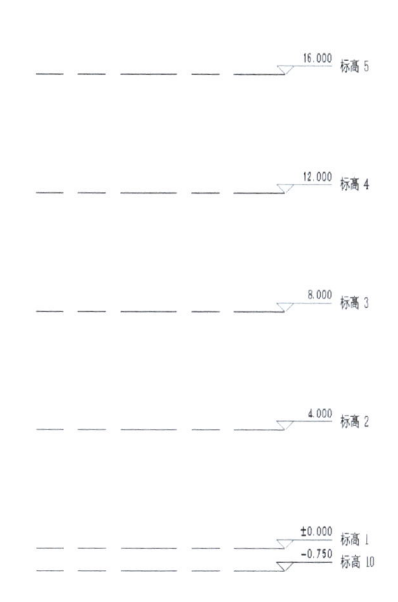

图 4-21　理实楼 1~5 层标高示意图

4.2　创建项目轴网

1. 创建轴网

在立面视图创建完标高后,切换到楼层平面进行轴网的创建。在任何一个楼层平面都可完成轴网的创建,其他楼层平面会自动读取显示绘制好的轴网(对于个别楼层的轴网与主轴网不相同时,可在个别楼层将轴网显示改为 2D 后进行修改,此时只修改当前视图轴网)。

创建轴网

双击项目浏览器任一楼层平面,进入到平面视图,在 Revit 中创建轴网可采用以下几种方式:

(1)直接绘制轴网

单击功能区"建筑"选项卡"轴网"命令,如图 4-22 所示。

软件自动跳到"修改|放置轴网"选项栏,共有 5 种绘制轴网的方式,如图 4-23 所示。

图 4-22 轴网命令

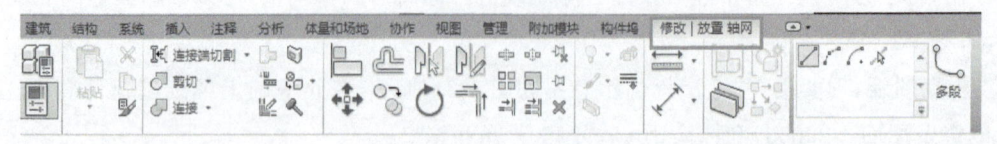

图 4-23 绘制轴网

(2)运用修改工具

绘制完一根轴网后,也可以运用"复制""阵列""镜像"等工具创建轴网,轴网自动编号。

> 用"镜像"命令创建轴网时,镜像生成的轴网,轴号排序反向,需要手动修改轴号。
>
> 因为 Revit 的轴线编号会自动按顺序生成,所以在绘制过程中也最好按轴号顺序,可以先纵向后横向。创建完 1～n 的轴线,再创建横向轴线时,将轴号改为 A,后面则会自动按照 B、C、D……编号。

(3)拾取轴网(拾取图形上现有的图元)

拾取图元创建轴线:第一步,导入 CAD 图形,如图 4-24 所示。具体导入设置参考模块 3 中 3.3 的内容。

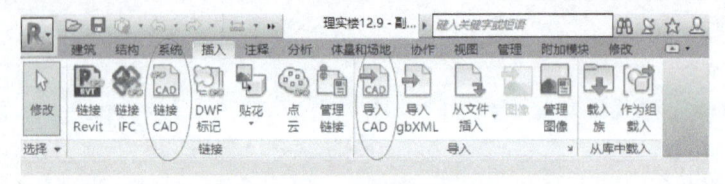

图 4-24 链接 CAD 或导入 CAD

> 链接 CAD(相当于 CAD 的"Xref",即交叉引用),导入 CAD(相当于 CAD 的"Insert",即插入外部文件)。

导入后,可以在视图的"属性"—"可见性/图形替换",来查询导入的图层,或控制其显示情况(类似 CAD 的图层管理),如图 4-25 所示。

2. 编辑轴网

一般先绘制起始轴线,而后用"复制""阵列"完成其他轴线的绘制。在 Revit Architecture 中,轴网对象是垂直标高平面的一组"轴网面"。它可以在相应的立面视图中生成正确的投影。轴网对象由轴线和轴网标头两部分组成。

(1)绘图区轴网设置

轴网也可以和标高一样,在绘图区进行调整,调整方法与标高类似,

编辑轴网

如图 4-26 所示。

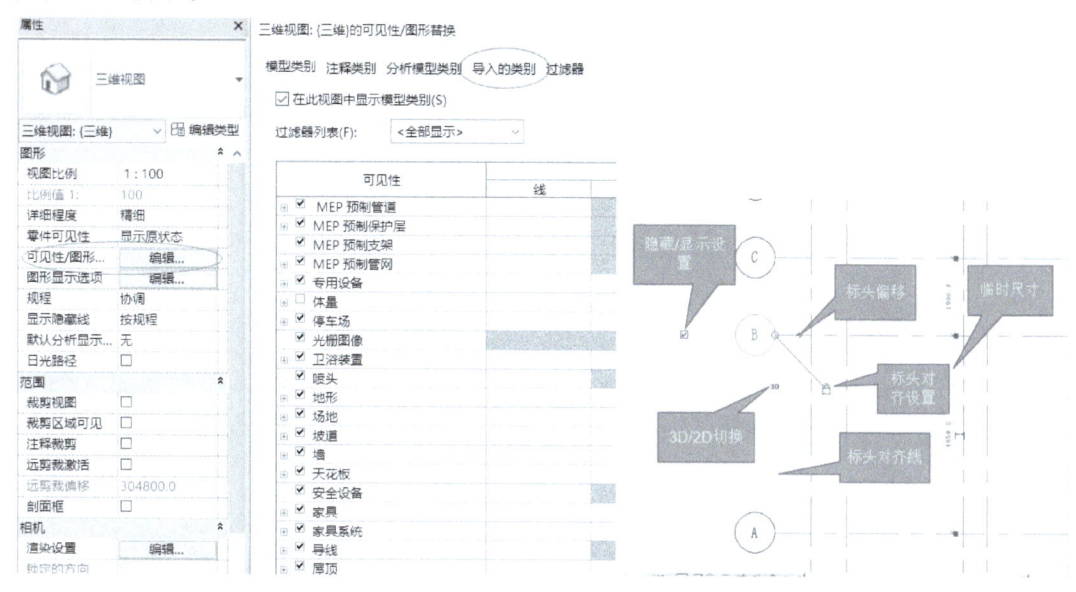

图 4-25　视图的"属性"

图 4-26　绘图区轴网组成

(2)轴网属性设置

①修改轴网属性：选中需要修改的轴网，在"属性"栏选择需要的轴网类型，如图 4-27 所示。

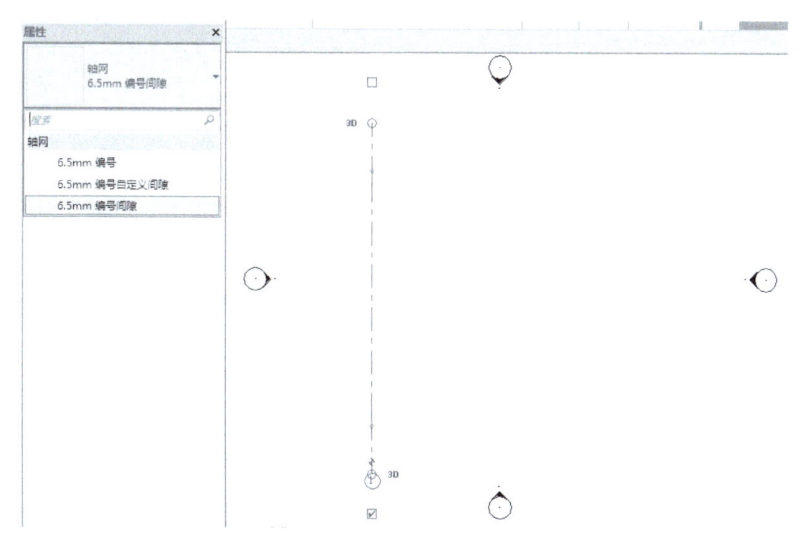

图 4-27　修改轴网类型

②修改轴网名称：选中需要修改的轴网，在"属性"栏选择"名称"输入标头名称即可；也可以在绘图区单击轴网标头直接输入名称，如图 4-28 所示。

③修改轴网类型属性：选中轴线，单击属性栏的"编辑类型"按钮，可打开"类型属性"对话框，如图 4-29 所示，可对其符号、宽度等参数进行设置。

根据图纸识图，理实楼轴网创建，可设①~⑨轴，Ⓐ~Ⓓ轴，单位 m。

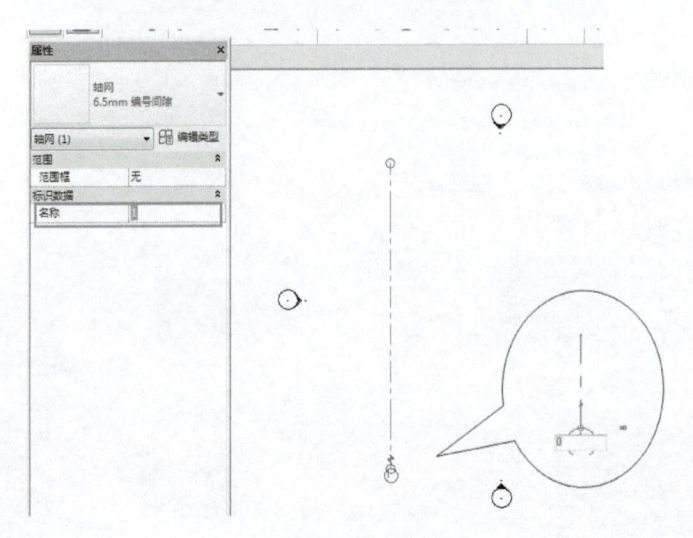

图 4-28 修改轴网名称

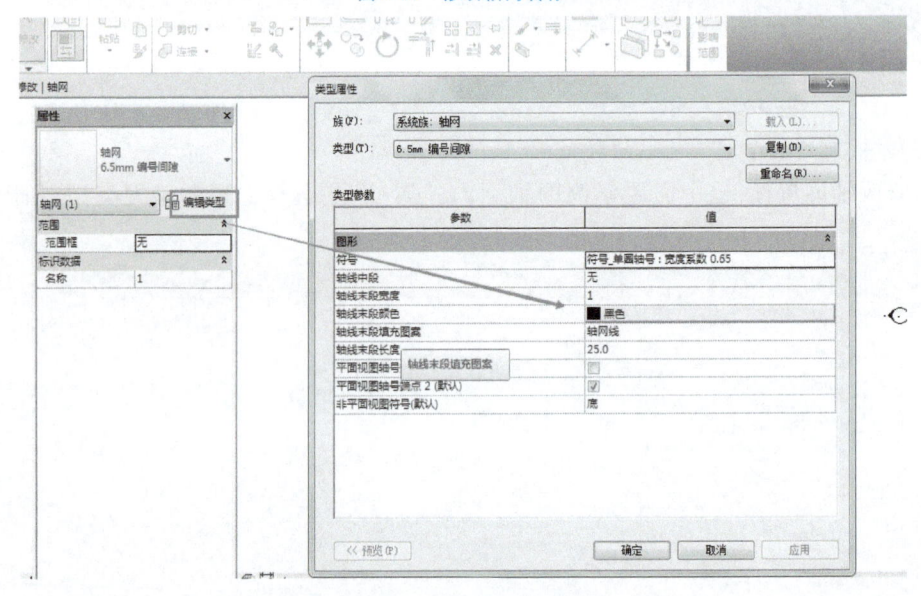

图 4-29 修改轴网类型属性

4.3 标注轴网

依据理实楼工程实例图纸,完成轴网创建,如图 4-30 所示。

鼠标单击"注释"选项卡,注释类型有多种方式,对于规则的轴网使用"对齐"尺寸标注命令,如图 4-31 所示,选择"对齐"注释类型,逐一单击需标注的轴线直至所有轴线均被选择,逐一单击轴线即可自动标注,在空白处单击左键,完成标注,如图 4-32 所示。

标注轴网

图 4-30　完成轴网创建

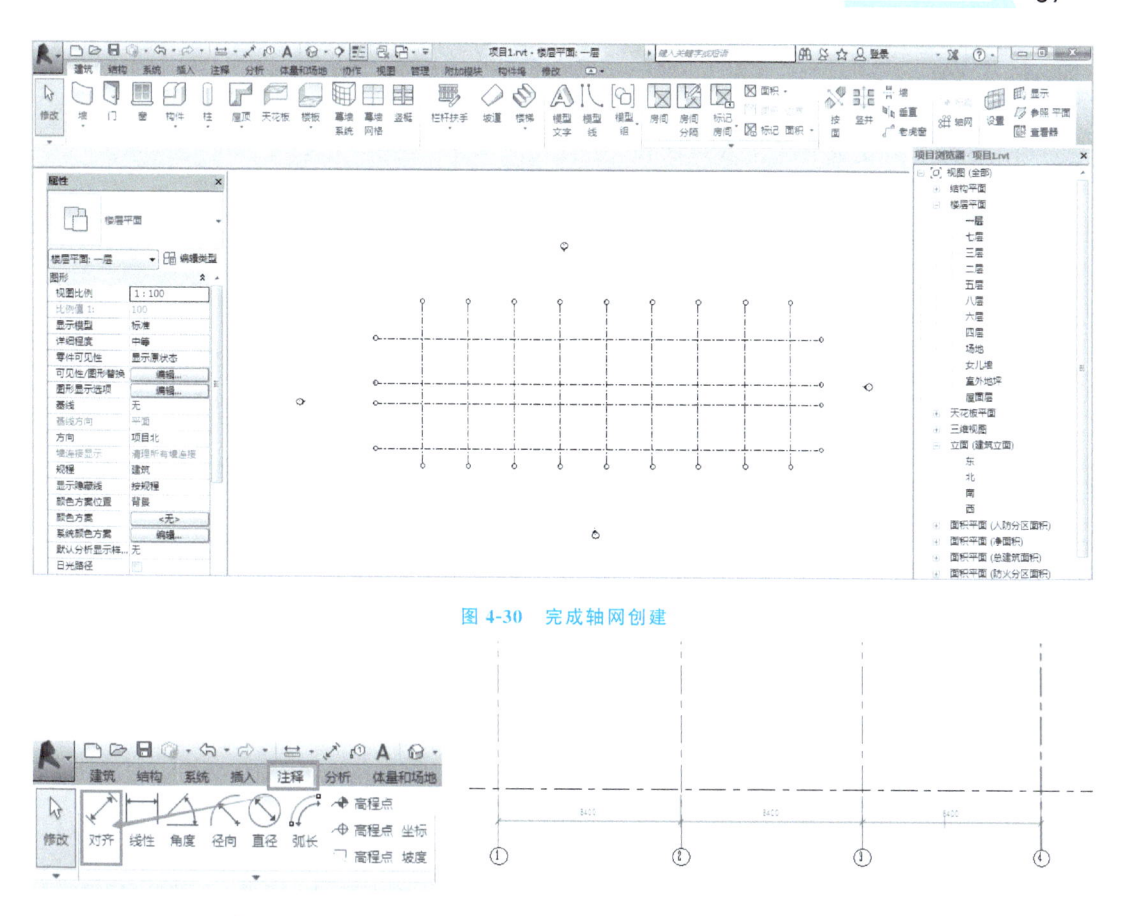

图 4-31　选择"对齐"　　　　　　　　　图 4-32　逐一单击轴线

依次完成轴线之间距离标注和总距离标注,设置完成后,便会生成尺寸标注,如图 4-33 所示。

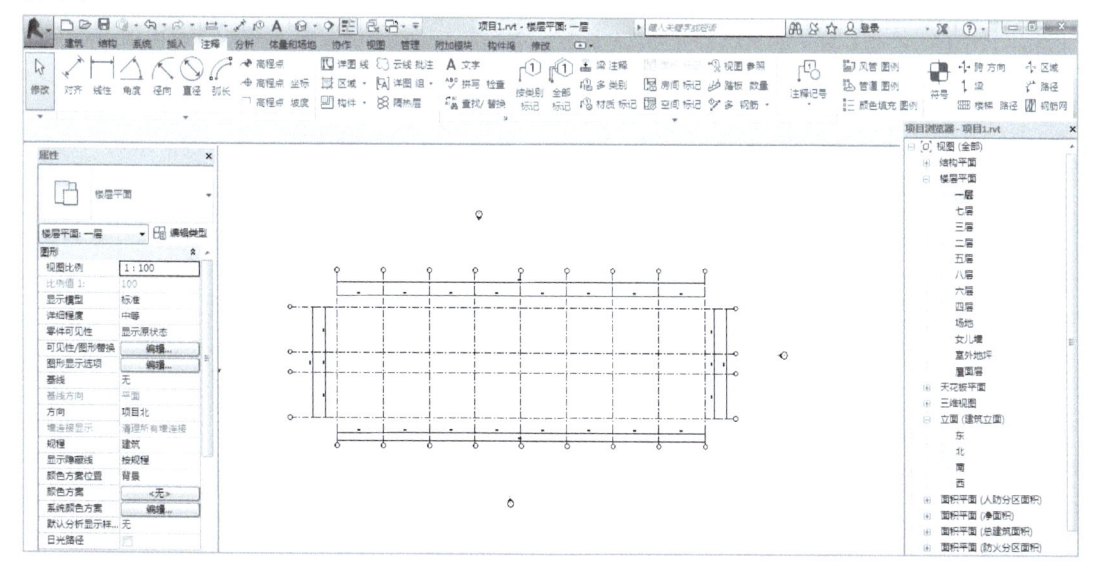

图 4-33　标注成果

小 结

1. Revit 软件建立标高体系的操作步骤主要分为三步。

第一步:进入立面视图;

第二步:创建初始标高体系(含修改原有标高数据、绘制新标高数据、复制生成标高数据等小步骤);

第三步:修改完善本项目标高体系。按照本操作流程读者可以完成项目标高体系的创建。

2. Revit 软件建立轴网体系的操作步骤主要分为三步。

第一步:进入楼层平面视图;

第二步:创建轴网体系(含建立竖向轴网、水平轴网以及阵列、复制快速生成轴网数据等小步骤);

第三步:尺寸标注。

按照本操作流程,读者可以完成项目轴网体系的创建。

模块 5 创建柱

Revit 提供了两种不同用途的柱：建筑柱和结构柱，分别为"建筑"选项卡"构建"面板中的"柱"以及"结构"选项卡"结构"面板中的"柱"。建筑柱和结构柱在 Revit 中所起的作用各不相同。建筑柱主要起到装饰和维护作用，而结构柱则主要用于支撑和承载建筑荷载；大多数结构体系采用结构柱。我们可以根据需要在完成标高和轴网定位信息后创建结构柱，也可以在绘制墙体后再添加结构柱。结构柱相关具体操作实例读者可参见本书模块 11 的内容。

5.1 创建建筑柱

"建筑"功能选项卡下的"柱：建筑"命令，创建的就是建筑柱，如图 5-1 所示。从建模角度讲，建筑柱的建模方法和结构柱相同，只是不具备结构属性。柱属于可载入族，可以从现有的族库中选择合适的族文件，载入到项目中使用。

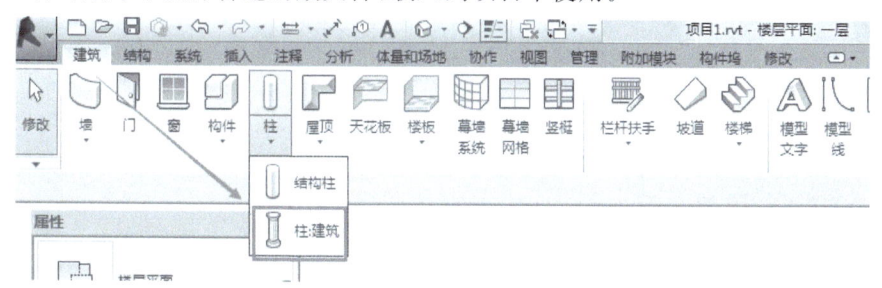

图 5-1 创建建筑柱

创建建筑柱

在"属性"栏的类型下拉菜单里选择一个建筑柱类型，在其"类型属性"对话框复制一个新的类型，比如"800×800 mm"，并修改其尺寸，对其材质等参数进行设置，如图 5-2 所示，单击"确定"按钮，完成新建柱类型。

在"属性"面板中，可通过限制条件调整建筑柱的高度范围，包括调整底部标高、顶部标高、底部偏移和顶部偏移等，如图 5-3 所示。

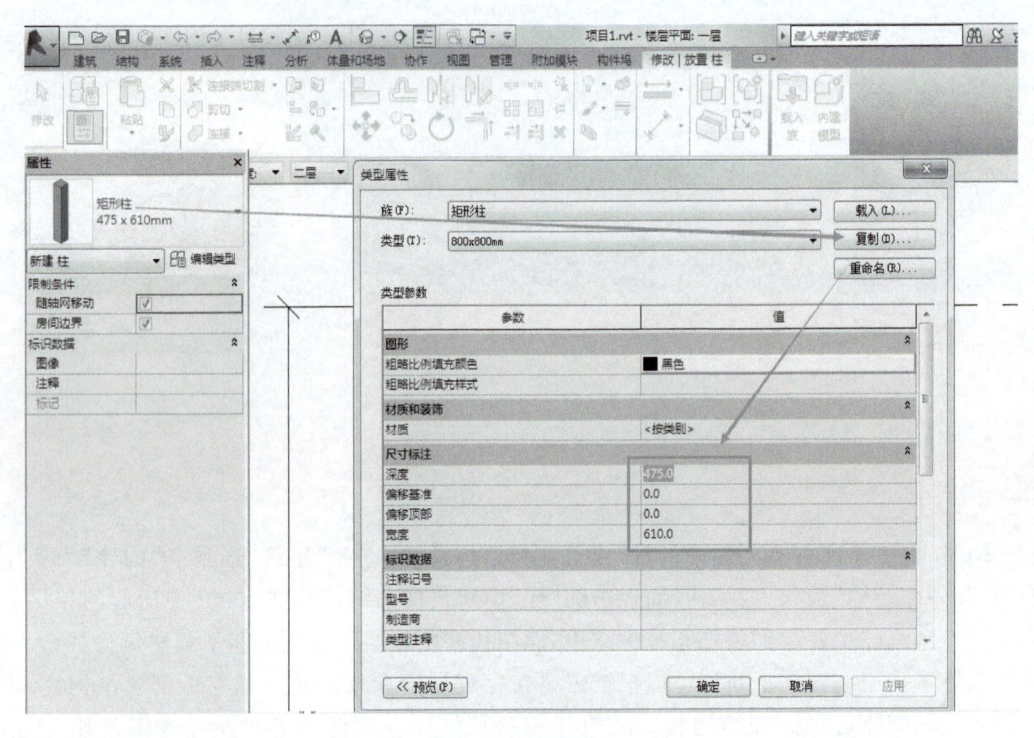

图 5-2　柱类型属性

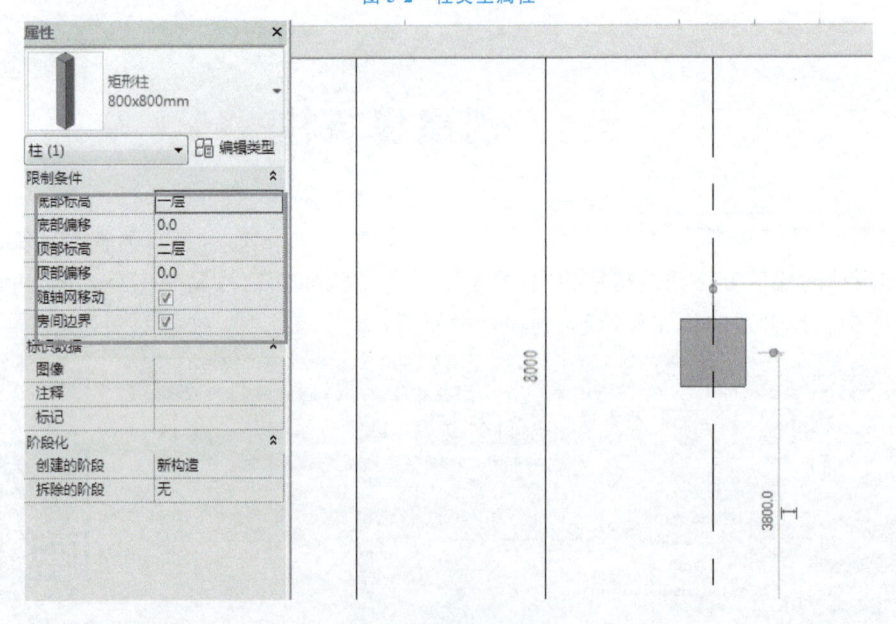

图 5-3　调整柱高度范围

对其材质的调整,如图 5-4 所示,仍然在"编辑类型"—"类型属性"—"材质"中。以混凝土柱为例,搜索并找到混凝土材质,单击"确定"按钮。

柱在 Revit 中属于可载入族,可以用族样板"公制柱.rft"创建新的建筑柱,再载入项目,新的建筑柱就会出现在类型下拉列表中,如图 5-5 所示。要注意的是,另一个族样板"公制结构柱.rft",创建的是结构柱。

修改族尺寸,并载入项目,如图 5-6 所示。

模块 5　创建柱

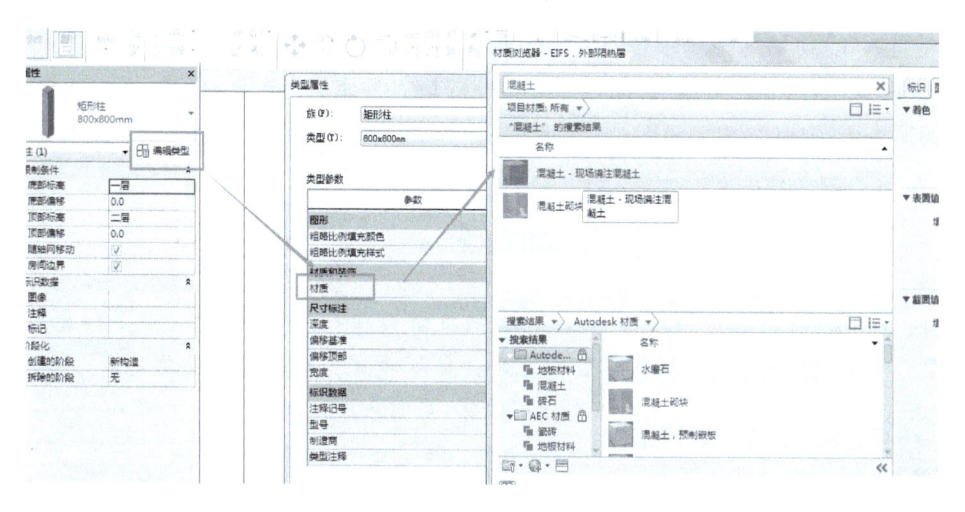

图 5-4　调整柱材质

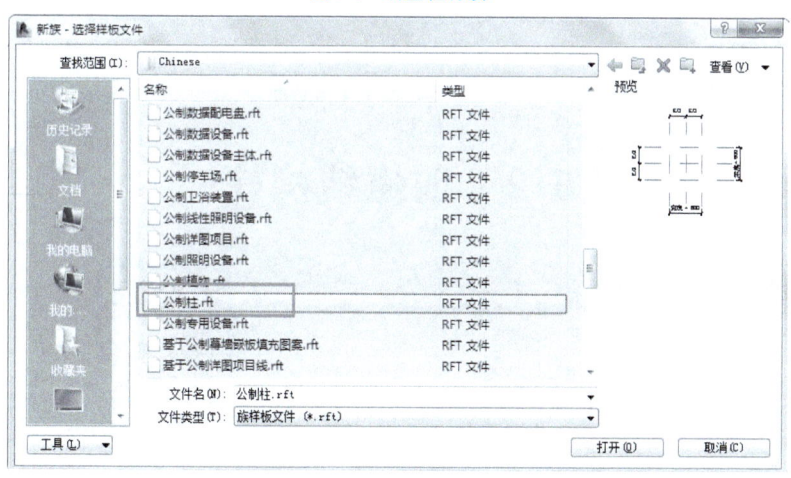

图 5-5　族文件

图 5-6　载入项目

BIM 建模基础

在"建筑柱"命令选项栏里，勾选"放置后旋转"，可在放置柱时旋转柱的角度，对柱"高度"和"深度"进行调整。勾选"房间边界"时，柱的边界算作房间边界；反之，不勾选房间边界时，柱的边界不是房间边界，如图 5-7 所示。

图 5-7　放置后旋转

> **注**　可以在"命令"选项栏修改设置这些参数，也可以等柱放置完成后，再进行相应参数的设置。参数设置完成后，在绘图区轴网处放置柱即可。对于建成的建筑柱，也可对其进行"附着顶部/底部"和"分离顶部/底部"操作，如图 5-8 所示。

图 5-8　附着/分离顶部/底部

5.2　创建结构柱

图 5-9　创建结构柱

选择"结构"选项卡，"结构"面板，"柱"命令，如图 5-9 所示。

在创建结构柱方式上，可以通过"在轴网处"和"在柱处"快速创建结构柱。

以理实楼中混凝土柱为例，创建之前首先更改柱属性，在属性对话框里，可以设置柱的限制条件参数。"属性"—"编辑类型"—"载入"—"结构"—"混凝土-矩形-柱"，载入项目，如图 5-10 所示。

图 5-10　修改属性

例如，理实楼中 KZ1 尺寸为"800×800 mm"，修改柱尺寸，并更改"类型参数"中尺寸标注，如图 5-11 所示。

图 5-11 修改尺寸

在"修改｜放置结构柱"选项卡，单击多个面板里的"在轴网处"命令进入绘制模式，光标框选所有轴网，此时会在轴网交点处预放置结构柱，单击"完成"即可放置所有结构柱，如图 5-12～图 5-14 所示。"在柱处"用于在选定的建筑内部创建结构柱。创建好的结构柱三维视图如图 5-15 所示。

图 5-12 放置结构柱

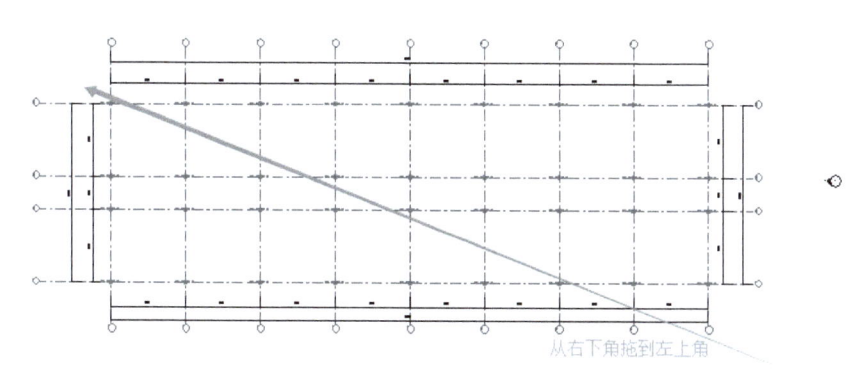

图 5-13 框选轴网

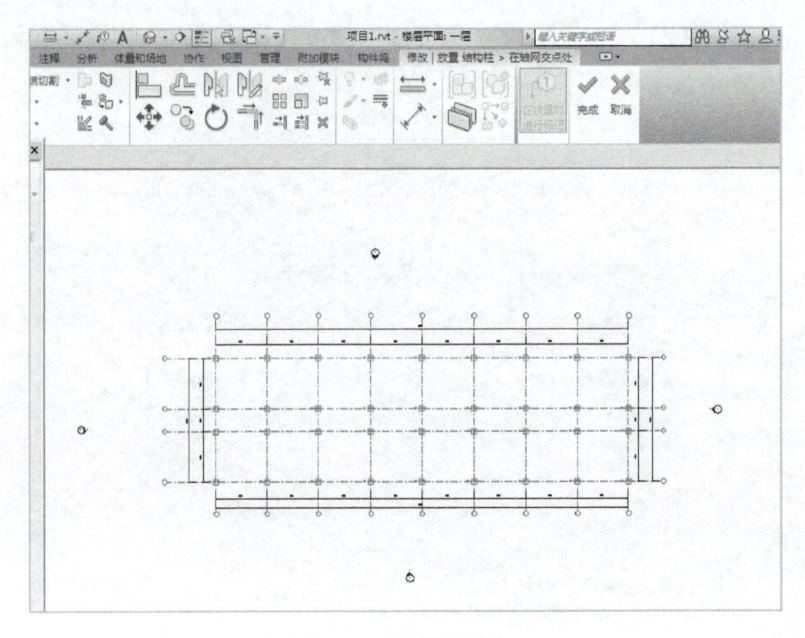

图 5-14 预放置结构柱

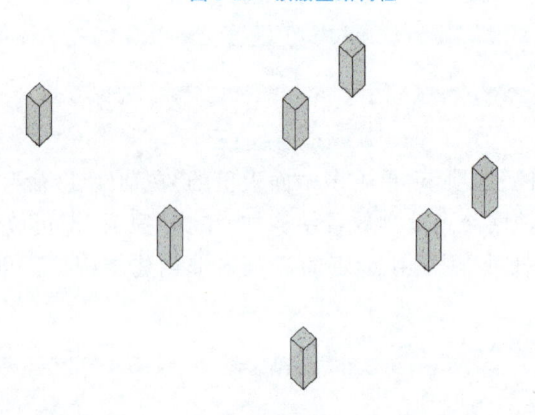

图 5-15 结构柱三维视图

也可创建斜的结构柱,选择"修改 | 放置结构柱"选项卡—"放置"面板—"斜柱"命令,进入绘制模式,如图 5-16 所示。在工具栏里,可通过设置"第一次单击"和"第二次单击"确定斜柱起点和终点的位置,勾选"三维捕捉",可以在"三维视图"里捕捉确定斜柱的起点和终点,如图 5-17 所示。同样,在"属性"中,可以设置斜柱的限制条件参数。

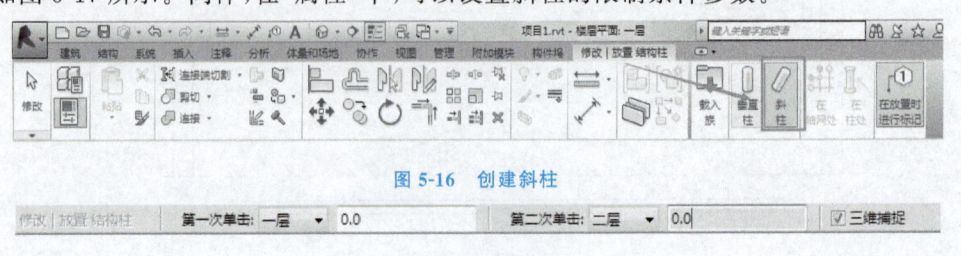

图 5-16 创建斜柱

图 5-17 设置参数

小 结

Revit 建立建筑柱(结构柱)的操作步骤主要分为三步。

第一步:载入族文件;

第二步:创建建筑柱(结构柱)构件类型;

第三步:布置楼层平面视图结构柱(可参见本书模块11)。

按照本操作流程读者可以完成建筑柱(结构柱)的创建。

模块 6 创建墙体

墙体属于系统族,即可以根据指定的墙体结构参数定义生成三维墙体模型。在绘制时,需考虑墙体高度、构造做法、立面显示、图纸的要求、精细程度的显示以及内、外墙体的区别。当墙体有保温信息,或者墙体在高度方向上、下使用不同材料时,都需要针对不同特性进行更为精细的信息设置,本模块主要介绍墙体的创建和编辑方法。

墙体命令使用方法

6.1 墙体命令使用方法

选择"建筑"选项卡,单击"构件"面板下的"墙",可以看到有 5 种类型可供选择,如图 6-1 所示。

"墙:结构"为创建承重墙和抗剪墙时使用;在使用体量或常规模型时选择"面墙";"墙:饰条"和"墙:分隔条"的设置原理相同。墙体功能选项如图 6-2 所示。

单击"图元属性"按钮,在弹出的对话框中编辑墙属性,使用复制的方式创建新的墙类型。

设置墙高度、定位线、偏移值、半径,选择直线、矩形、多边形、弧形墙体等绘制方法进行墙体的绘制。

图 6-1 "墙"命令

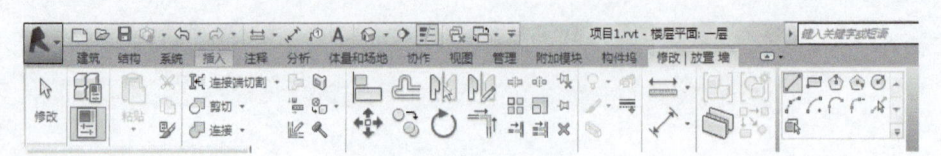

图 6-2 墙体功能选项

6.2　新建建筑墙

建立内、外墙模型前,应先根据理实楼图纸查阅内、外墙构件的尺寸、定位、属性等信息,保证内、外墙模型布置的正确性。图纸提示如下:±0.000以上墙体,外墙部分厚250 mm,内墙厚200 mm,均为加气混凝土砌块;电梯井内墙厚240 mm,为烧结页岩砖。其中,转角处外墙厚200 mm,所有外墙均额外添加50 mm厚的面层作为饰面材质。

Revit软件提供了基本墙、幕墙、叠层墙三种族,使用基本墙可以创建项目的外墙、内墙以及分隔墙等墙体。

(1)首先建立墙构件类型。在"项目浏览器"中展开"楼层平面"视图类别,双击"一层"视图名称,进入"一层"楼层平面视图。单击"建筑"选项卡—"墙:建筑"—"属性"—"编辑类型"—"类型属性"—"复制"—输入"浅灰色仿砖涂料外墙-250",单击"确定"按钮,关闭窗口,如图6-3所示。

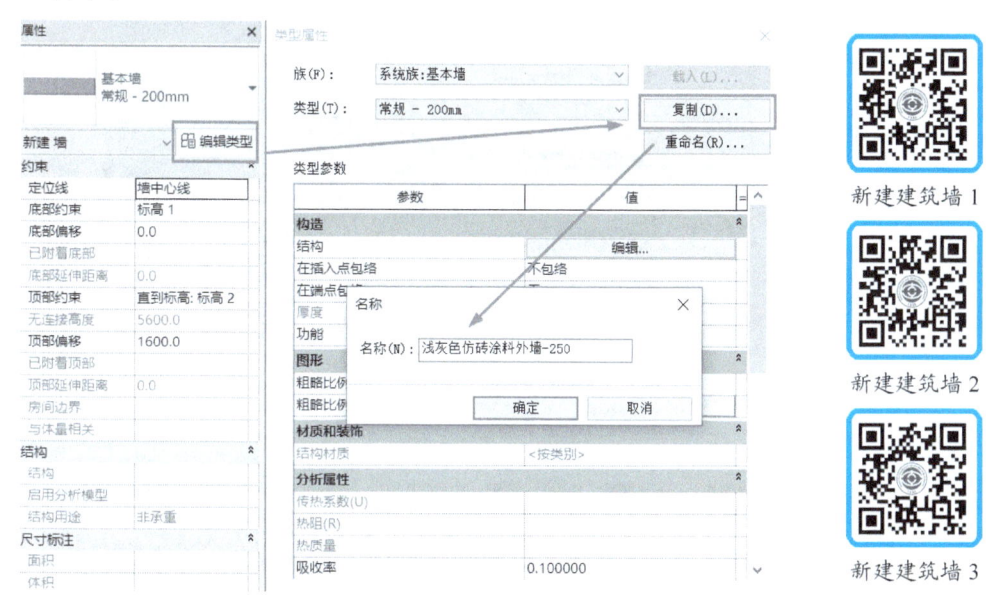

图 6-3　创建建筑墙

(2)如图6-4、图6-5所示,单击"结构"右侧"编辑"—"编辑部件",修改"结构[1]"厚度为"250.0"。在图6-5中"结构[1]"对应的"材质"中搜索到"加气混凝土砌块",出现图6-6所示的"材质浏览器-加气混凝土砌块",修改颜色,勾选"使用渲染外观",单击"确定"按钮,退出"材质浏览器"。

(3)所有外墙均需要额外添加50 mm厚的面层作为饰面材质,单击"编辑部件"—"插入"—"向上",修改厚度为"50.0"[图6-7(a)],材质修改同步骤2,单击"确定"按钮,退出"材质浏览器"[图6-7(b)]。

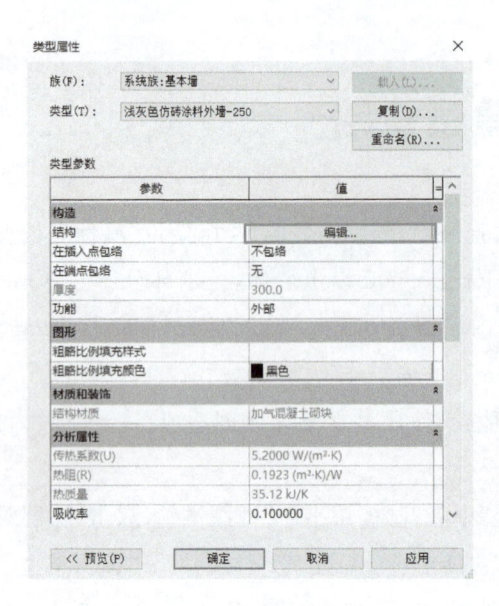

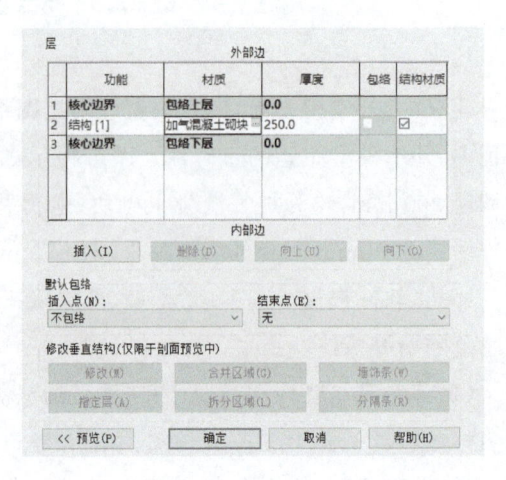

图 6-4 编辑结构

图 6-5 修改结构厚度

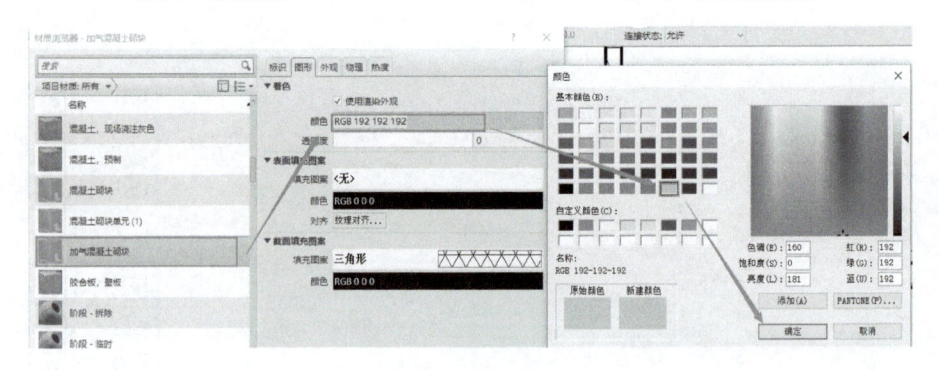

图 6-6 修改墙材质

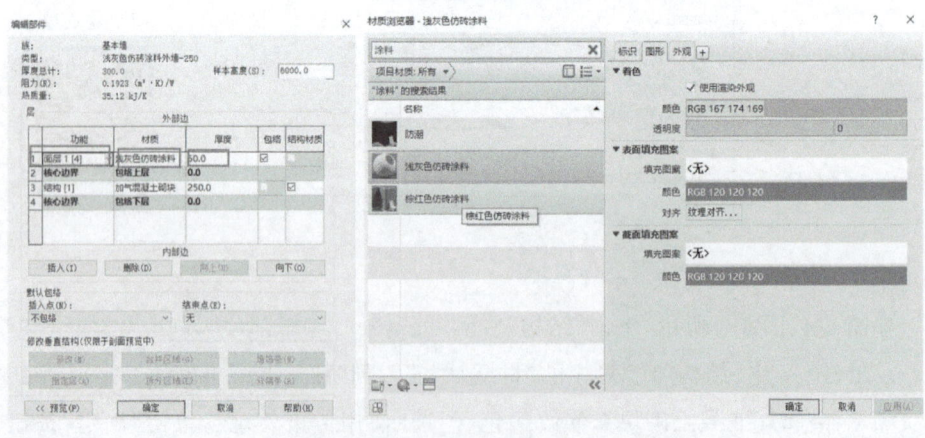

(a)　　　　　　　　(b)

图 6-7 添加面层材质

(4)再次单击"确定"按钮,退出"编辑部件"窗口。继续修改"功能"为"外部",属性信息修改完毕,如图 6-8 所示。

(5)采取同样的操作建立"浅灰色仿砖涂料外墙-200",注意修改"面层"材质,"结构[1]"厚度为"200.0",并修改"功能"为"外部"。建立"棕红色仿砖涂料外墙-250",注意修改"面层"材质,"结构[1]"厚度为"250.0",并修改"功能"为"外部"。"棕红色仿砖涂料女儿墙-120",注意修改"面层"材质,"结构[1]"厚度为"120.0",并修改"功能"为"外部"。"浅灰色仿砖涂料女儿墙-120",注意修改"面层"材质,"结构[1]"厚度为"120.0",并修改"功能"为"外部"。"建筑内墙-200",注意修改"结构[1]"厚度为"200.0",并修改"功能"为"内部"。"烧结页岩砖内墙-240",注意修改"结构[1]"厚度为"240.0",并修改"功能"为"内部"。建立完成后,单击"确定"按钮,退出"类型属性"窗口,如图 6-9 所示。

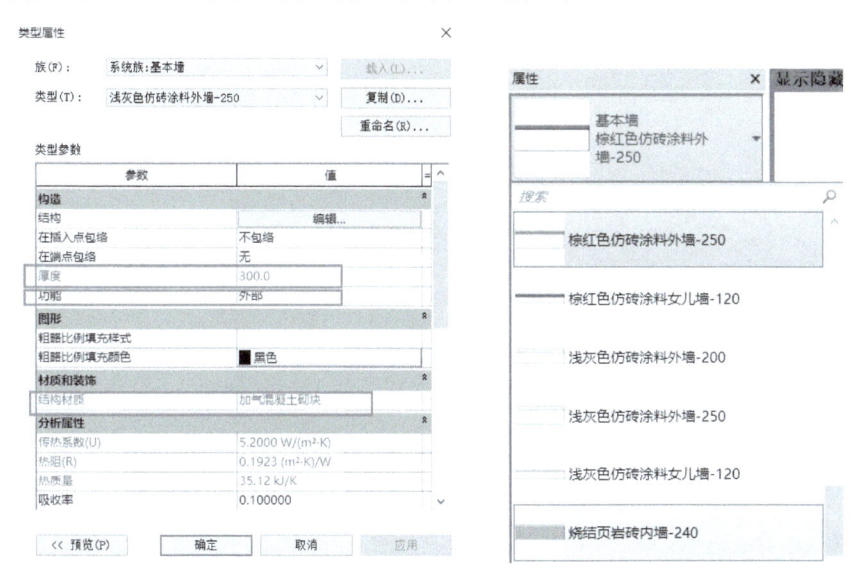

图 6-8　修改墙类型参数

图 6-9　完成墙类型创建

(6)构件定义完成后,开始布置构件。根据实例图纸"一层平面图"布置首层墙构件,先进行外墙布置。在"属性"面板中找到"浅灰色仿砖涂料外墙-250",如图 6-10 所示。单击"布置外墙"-"绘制"-"直线",选项栏中设置"高度"为"二层",勾选"链"(勾选链可以连续绘制墙),设置"偏移量"为"150.0"(结合实例图纸),如图 6-11 所示。在"属性"面板中设置"底部限制条件"为"一层","底部偏移"为"0.0","顶部约束"为"直到标高:二层","顶部偏移"为"0.0",如图 6-12 所示。

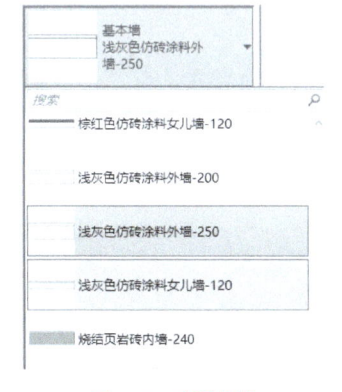

图 6-10　布置外墙

图 6-11　选项栏设置

(7)适当放大视图,将鼠标移动到①轴与Ⓐ轴交点位置;单击作为外墙绘制的起点,向上移动鼠标,Revit 将在起点和当前鼠标位置间显示预览示意图,单击①轴与Ⓑ轴交点位置,作为第一段墙的终点,如图 6-13 所示。

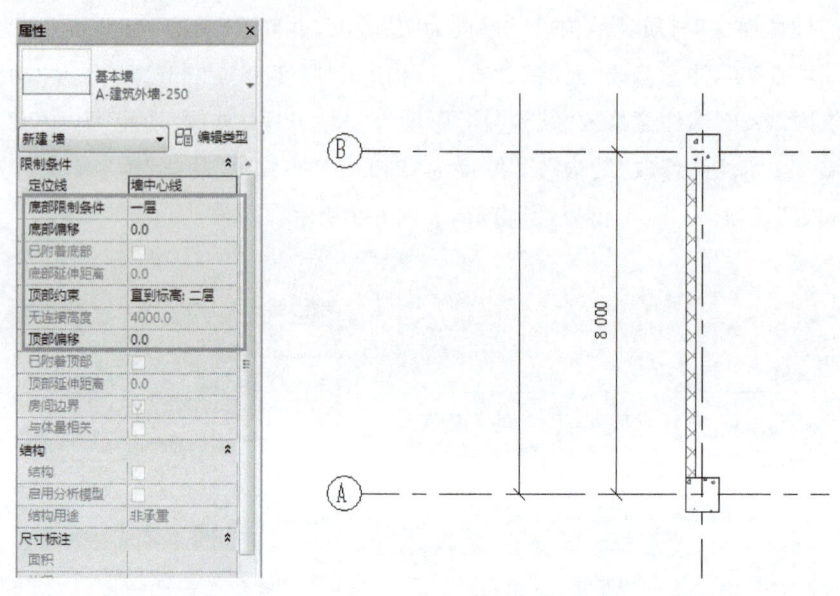

图 6-12　修改墙限制条件　　　　图 6-13　放置墙

(8)按照实例图纸"一层平面图"中墙体平面定位进行一层其他外墙绘制。其中,转角处注意切换外墙 200,将"定位线"改为"面层面:内部",进行绘制,如图 6-14、图 6-15 所示。

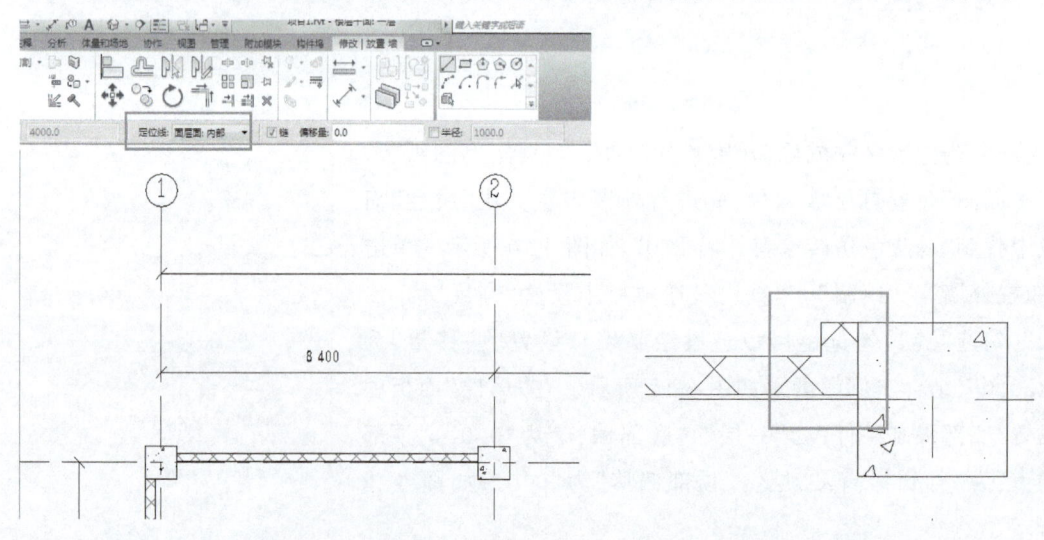

图 6-14　绘制一层其他外墙　　　　图 6-15　切换外墙 200

(9)对绘制好的外墙进行位置精确修改。例如,Ⓑ~Ⓒ轴与①轴的墙体,单击墙体,自动切换至"修改"选项卡—"偏移",结合图纸尺寸向右侧偏移"25.0",如图 6-16、图 6-17 所示。

例如,①~②轴与Ⓐ轴的墙体,可以先采用"参照平面"进行定位,再进行绘制,在绘制过程中对其尺寸进行修改,采用"对齐"功能对齐墙体。如图 6-18~图 6-23 所示。

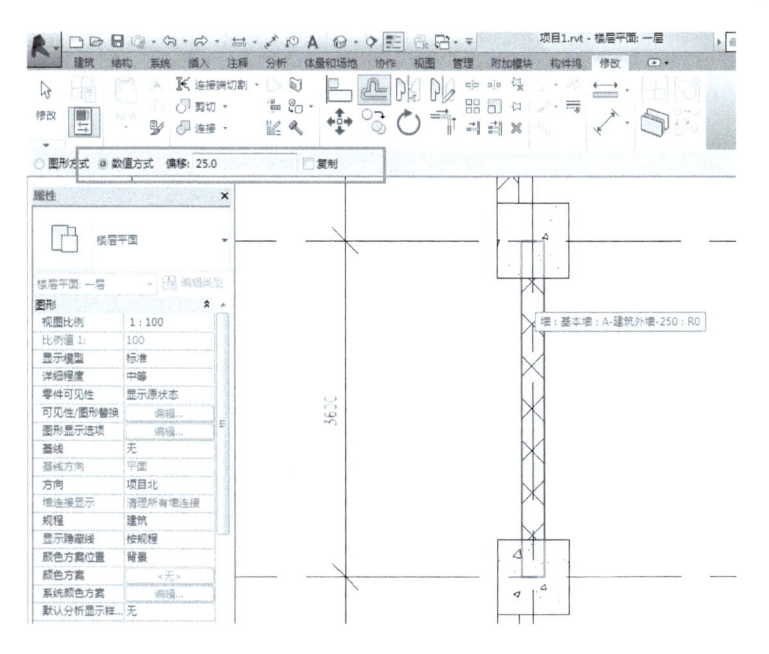

图 6-16 位置精确修改

图 6-17 精确修改完成

图 6-18 参照平面

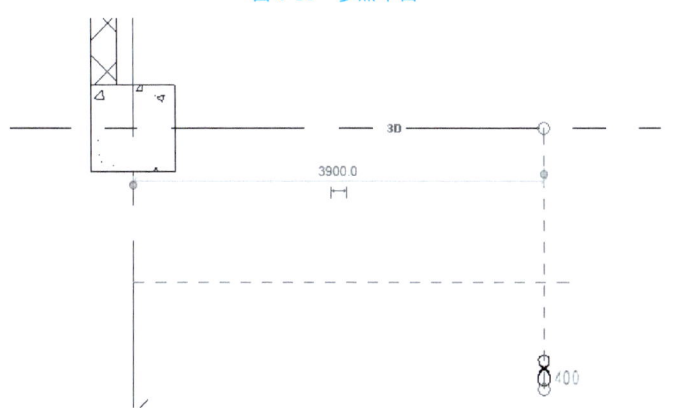

图 6-19 定位墙体

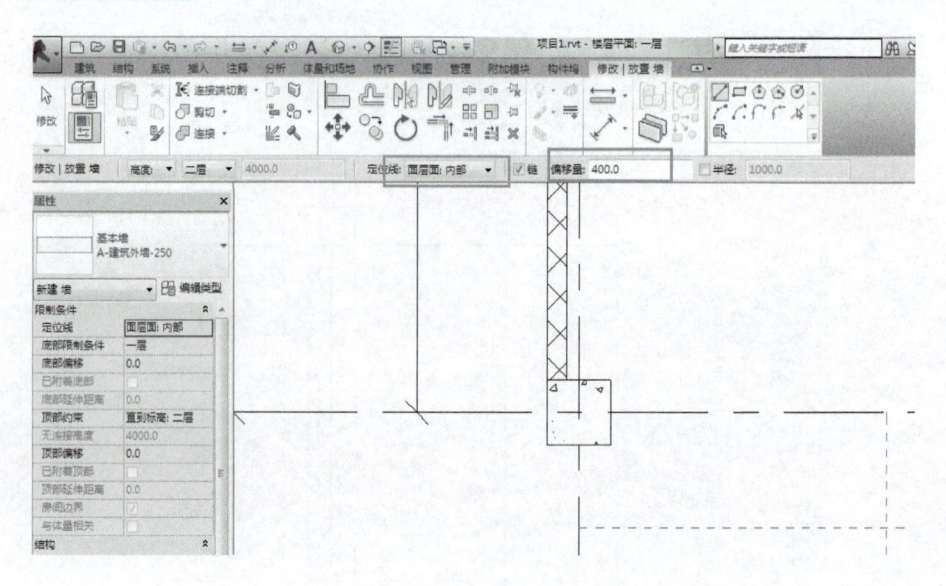

图 6-20　绘制墙体

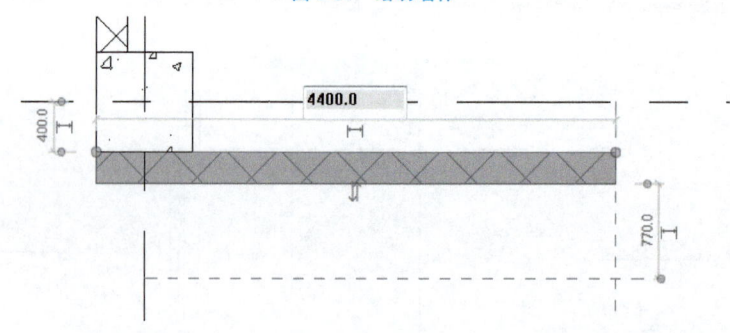

图 6-21　调整墙体尺寸

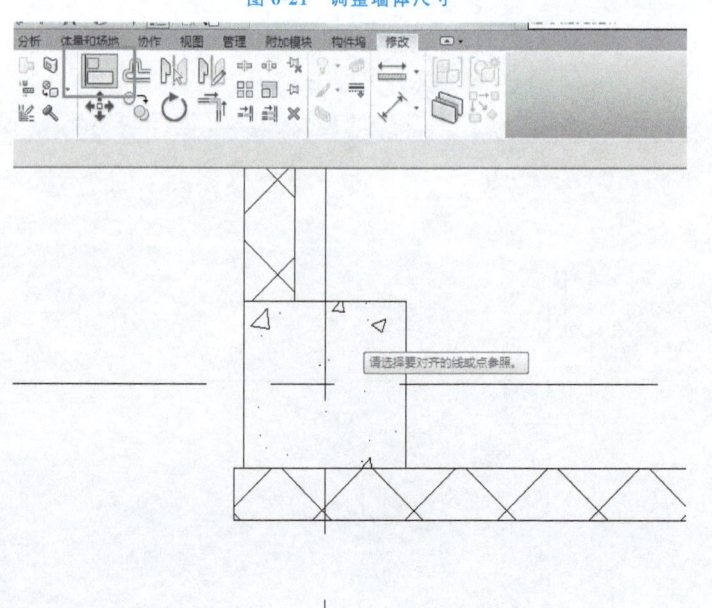

图 6-22　对齐墙体

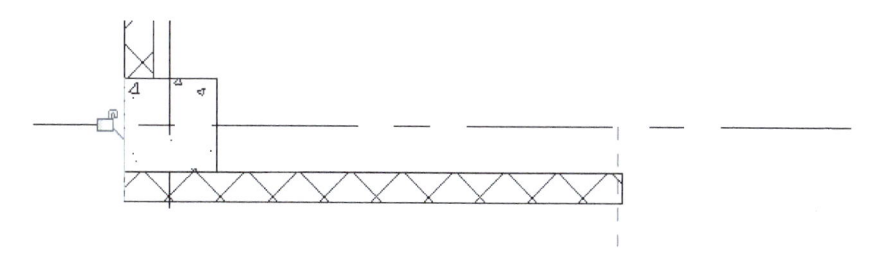

图 6-23　完成墙体修改

（10）在绘制过程中,需按照图纸标明的墙体厚度,实时切换墙体类型进行正确绘制。在绘制过程中,可采用"镜像""复制""偏移"等命令,如图 6-24 所示为墙体编辑命令栏。一层整个外墙绘制完成之后,如图 6-25 所示。

图 6-24　墙体编辑命令栏

（11）窗槛墙的创建。由于模板已经存在,只需单击"建筑"选项卡下"构件"—"修改|放置构件"—"窗槛墙",如图 6-26 所示,放置后调整相关尺寸。

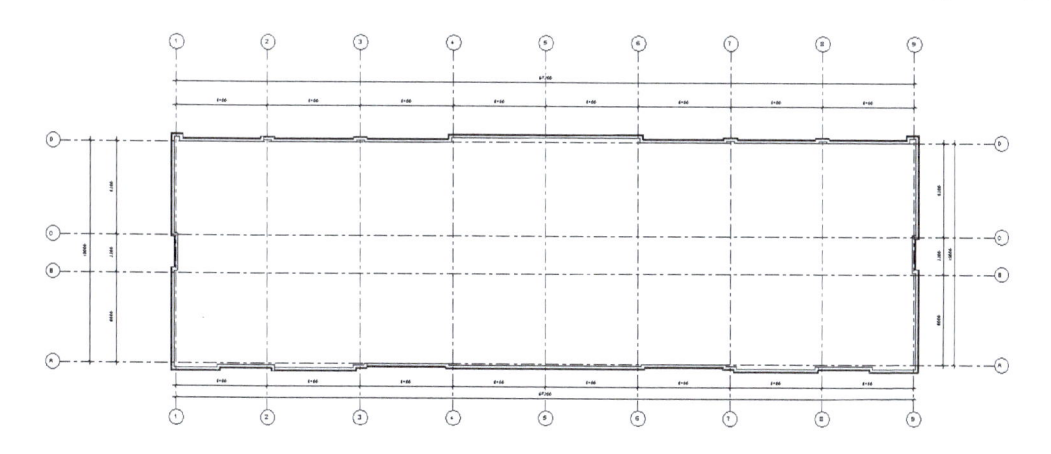

图 6-25　一层外墙

图 6-26　窗槛墙放置

(12)按照上面的操作方法,根据实例图纸绘制一层内部墙体,选择墙体类型为"建筑内墙-200",采用参照平面进行定位。绘制完毕后,对其位置进行修改,如图6-27所示。

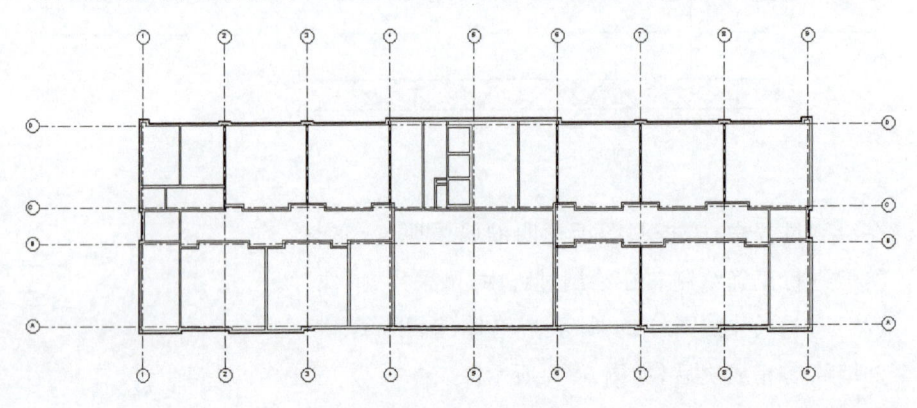

图6-27 一层内部墙体

(13)一层平面视图墙绘制完成后,开始绘制二层及其他楼层平面视图墙,相关尺寸参数按照理实楼图纸。这里为了提高绘图效率,可以先利用Revit整层复制构件的方法快速建立二层墙体(仅举例),然后对个别位置进行修改。适当缩放窗口,按住鼠标左键自左上角向右下角全部框选绘图区域构件。

(14)框选完毕后,单击"过滤器"工具,只勾选"墙"类别,其他构件类别取消勾选,单击"确定"按钮,关闭窗口,如图6-28所示。

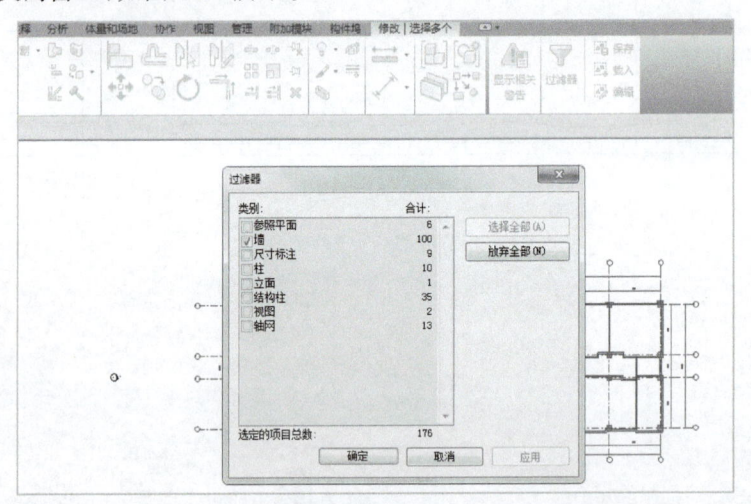

图6-28 过滤器

(15)单击"剪贴板"面板中的"复制到剪贴板"—"粘贴"—"与选定的标高对齐"—"选择标高"—"二层",如图6-29~图6-31所示。

(16)单击"快速访问栏"中"三维视图"按钮,切换到三维视图,查看模型成果,图6-32所示为墙体三维模型效果。

图6-29 复制功能

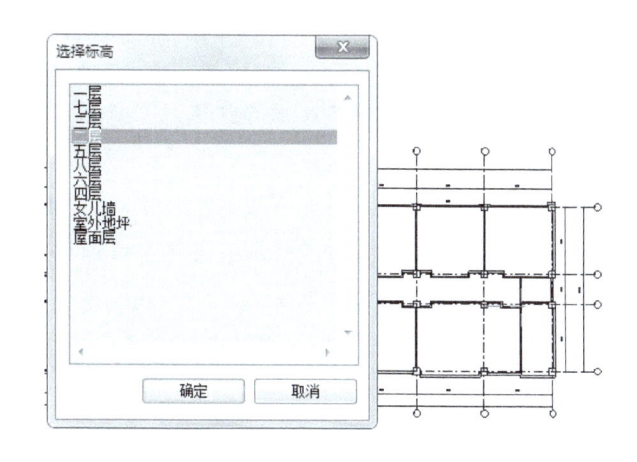

图 6-30　粘贴选择

图 6-31　标高选择

(17)在三维状态下单击"建筑"—"墙"—"墙:饰条",在东、西方向窗户位置放置"墙:饰条",如图 6-33 所示。

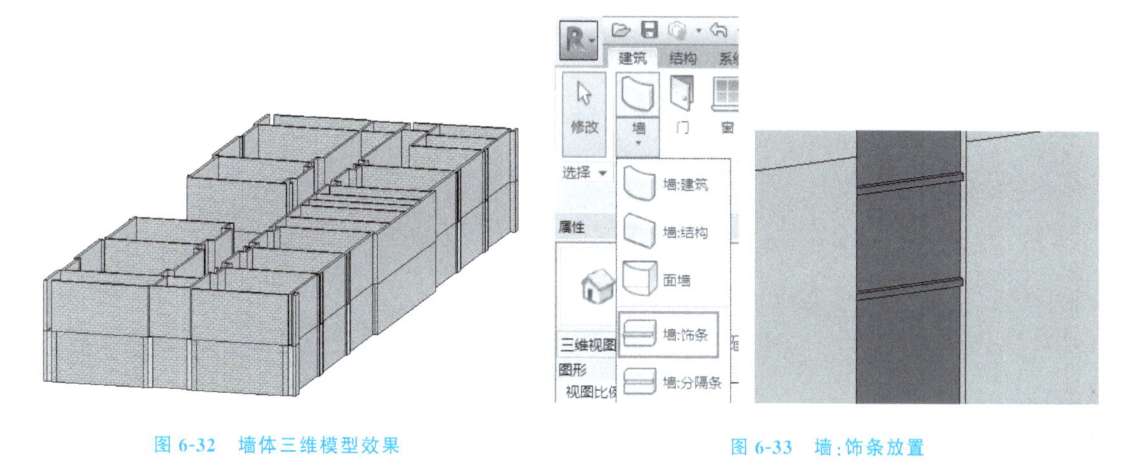

图 6-32　墙体三维模型效果

图 6-33　墙:饰条放置

由于篇幅有限,其余各层读者可以结合图纸进行练习并完成建模,完成后的墙体三维效果如图 6-34 所示。

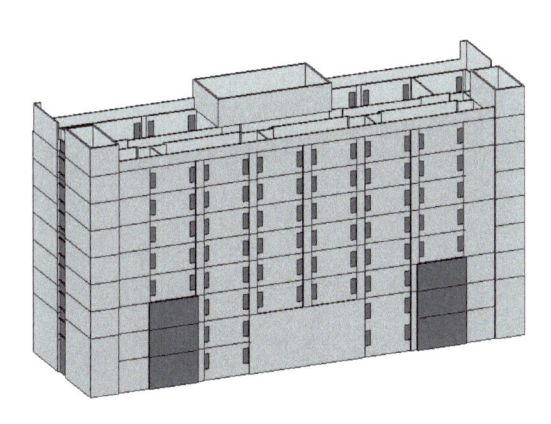

图 6-34　完成后的墙体三维效果

小 结

Revit软件创建内外墙的操作步骤主要分为三步。

第一步:建立内外墙构件类型;

第二步:布置"一层"楼层平面视图内外墙、窗槛墙(含对齐、偏移、镜像等步骤);

第三步:布置"其他楼层"楼层平面视图内外墙、墙饰条(含过滤器、复制到剪贴板、粘贴、与选定的标高对齐等步骤)。

按照本操作流程读者可以完成项目建筑墙的创建。

模块 7 创建幕墙

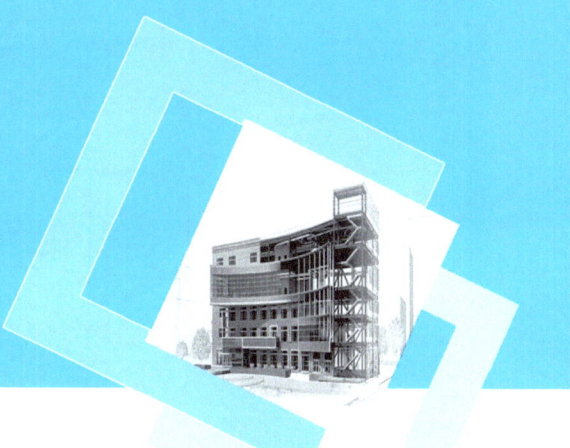

在 Revit 中幕墙属于墙体的一种类型,由于幕墙和幕墙系统在设置上有相同之处,所以本书将它们合并为一个模块进行讲解。

理实楼中外立面一共有 1 面玻璃幕墙 BLM-1,位于建筑室内南边两侧沿④~⑥轴间布置。建立幕墙模型前,先根据理实楼图纸查阅幕墙的基本尺寸、定位、属性等信息,保证幕墙模型布置的正确性,图 7-1 所示为玻璃幕墙立面 CAD 图。

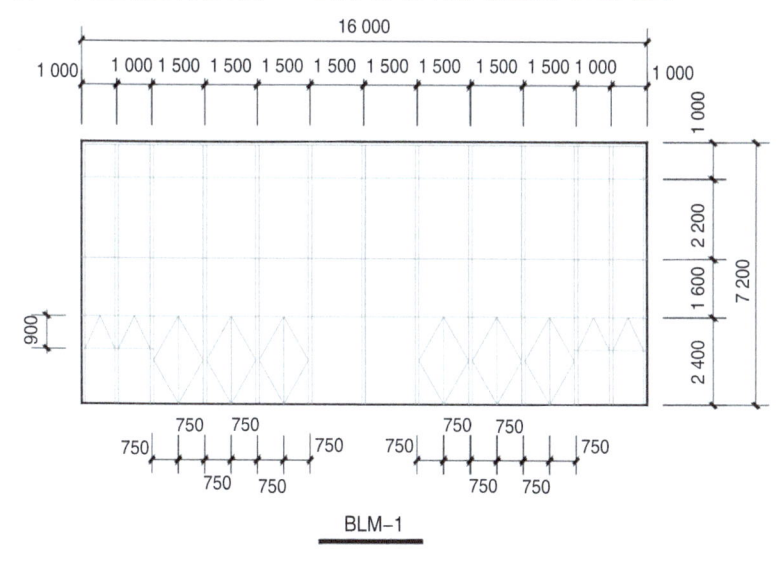

图 7-1 玻璃幕墙立面 CAD 图

思政案例

红色建筑镌党史,弘扬延安精神,传承红色经典

7.1 幕墙简介

幕墙及其系统是一种构件,由幕墙嵌板、幕墙网格和幕墙竖梃组成,如图 7-2 所示。

幕墙默认有三种类型:店面、外部玻璃、幕墙,如图 7-3 所示。幕墙的竖梃样式、网格分割形式、嵌板样式及定位关系皆可修改。

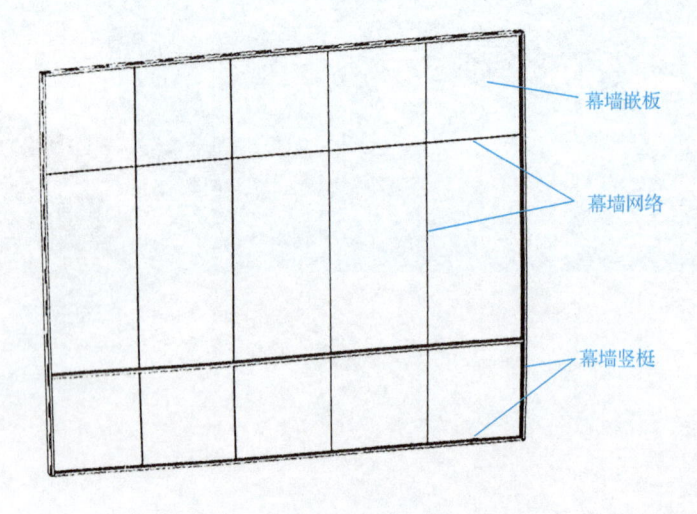

图 7-2 幕墙组成

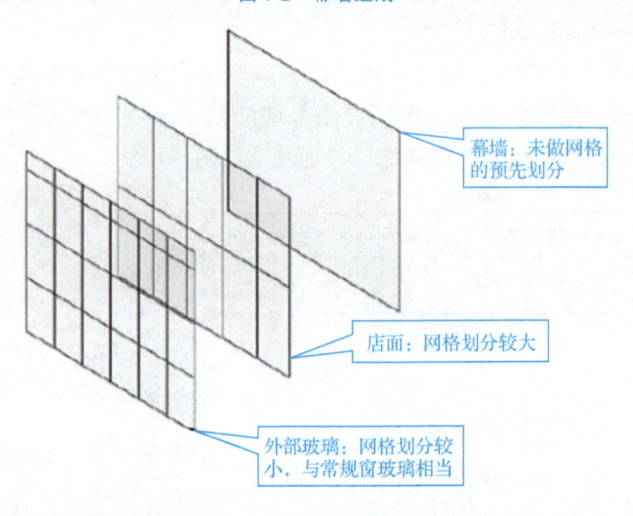

图 7-3 幕墙类型

通过选择线或图元面，可以创建幕墙系统。在创建幕墙系统之后，可以使用相同的方法添加幕墙网格和竖梃。

1. 幕墙嵌板

幕墙嵌板是构成幕墙的基本单元，幕墙由一块或多块幕墙嵌板组成，可以自行创建三维嵌板族。

2. 幕墙网格

幕墙网格决定幕墙嵌板的大小、数量。

3. 幕墙竖梃

幕墙竖梃为幕墙龙骨，是沿幕墙网格生成的线性构件，外形由二维竖梃轮廓族所控制。

7.2 创建幕墙的方法

嵌入法创建玻璃幕墙

1. 直接创建幕墙

选择"建筑"选项卡—"构建"面板—"墙"下拉菜单—"墙：建筑"命令，在"属性"栏下拉栏中，选择"幕墙"，如图 7-4 所示。

与绘制墙体一样，根据图 7-1 所示的 CAD 图设置好幕墙的长度、高度和厚度后，即可根据轴网或者链接的底图绘制幕墙，如图 7-5 所示。

图 7-4　选择幕墙类型　　　　图 7-5　绘制幕墙属性设置

由于默认的幕墙还未划分网格，所以目前创建的幕墙是一整片玻璃的样式，如图 7-6 所示。

如果幕墙网格为规则分布，我们可以直接在其"类型属性"里设置，如图 7-7 所示，可设置垂直网格和水平网格的布局、间距，还可设置垂直竖梃和水平竖梃的类型。

设置完成后，幕墙则自动添加了规则的网格和竖梃，如图 7-8 所示。

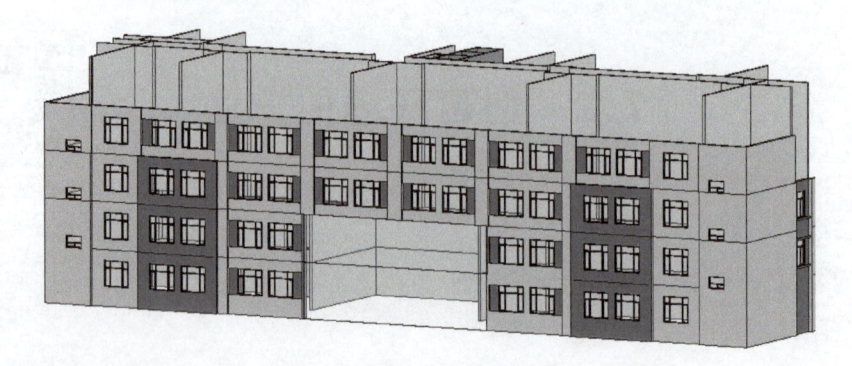

图 7-6　未添加网格的幕墙

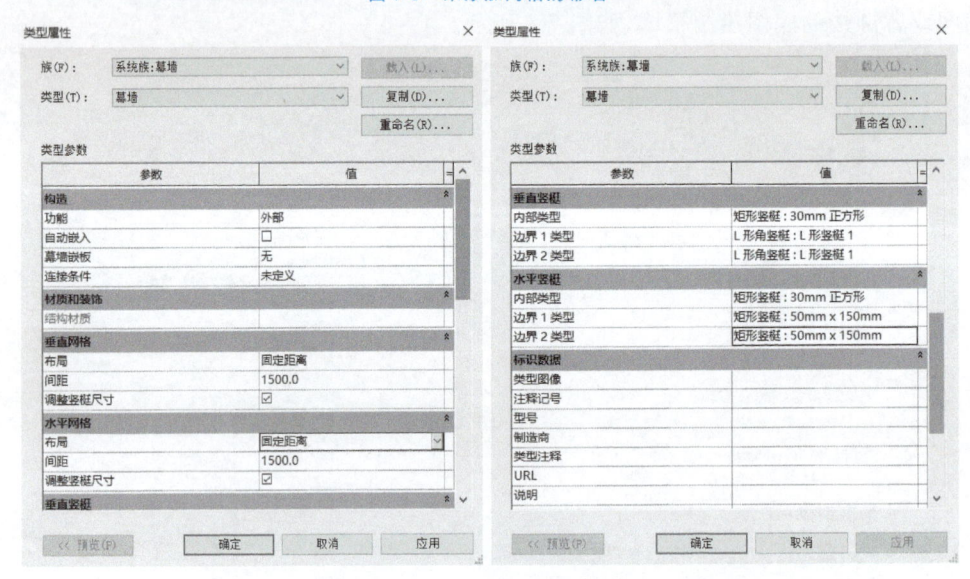

图 7-7　规则幕墙设置

图 7-8　生成的规则幕墙

2. 嵌入到已有墙体的幕墙

"幕墙"命令还可以绘制嵌入在墙内的幕墙样式,比如,本工程案例的幕墙即为嵌入到

1~2层墙体中间的幕墙,如图7-9所示,因此可以在绘制好的墙体上,根据图7-1所示的CAD图设置好幕墙的长度、高度和厚度后,轴网或者链接的底图采用"剪切几何图形"方法将创建好的幕墙嵌入到要绘制的幕墙上,如图7-10所示。

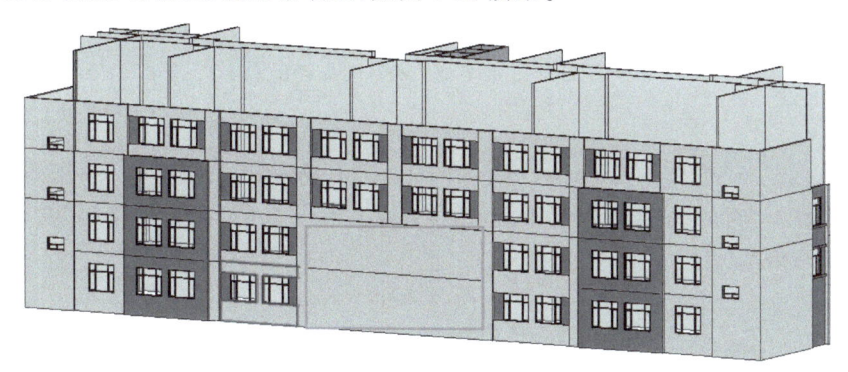

图7-9 要嵌入幕墙的墙体

图7-10 生成的嵌入幕墙

也可以选择"幕墙"命令,在其"类型属性"栏中将"自动嵌入"选项勾选上,如图7-11所示。设置好幕墙高度和网格后,在墙体同样的位置上绘制幕墙,墙体会自动开洞插入幕墙。

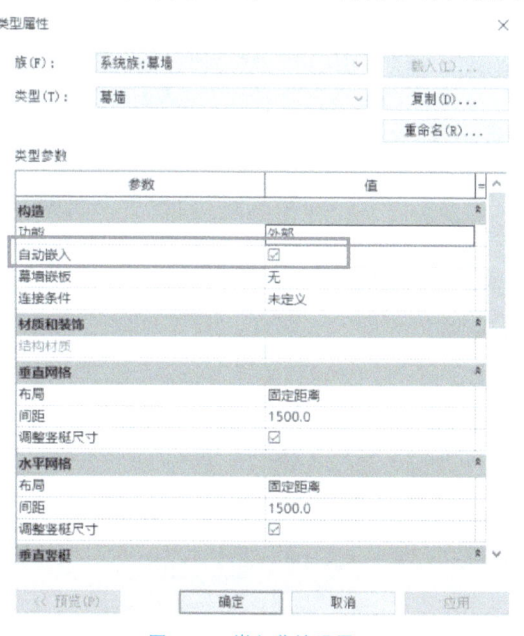

图7-11 嵌入幕墙设置

由于理实楼项目幕墙属于不规则网格,部分玻璃嵌板需要替换成门窗构件,所以在创建幕墙这一步时,只需要按照图纸尺寸创建一段嵌入墙体的不带网格的玻璃幕墙即可。

7.3 划分幕墙网格

Revit 提供了专门的"幕墙网格"功能,用于创建不规则的幕墙网格。根据图 7-12,本工程幕墙网格水平方向和垂直方向都不均匀,可以通过编辑轮廓和"幕墙网格"命令两种方法来进行幕墙网格添加。

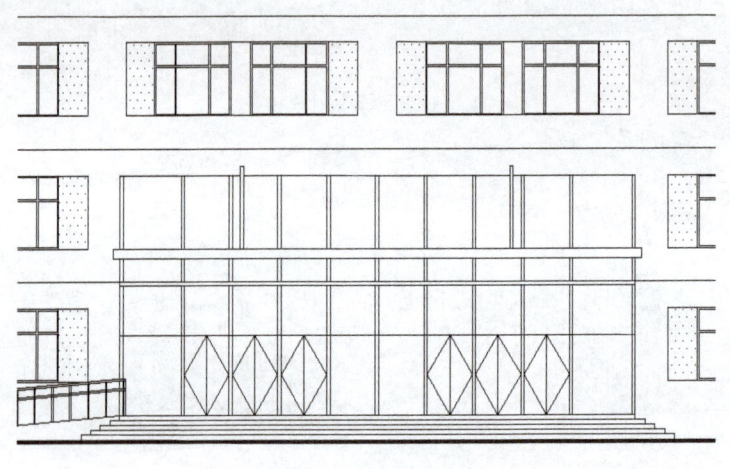

图 7-12 幕墙 CAD 图

1. 编辑轮廓

首先单击创建好的没有网格的幕墙,可以和编辑墙体类似,用功能区"编辑轮廓"命令,结合直线绘制并采用移动命令调整网格间距,最终幕墙网格绘制如图 7-13 所示。

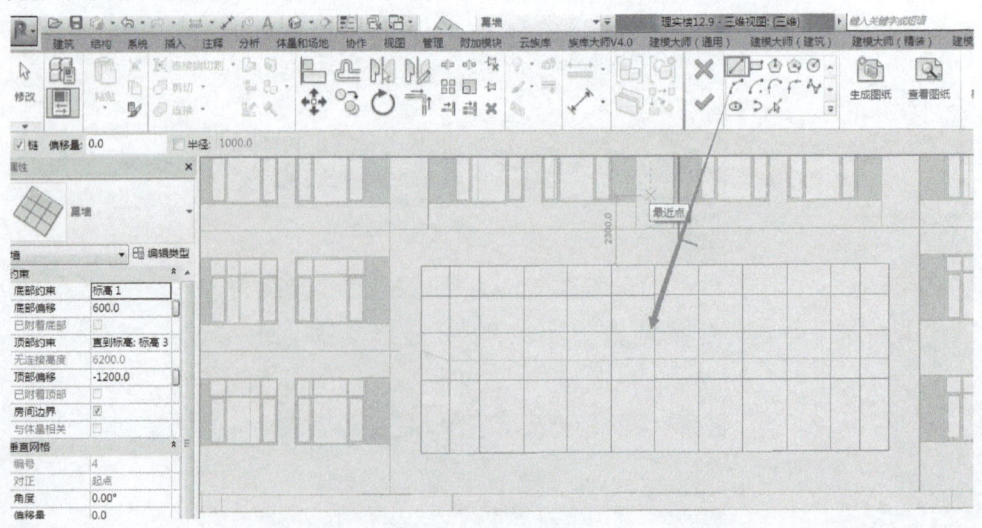

图 7-13 编辑轮廓

2. 幕墙网格

选择功能区"建筑"—"幕墙网格"命令,自动跳转到"修改 | 放置幕墙网格",且默认"全部分段",将光标移动至幕墙上,出现垂直或水平虚线,如图7-14所示,单击鼠标左键即可放置幕墙网格。与虚线同时出现的还有临时尺寸,可以帮助确认网格的位置。放置好后,也可以通过临时尺寸调整网格。

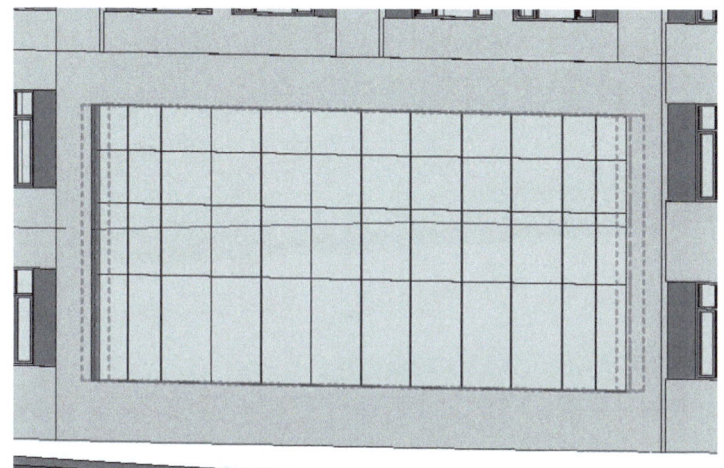

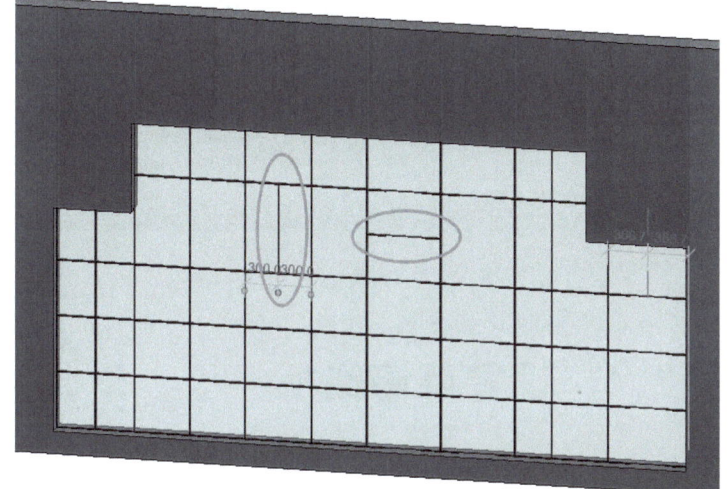

图 7-14 放置网格

幕墙网格划分

> 注:"全部分段"是在一面幕墙上放置整段的网格线段。而"一段"是在一个嵌板上放置一段网格线段。

对于复杂的网格或者放置好的网格,需要再修改的,在"修改 | 放置幕墙网格"下会出现"添加 | 删除线段"命令,如图7-15所示,在需要删除的位置单击网格,即可删除某段网格。反之,在某段缺少网格的位置单击,可以添加网格。整个幕墙网格添加完成后如图7-16所示。

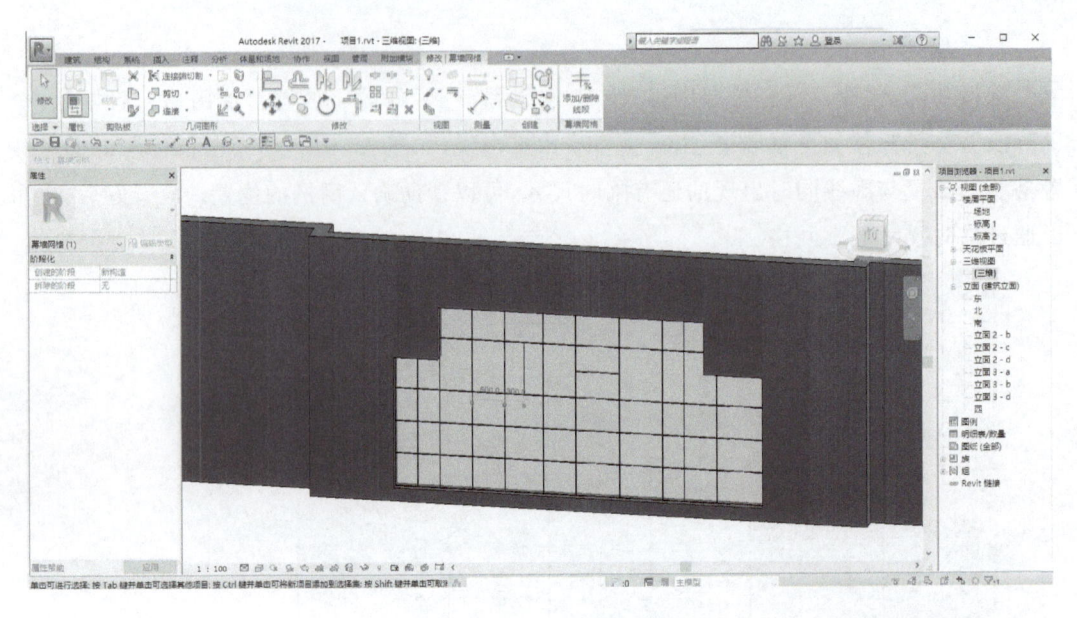

图 7-15 "添加｜删除线段"命令

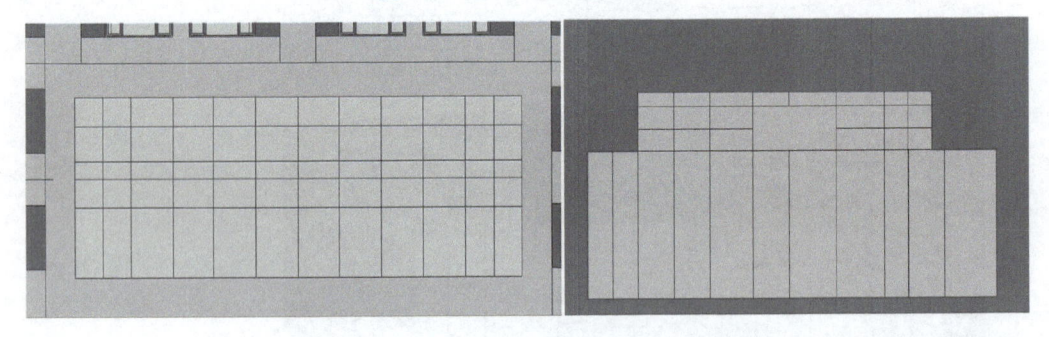

图 7-16 幕墙网格添加完成

7.4 设置幕墙嵌板

门窗嵌板

当添加幕墙网格后，幕墙自动划分成多块嵌板。要编辑某块嵌板，可以选中后进行修改。

在进行幕墙相关构件的选择时，可以用 Tab 键帮助选择。当鼠标移到幕墙旁，会高亮预显要选择的部分，此时不断点击 Tab 键，预显会在造型、边界、网格、嵌板之间切换，屏幕提示栏也会出现当前预显部分的名称，如图 7-17 所示。当预显到要选择的部分时，单击鼠标左键即可选中。

选中某块幕墙嵌板，在其"类型属性"对话框中，可以修改其偏移量以及嵌板的厚度和材质等，如图 7-18 所示。

幕墙系统嵌板默认都是玻璃嵌板，理实楼项目中个别幕墙嵌板为玻璃门和上悬窗，项目样板文件中已经将这两种门窗嵌板族载入了，我们可以根据施工图幕墙立面中门窗位置，替

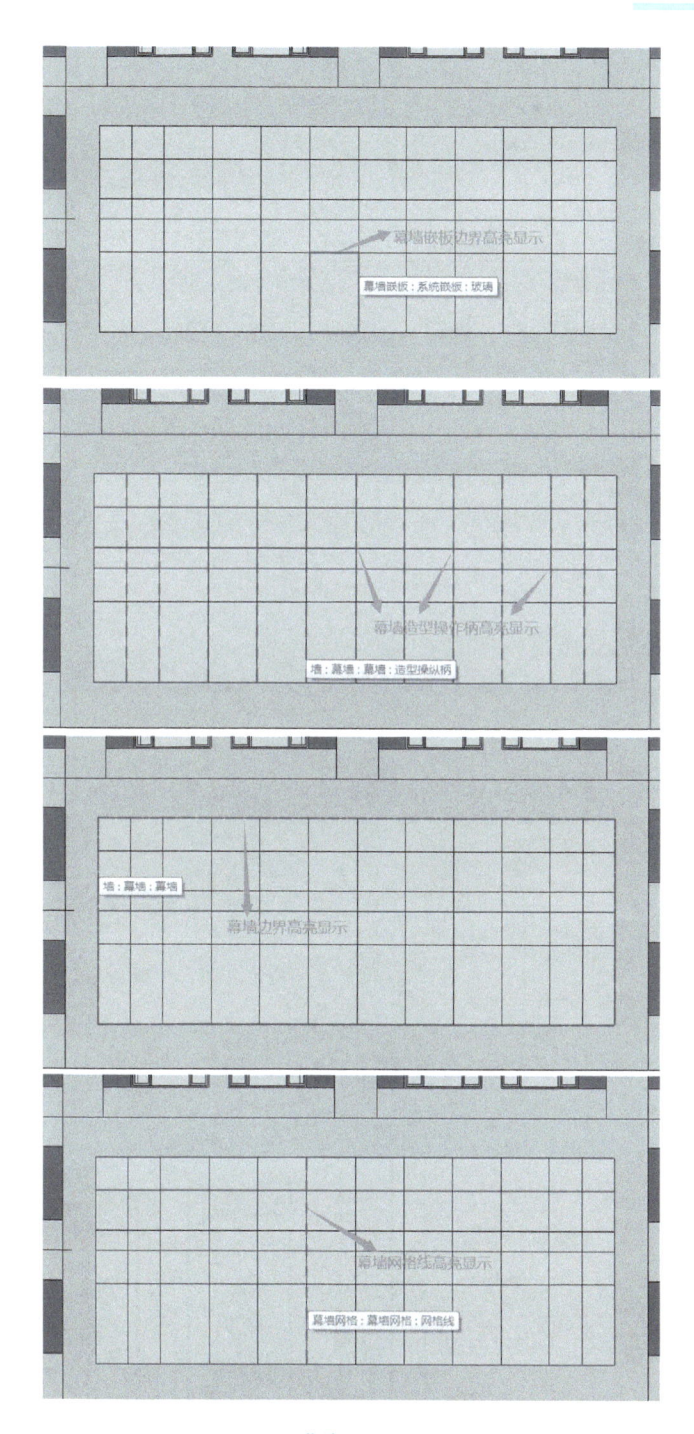

图 7-17　幕墙 Tab 键预显切换

换掉玻璃嵌板。具体步骤如下：

根据 CAD 图纸中门的位置，在模型三维视图下选中幕墙中需要替换的玻璃嵌板，在其"属性类型"下拉栏中挑选所需的门类型，即"门嵌板_双扇地弹无框玻璃门"，完成门嵌板替换，如图 7-19 所示。

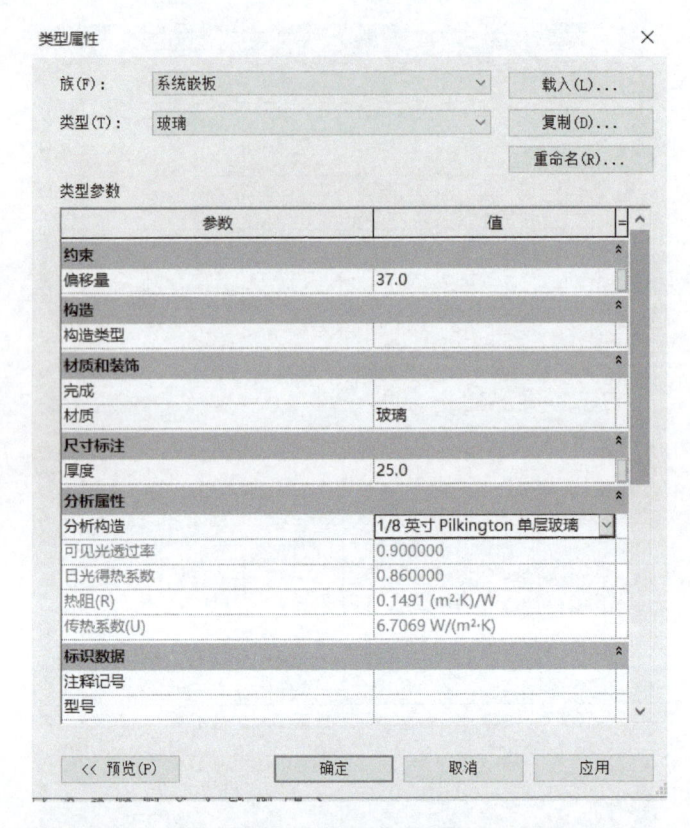

图 7-18　嵌板类型属性

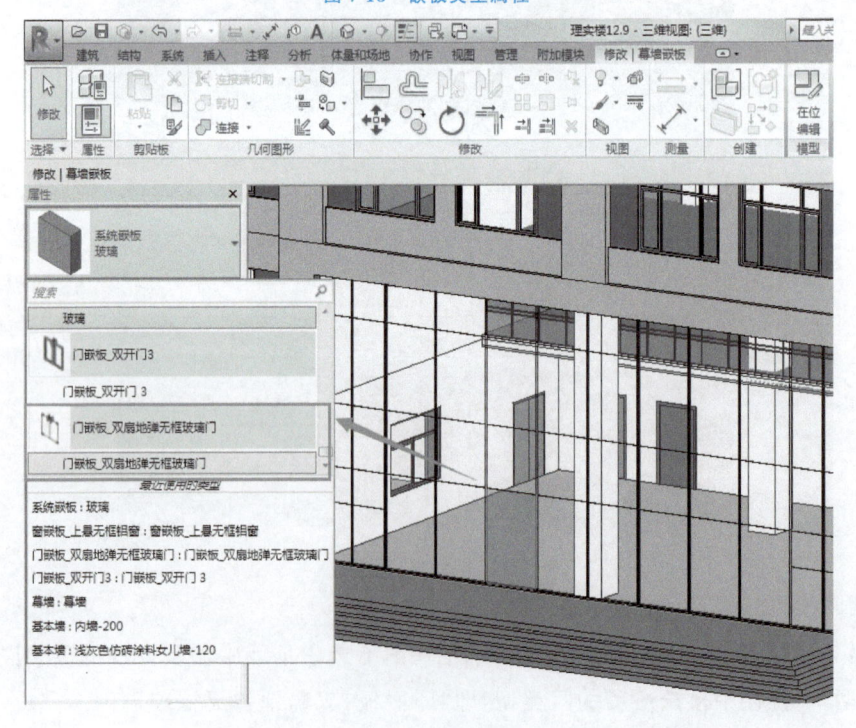

图 7-19　替换门嵌板

使用同样的方法可将相应的玻璃嵌板替换成"窗嵌板_上悬无框铝窗",如图 7-20 所示。

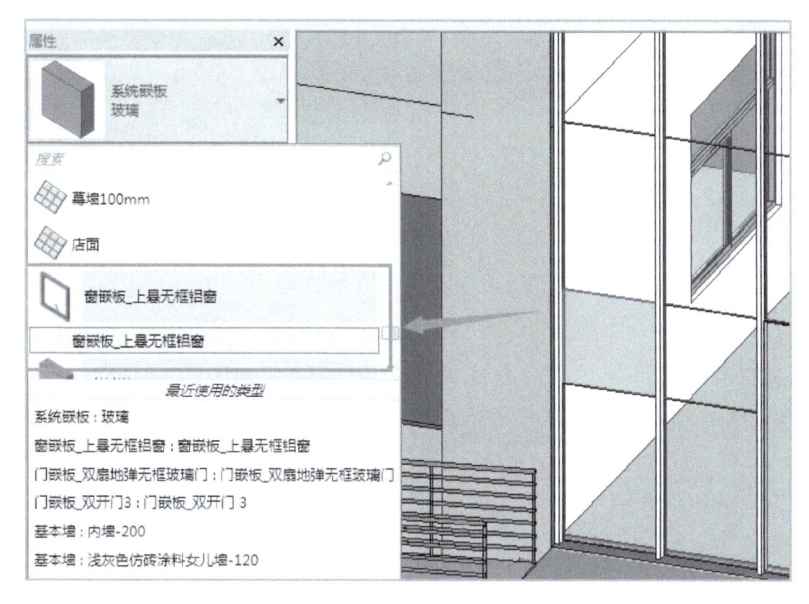

图 7-20 替换窗嵌板

替换完成后,主入口玻璃幕墙效果如图 7-21 所示。

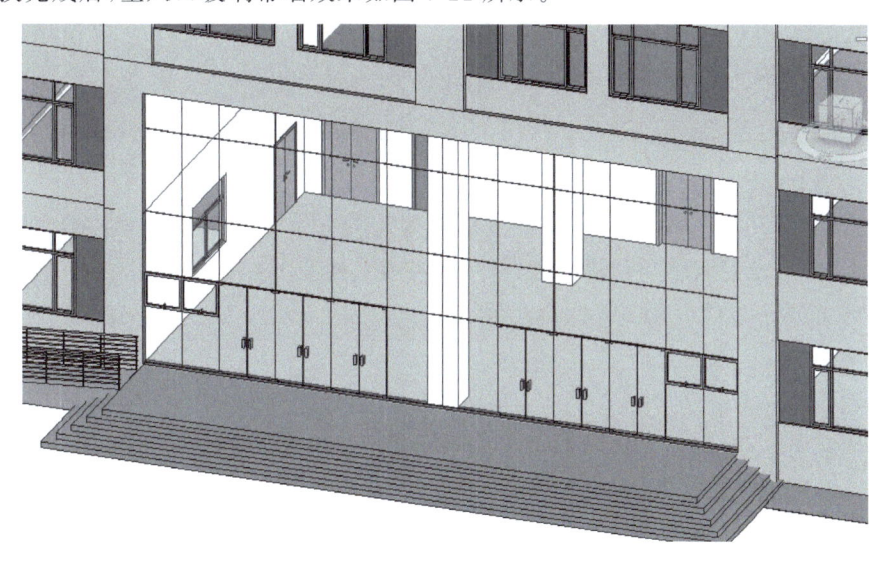

图 7-21 主入口玻璃幕墙效果

7.5 添加幕墙竖梃

  Revit 提供了专门的"竖梃"命令,可用于为幕墙网格创建个性化的幕墙竖梃。竖梃必须依附于网格线才可以放置,其外形由二维竖梃轮廓族所控制。
  选择"建筑"选项卡-"构建"-"竖梃",自动跳转到"修改|放置竖梃",且默认选择"网

格线",单击"全部网格线",如图 7-22 所示。

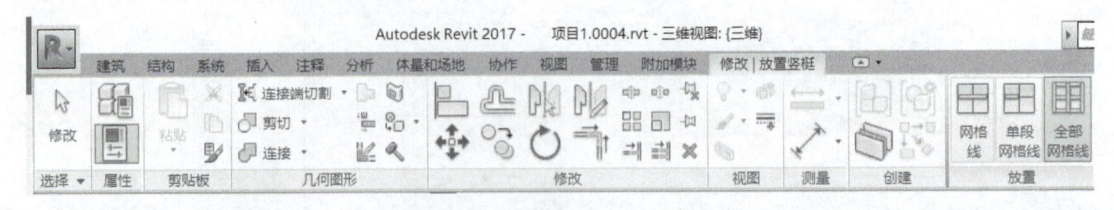

图 7-22 选择"全部网格线"

在"属性"栏的"类型选择"下拉列表中选择"矩形竖梃-50 mm 正方形",单击前一节添加了幕墙网格的幕墙,则可一次性为全部网格线都添加竖梃。幕墙的边界线也属于幕墙网格线,所以可以观察到幕墙的外边缘线也添加了竖梃,完成后如图 7-23 所示。

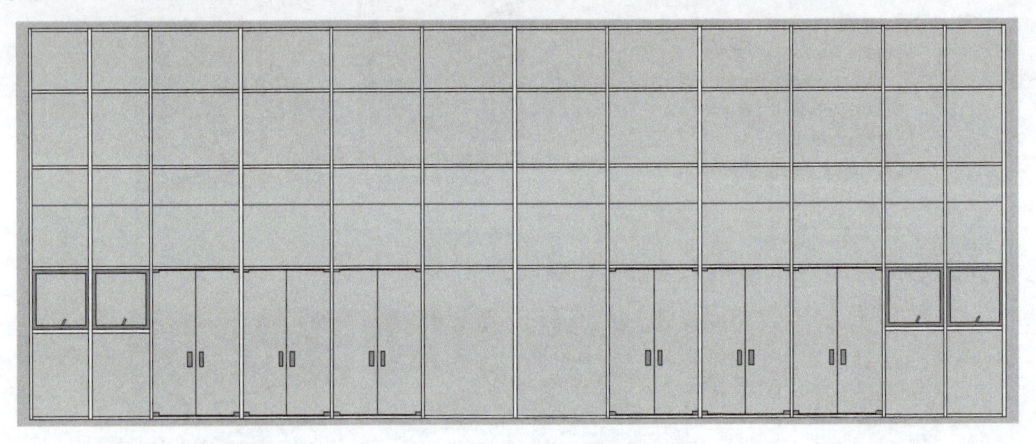

图 7-23 幕墙竖梃添加完成

单击选择任一竖梃,两端出现"切换竖梃连接"符号,如图 7-24 所示;且功能选项卡"修改 | 幕墙竖梃"处出现两个功能按钮"结合"和"打断",如图 7-25 所示。

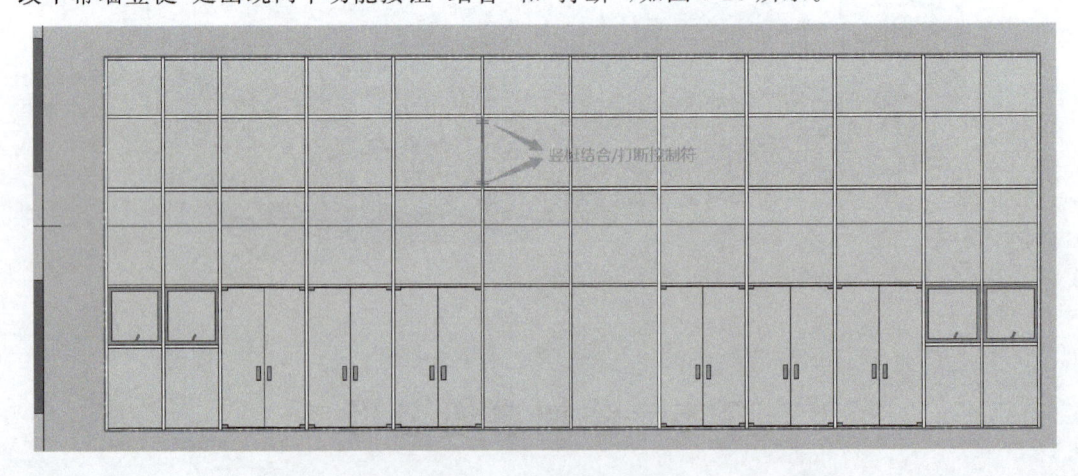

图 7-24 "切换竖梃连接"符号

模块7　创建幕墙　　69

图 7-25　"结合"和"打断"命令

单击"视图"里的符号或单击"结合"或"打断"按钮，均可以切换水平竖梃与垂直竖梃的连接方式，如图 7-26 所示。

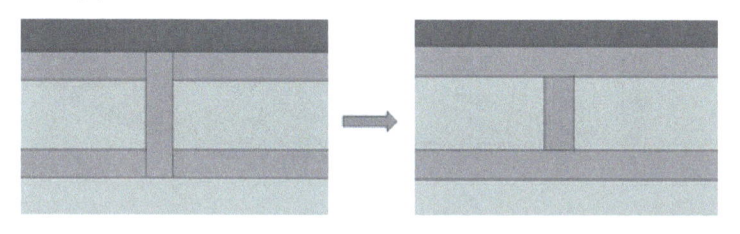

图 7-26　竖梃连接方式切换

在"属性"栏的"类型选择"下拉列表中有多种预设的竖梃类型可以选择，如果没有需要的类型，则可以复制新建。

> 在 Revit 中角竖梃不能定制轮廓，而"矩形竖梃"或"圆形竖梃"则可以选择其他轮廓。比如，新建一个"槽钢"的矩形竖梃，如图 7-27 所示，在其"类型属性"中，单击"轮廓"一项的下拉按钮，选择"槽钢"，则可将竖梃设成槽钢样式，如图 7-28 所示。

图 7-27　选择竖梃轮廓

图 7-28 替换后的竖梃

若需要定制竖梃的轮廓,则需要用"族样板"文件"定制轮廓—竖梃.rft"创建一个竖梃轮廓族,载入到项目中。所有载入的竖梃轮廓族都会自动出现在"轮廓"的下拉列表中以供选择。

小 结

Revit 中添加幕墙的方法很多,常规方法有两种,一种直接在轴线上通过"幕墙"命令创建,另外一种是通过轮廓线进行修改创建。此外,幕墙内部的竖梃、嵌板、网格线的添加、创建和删除属于本模块中必须掌握的技巧。

模块 8 创建门窗

在 Revit 中，门窗必须基于墙放置，常规的门窗都很简单，但有些门窗的信息很多且很复杂，如门连窗、飘窗、转角窗、老虎窗等。

墙体创建完成后，就可以放置门窗了。门窗属于可载入族，可以从现有的族库中选择合适的族文件，将其载入项目中使用，也可以基于门窗的族样板定制门窗族。理实楼项目案例中的所有门窗都是常规门窗，具体门窗样式及尺寸详见 CAD 图纸建施-3 门窗大样图。根据图纸，相应的门窗族已经载入理实楼项目样板文件，我们只需要根据施工图中门窗的平面位置，选择合适的门窗类型，放置门窗即可。

8.1 创建一层门

1. 载入门族

选择功能区"插入"选项卡－"从库中载入"面板－"载入族"命令，在弹出的"载入族"对话框中，找到自己创建的"门"族文件位置，或是在 Revit 自带的族库"建筑｜门"目录下选中需要的门，单击"打开"按钮即可将门族载入项目，如图 8-1 所示。

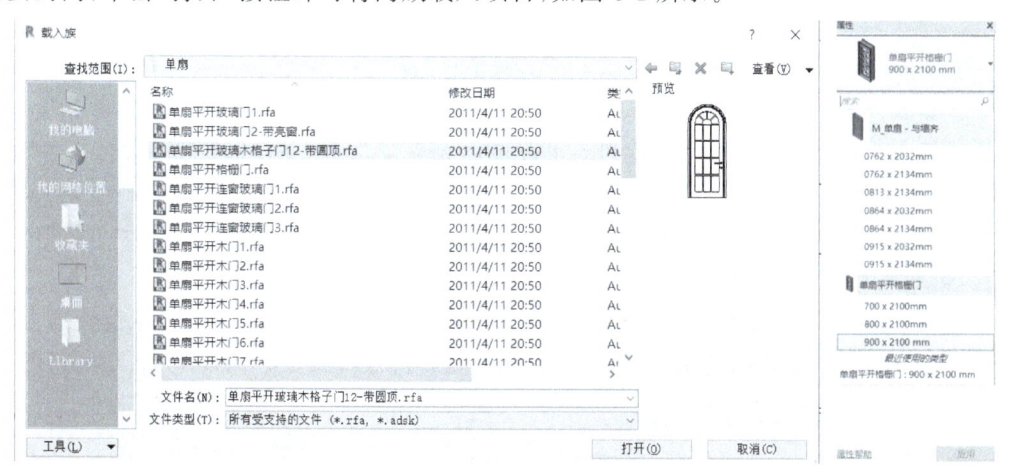

图 8-1 新载入的门

> 理实楼项目样板文件中已经将项目所需要的各种类型的门族载入了,我们只需要在不同类型的门族下新建不同门的规格,即可完成门构件类型的创建。

2. 放置门

打开"一层平面"视图,在"建筑"选项卡的"构建"面板中单击"门",在"类型选择器"中选择所需的门类型。

在"一层平面"视图内,单击"修改丨放置门"选项卡中"标记"面板上的"在放置时进行标记"按钮,自动标记门,在"选项栏"中勾选"引线",则可设置引线长度。移动光标至墙主体上,当门处于正确位置时,单击"确定"按钮,如图 8-2 所示。

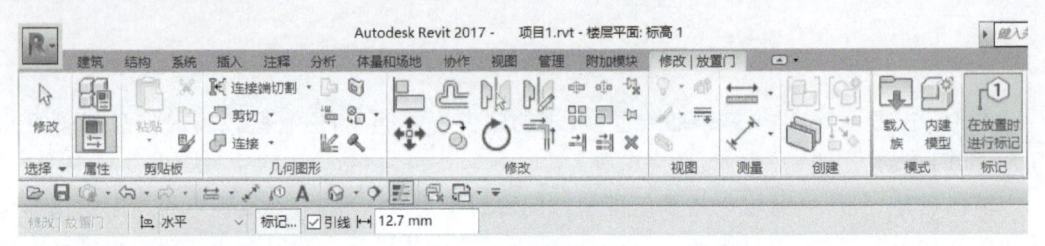

图 8-2 设置门参数

门窗插入技巧如下:

(1)只需在大致位置插入门窗。单击已插入门窗,可通过修改临时尺寸标注或尺寸标注来精确定位,如图 8-3 所示。

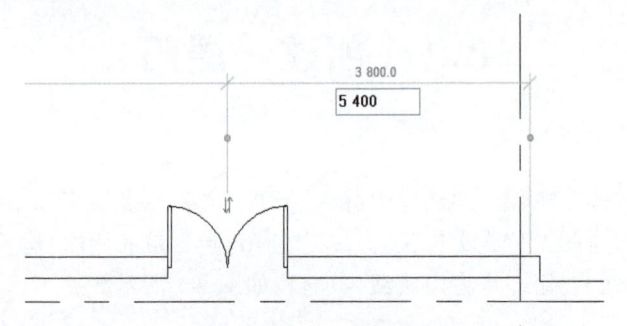

图 8-3 修改门位置信息

(2)插入门窗时输入 SM,可自动捕捉到墙的中点插入。

(3)插入门窗时,光标在墙内外移动可改变内外开启方向,按空格键,可改变左右开启方向。

(4)单击已插入的"门",激活"修改墙"选项卡,选择"主体"面板的"拾取新主主体"命令,可使门更换放置主体墙,即将门移动放置到其他墙上。

(5)在平面插入窗,窗台高为"默认底高度"参数值。在立面上,可以在任意位置插入窗,当插入窗族时,立面出现绿色虚线,此时窗台高度是距离底部最近标高加上"默认底高度"参数值,如图 8-4 所示。

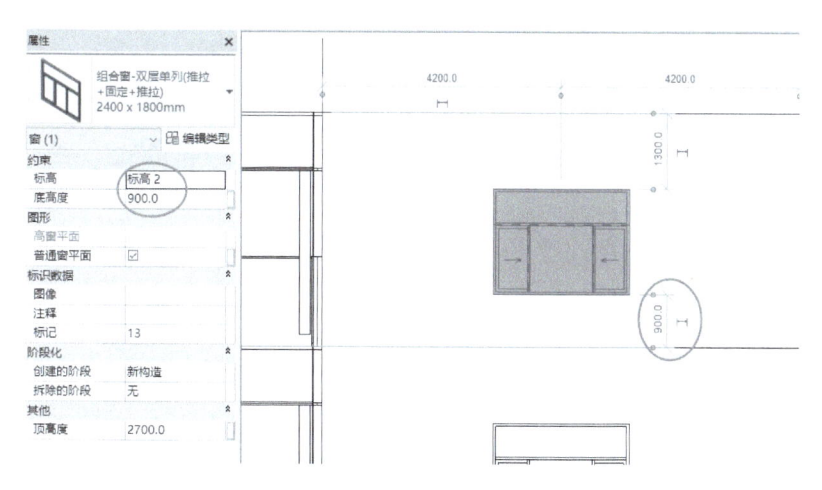

图 8-4　在立面上修改窗参数

3. 编辑门

(1) 单击已插入的门窗,自动激活"修改|门/窗"选项卡,在"属性"对话框内,可对门窗的标高、底高度、顶高度修改实例参数。

(2) 单击"编辑类型",弹出"类型属性"对话框,单击"复制"可创建新的门窗类型,修改门窗的高度、宽度、默认窗台高度以及框架和玻璃嵌板的材质等可见性参数,然后单击"确定"按钮。

(3) 选择已绘门窗,出现方向控制符号和临时尺寸,单击可改变开启方向和位置尺寸。也可用鼠标拖拽门窗改变其位置,墙体洞口可自动复原,如图 8-5 所示。

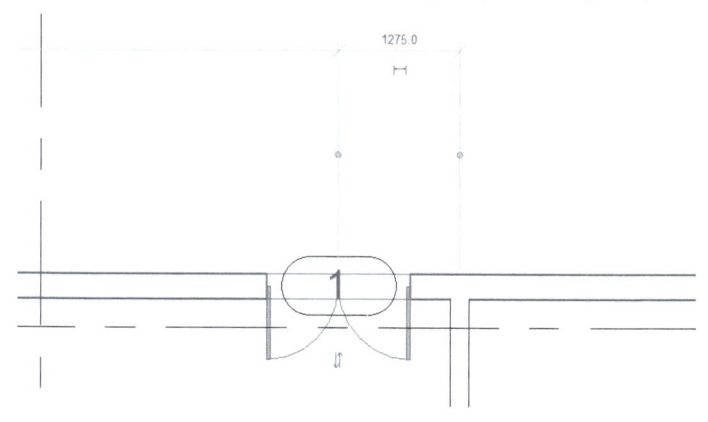

图 8-5　拖拽门窗修改布置参数

8.2　创建一层窗

窗的载入

1. 载入窗族

选择功能区"插入"选项卡—"从库中载入"面板—"载入族"命令,在弹出的"载入族"对话框中,找到自己创建的"窗"族文件位置,或是在 Revit 自带的族库"建筑|窗"目录下选中需要的窗,单击"打开"即可将窗族载入项目,如图 8-6 所示。不同类型和形式的窗,可以在窗的"属性"菜单栏右上角的扩展式下拉菜单中找到并直接载入墙体。

BIM建模基础

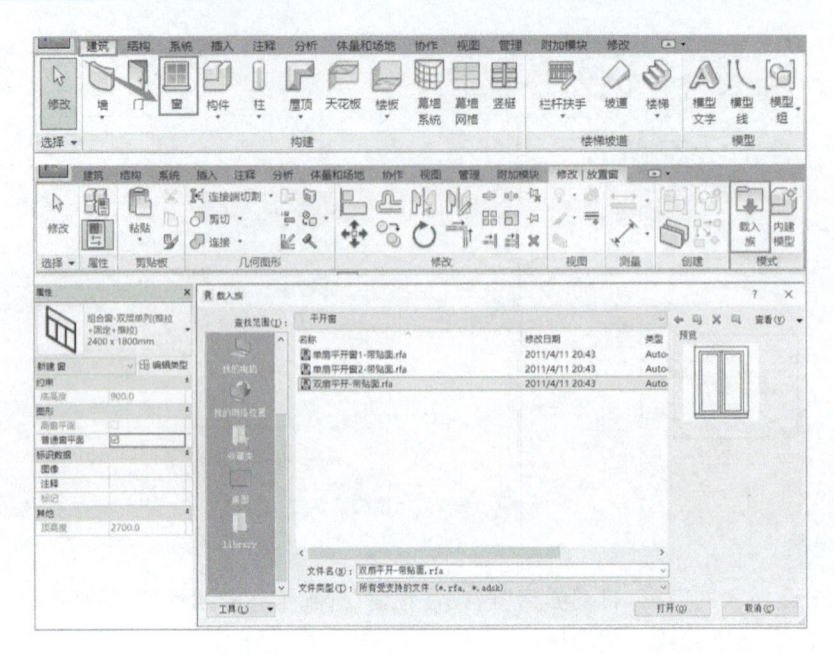

图 8-6　新载入的窗

> 理实楼项目样板文件中已经将项目所需要的各种类型的窗族载入了,我们只需要在不同类型的窗族下新建不同窗的规格,即可完成窗构件类型的创建。

2. 放置窗

选择"建筑"选项卡—"构建"面板—"窗"命令,在"类型选择器"中选择所需的窗类型,如没有所需类型,则可从"插入"或"载入族"中挑选。

在选定好的楼层平面内,单击"修改 | 放置窗"选项卡中"标记"面板上的"在放置时进行标记"按钮,自动标记窗,在"选项栏"中勾选"引线",则可设置引线长度。移动光标至墙主体上,当窗处于正确位置时,单击"确定"按钮,如图 8-7 所示。

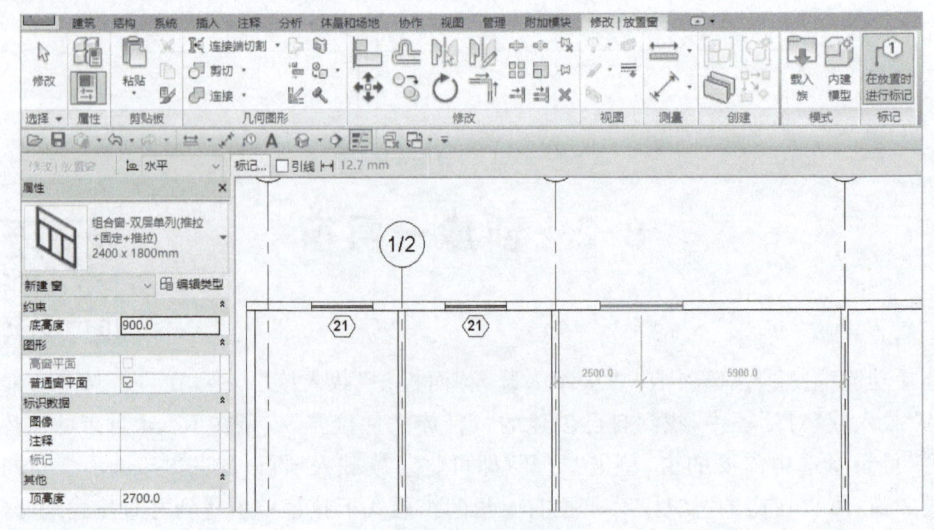

图 8-7　窗参数设置

8.3 创建其他层门窗

创建其他层门窗

1. 其他层门窗与一层门窗位置和尺寸相同

当其他层门窗与一层门窗位置和尺寸相同时,可采用筛选和复制方式粘贴到目标层的相应位置,具体步骤如下:

(1)在一层平面上选择并筛选出需要复制的门窗,如图 8-8 所示。

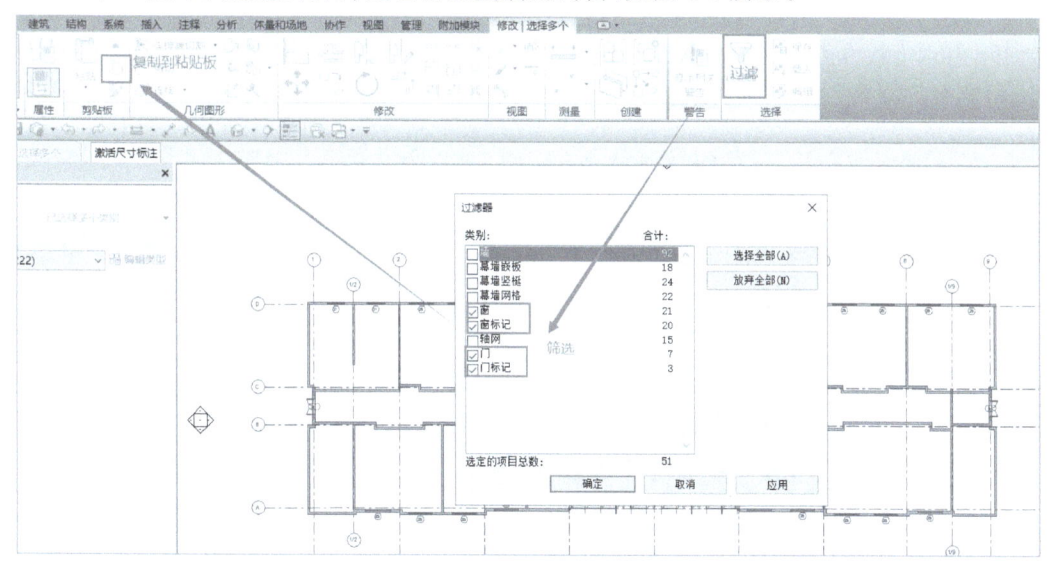

图 8-8 在一层筛选需要复制的门窗

(2)从粘贴板粘贴到目标层的相应位置,有多种粘贴方式,可优先选择"与选定的标高对齐"和"与当前视图对齐"这两种方式,如图 8-9 所示。

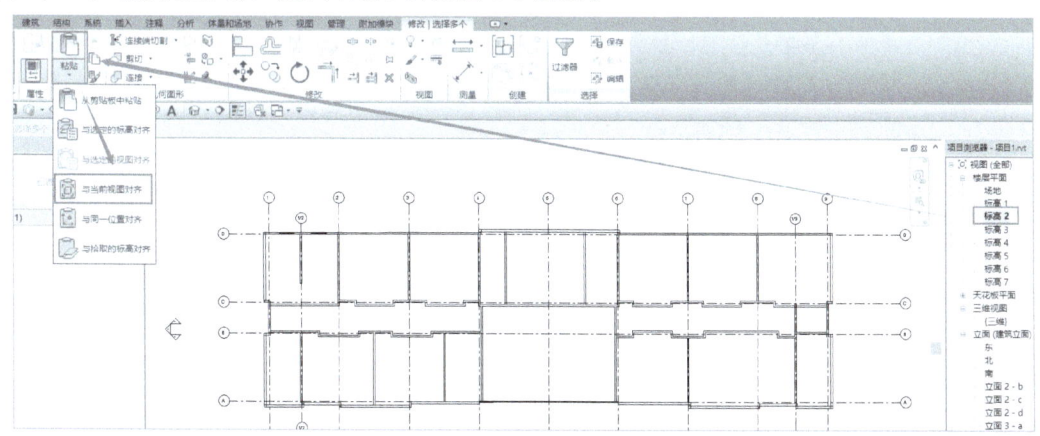

图 8-9 粘贴到目标层的门窗

(3)完成门窗的复制和粘贴后,我们可进入指定的标高平面视图和三维视图进行浏览,如图 8-10 所示。

图 8-10　复制和粘贴完的其他楼层门窗三维视图

2. 其他层门窗与一层门窗位置和尺寸不同

当其他楼层门窗与一层门窗位置和尺寸不同时,需要逐层按照要求的位置和尺寸创建门窗类型、添加门窗,重复一层放置门窗的步骤即可。

小　结

在 Revit 中添加门窗的方法比较简单,常规方法有两种:一种是逐层按照要求进行门窗族的载入和放置,另一种是通过复制和粘贴的方式进行不同楼层门窗的克隆,可减少很多工作量,但也有前提条件。此外,不同楼层间复制门窗容易出现复制的源楼层门窗可见,而目标楼层门窗不可见的现象,原因在于建模精准度和墙体有重叠或连接过度,这就要求我们在建模时要保证逻辑关系正确,建模尺寸要精确。

模块 9
创建楼板及屋顶

在实际的工程项目中,并不存在"建筑楼板",都是在结构楼板上覆盖装饰面层。但在按"建筑"和"结构"专业分别建立 BIM 模型时,就会产生"楼板"是归属到"建筑"模型还是"结构"模型的问题。在通常情况下,为了维护单专业模型的完整性,将楼板分为建筑楼板和结构楼板两部分来创建。建筑楼板仅创建楼板装饰面层部分,放在建筑专业模型中;结构楼板作为受力构件,放在结构专业模型中。

理实楼项目中的楼板根据如图 9-1 所示的建筑剖面图创建建筑楼板,屋顶采用平屋顶。本模块还会介绍常见的几种异形屋顶。

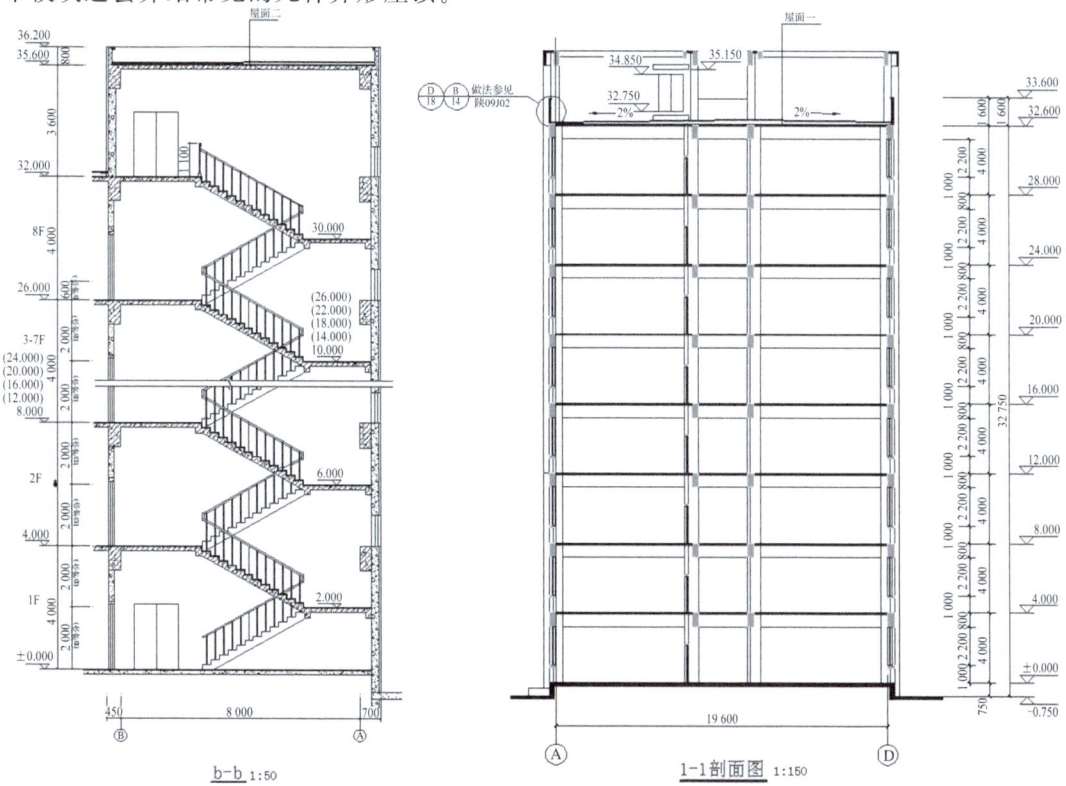

图 9-1 建筑剖面图

9.1 创建室内楼板

楼板及楼板开洞

1. 创建楼板

选择功能区"建筑"选项卡,"构建"面板—"楼板"下拉菜单—"楼板:建筑",弹出"楼板属性"面板以及"修改|创建楼层边界"面板,如图 9-2 所示。可在"属性"对话框和"类型属性"对话框设置楼板参数,设置方法与其他构件参数设置相同,不再赘述。

图 9-2 板边界绘制

在创建楼板时要注意,不同标高位置的楼板要分开绘制。绘制楼板的方式有多种,可以按照直线、矩形方式绘制,也可以选择"拾取线"绘制。注意楼板边界轮廓必须是闭合的图形,楼板轮廓可以有一个或多个,但不得出现开放、交叉或重叠的情况。楼板区域绘制完成之后,单击面板上的"√"命令完成楼板的绘制。

对于斜板或者汽车库坡道处的楼板或者有地漏的楼板,可以通过"修改子图元"的命令来实现。选中需要修改的板,这时软件最上端的上下文关联选项卡"修改楼板"命令被激活,有修改子图元的功能,如图 9-3 所示。

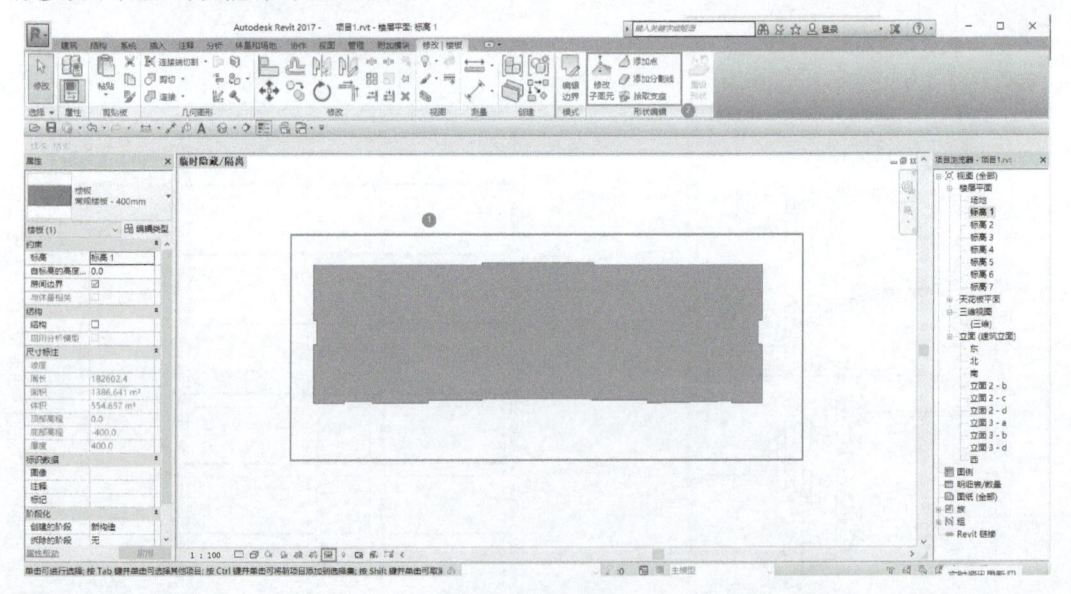

图 9-3 修改子图元

单击"修改子图元"命令,绘图区域中的板变为可以修改的状态,椭圆形位置处数据标高可以修改,如图 9-4 所示;我们把最右侧的两处数据都改为 750 mm,查看南立面模型,如图 9-5 所示。

从图 9-5 可以看出右侧的板面标高相对于层高上升了 750 mm。

图9-4　板修改标高

图9-5　南立面模型

对于有地漏的楼板,我们可以通过"添加点"的命令进行创建,首先选中要修改的楼板,单击"添加点"命令,然后单击"新添加点"修改其高程,数据改为"－200.0 mm",绘制完成后如图9-6所示。

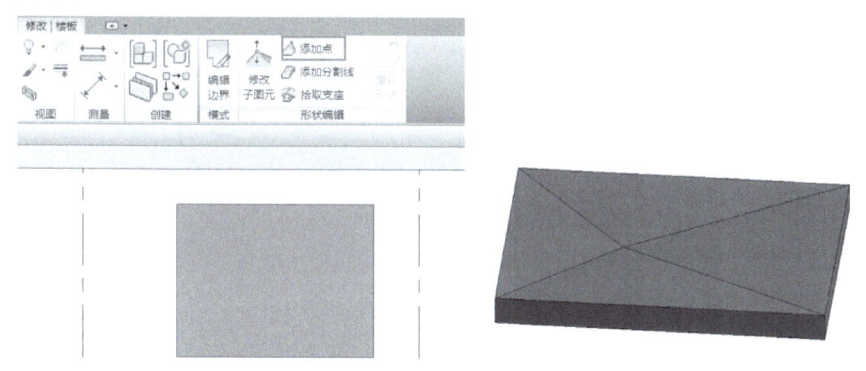

图9-6　绘制有地漏楼板

楼板绘制完成后,我们还能添加楼板边缘。首先,选择"建筑"选项卡－"构建"面板－"楼板"下拉菜单－"楼板:楼板边"命令,在"属性"对话框里选择楼板边缘的轮廓,楼板边缘轮廓可通过轮廓族载入,如图9-7所示;然后,单击楼层边、楼板边缘或模型线进行添加,如图9-8所示。

图9-7　选择楼板边缘形状轮廓

BIM 建模基础

图 9-8　楼板边缘

> 可通过"楼板边缘"自主构建轮廓模型形成楼梯、台阶、散水等附属建筑构件。

2. 创建天花板

（1）天花板的绘制

选择"建筑"选项卡—"构建"面板—"天花板"命令，激活"修改|放置天花板"选项卡，如图 9-9 所示。

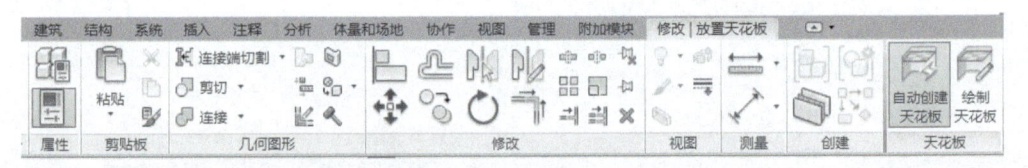

图 9-9　放置天花板

单击"类型选择器"选择天花板的类型。选定天花板类型后，单击"自动创建天花板"命令，可以在以墙为界限的区域内创建天花板，如图 9-10 所示。

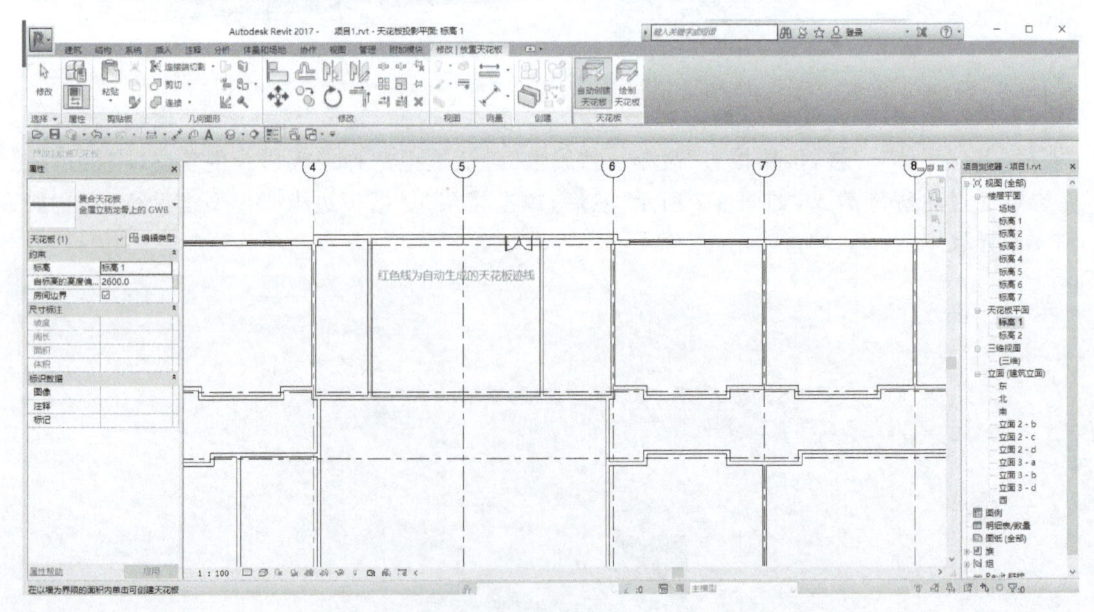

图 9-10　自动创建天花板

单击"绘制天花板"按钮，可自行创建天花板，单击"绘制"面板中的"边界线"绘制工具，在绘图区域绘制轮廓即可,如图 9-11 所示。

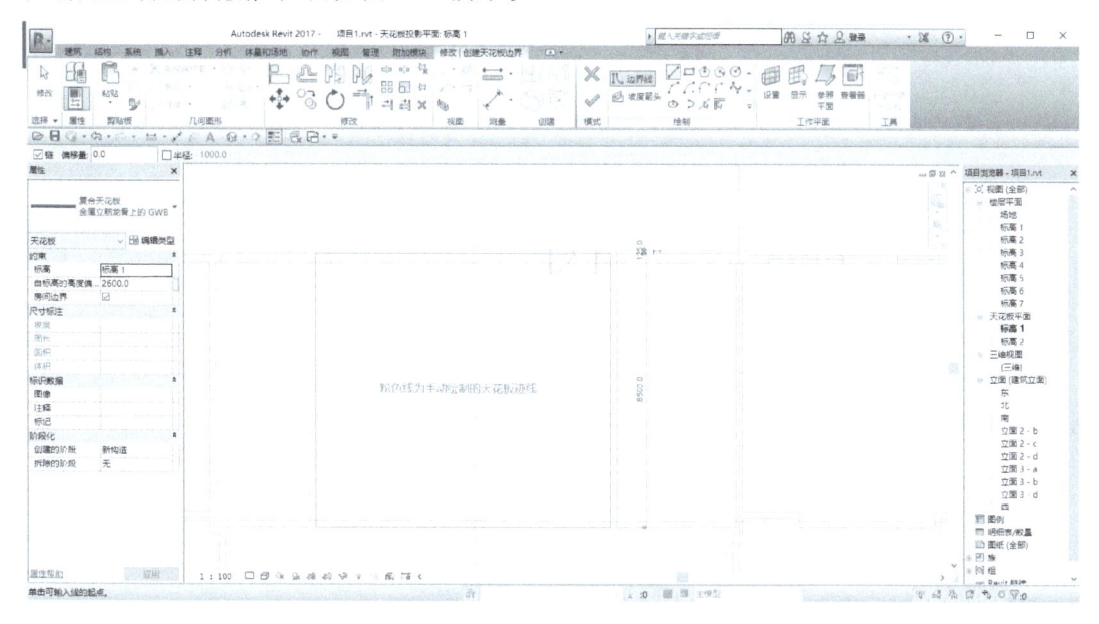

图 9-11 绘制天花板

(2)编辑天花板

在"属性"列表里调整"自标高的高度偏移值"达到所需的天花板安装位置,如图 9-12 所示。

单击"编辑类型",弹出"类型属性"对话框,可对天花板的结构、厚度、粗略比例填充样式、粗略比例填充颜色等参数进行编辑,如图 9-13 所示。

图 9-12 天花板属性

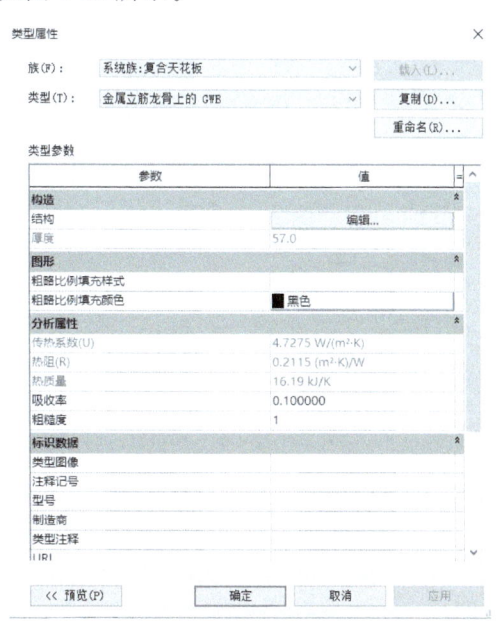

图 9-13 天花板类型属性

9.2　创建屋顶

在 Revit 中提供了多种创建屋顶的工具,如"迹线屋顶""拉伸屋顶""面屋顶"等常规工具,对于一些造型特殊的屋顶,还可以通过内建模型来创建。运用屋顶下拉菜单工具还能在创建的屋顶上添加屋檐底板、封檐板、檐槽,如图 9-14 所示。此外,在屋顶上也常需要开老虎窗。本节主要讲解如何在项目中绘制屋顶,在屋顶上添加屋檐底板、封檐板、檐槽以及老虎窗。

1. 迹线屋顶

选择"建筑"选项卡—"构建"面板—"屋顶"下拉菜单—"迹线屋顶"命令,进入绘制屋顶轮廓草图模式。在"类型属性"栏选择任一屋顶类型,复制命名新的类型,设置屋顶的构造(结构、默认的厚度)、粗略比例填充样式,如图 9-15 所示,并在"类型属性"栏,设置所选屋顶的标高、偏移、椽截面、坡度等,如图 9-16 所示。

图 9-14　屋顶下拉菜单工具

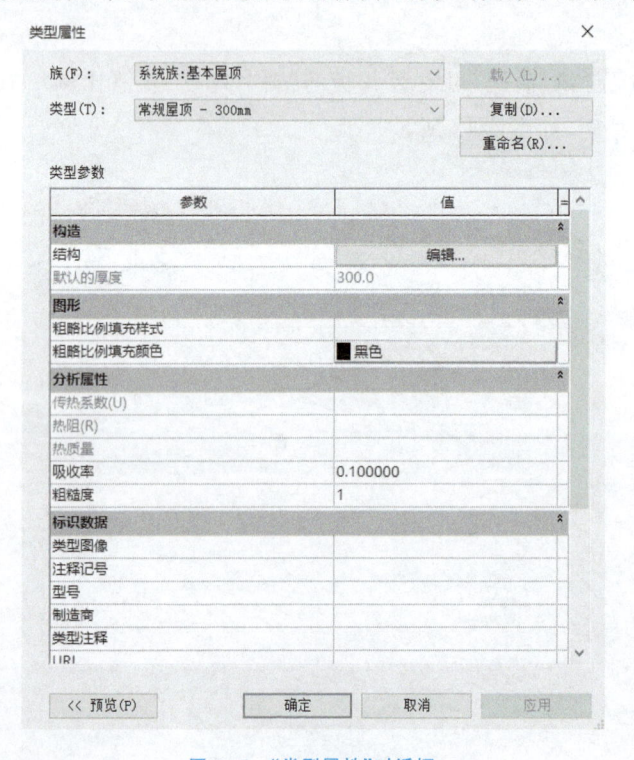

图 9-15　"类型属性"对话框　　　　　　　图 9-16　设置屋顶类型属性

(1)坡屋顶、平屋顶

激活"创建屋顶迹线"选项卡,单击"绘制"面板下的"拾取墙"按钮,在选项栏中勾选"定义坡度"复选框,设定悬挑参数值,同时勾选"延伸到墙中(至核心层)"复选框,拾取墙是将拾取到有涂层和构造层的复合墙体的核心边界位置,如图 9-17 所示。

图 9-17　屋顶参数

选择所有外墙,如出现交叉线条,使用"修剪"命令编辑成封闭屋顶轮廓,或选择"线"等命令,绘制封闭屋顶轮廓,如图 9-18 所示。单击"完成"按钮,生成屋顶,如图 9-19 所示。

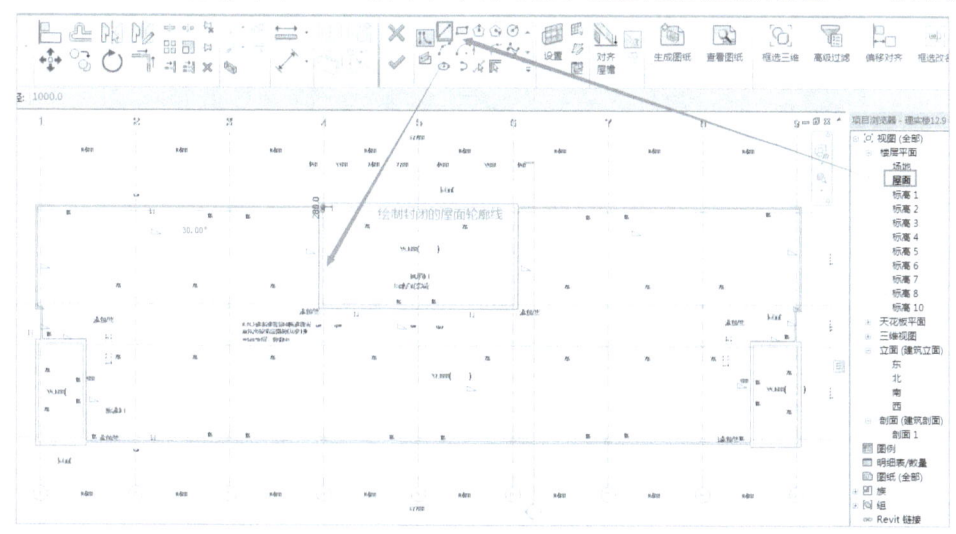

图 9-18　绘制封闭屋顶轮廓

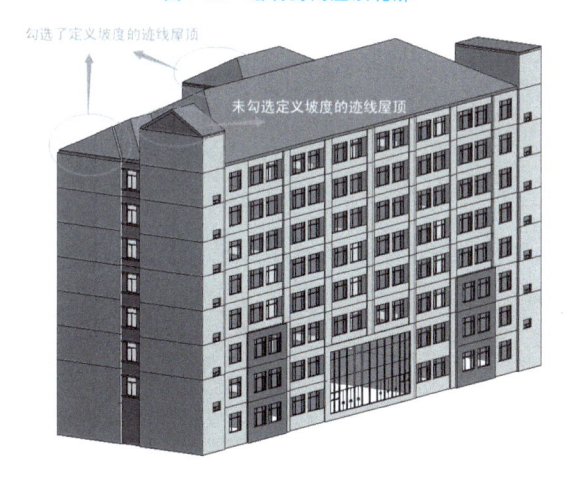

图 9-19　屋顶三维视图

若不勾选"定义坡度"复选框,则生成平屋顶,如图 9-20 所示。

根据理实楼的 CAD 图纸中屋顶及屋顶装饰架平面图(图 9-21)完成 1 000 mm 的女儿墙和屋顶装饰架。

图 9-20 平屋顶

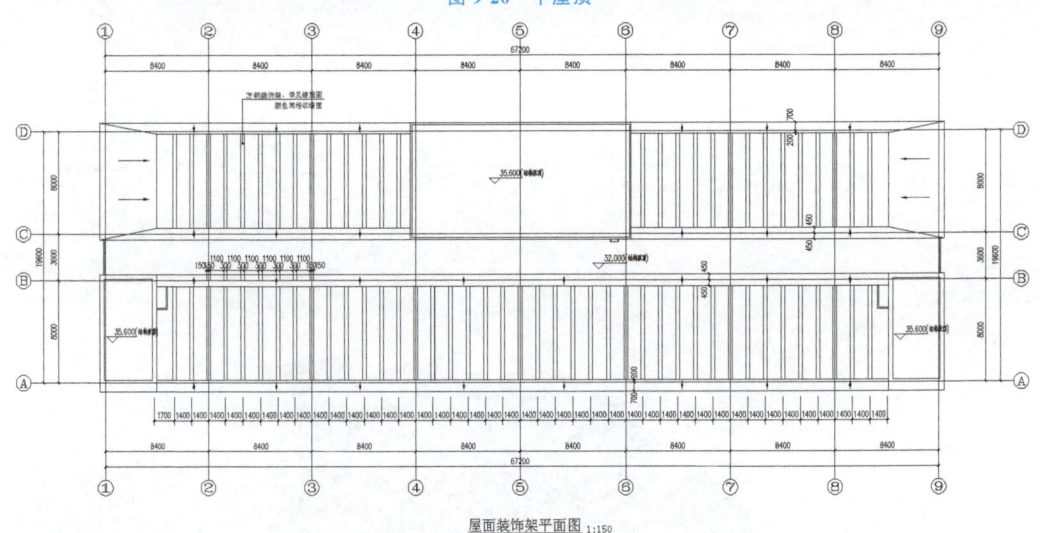

图 9-21 屋顶及屋顶装饰架平面 CAD 图

(2) 绘制女儿墙

根据理实楼项目施工图纸可知,女儿墙的高度为 1 600 mm,我们可以根据图纸信息创建女儿墙。

可通过两种方法创建女儿墙:一是将顶层外墙体的顶部偏移值设定为女儿墙的高度 1 600 mm;二是在屋面楼层标高处新建 1 600 mm 高的女儿墙,创建后的女儿墙如图 9-22 所示。

(3) 屋顶装饰架的创建

图 9-21 中的装饰架可采用梁柱模型进行创建,具体步骤如下:

①装饰柱:在屋面标高上进行创建,布置于屋面标高轴线相交处,装饰柱的顶部标高为 36.2 m,截面尺寸为 480 mm×480 mm,结果如图 9-23 所示。

②装饰梁:在屋面标高上进行创建,屋顶装饰大梁截面尺寸为 900 mm×300 mm,布置于装饰柱上,顶面标高均为 36.2 m,总长为 67.2 m,共 4 根,位于轴线上;屋顶装饰小梁截面

图 9-22 平屋顶及屋顶女儿墙

图 9-23 装饰柱

尺寸为 300 mm×300 mm,布置于装饰大梁上,顶面标高均为 36.2 m,总长 8 m,轴线间距为 1 400 mm,最终结果如图 9-24 所示。最后对装饰架材质统一进行设置,最终屋顶及屋顶装饰架如图 9-25 所示。

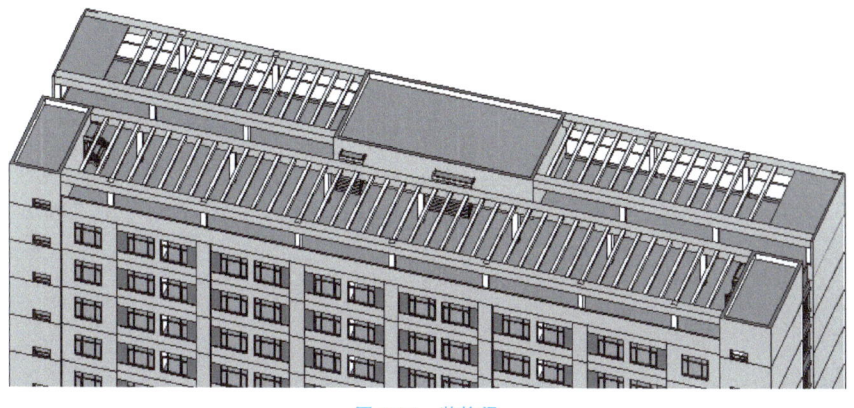

图 9-24 装饰梁

图 9-25 平屋顶及屋顶装饰架

(4) 圆锥屋顶

单击"建筑"选项卡－"构建"面板－"屋顶"下拉菜单,选择"迹线屋顶"命令,进入绘制屋顶轮廓草图模式。

激活"创建屋顶迹线"选项卡,单击"绘制"面板－"拾取墙""圆形"或"起点－终点－半径弧"等绘制弧线按钮绘制有圆弧线条的封闭轮廓线,在选项栏勾选"定义坡度"复选框,设置屋面坡度。单击"完成绘制"按钮,如图 9-26 所示。

(5) 双坡屋顶

选择"建筑"选项卡－"构建"面板－"屋顶"下拉菜单－"迹线屋顶"命令,进入绘制屋顶轮廓草图模式。

图 9-26 圆锥屋顶的建立

在选项栏取消勾选"定义坡度"复选框,使用"拾取墙"或"线"命令绘制矩形轮廓。单击"工作平面"面板－"参照平面",根据屋脊线尺寸绘制相应参照平面,调整临时尺寸,如图 9-27 所示。

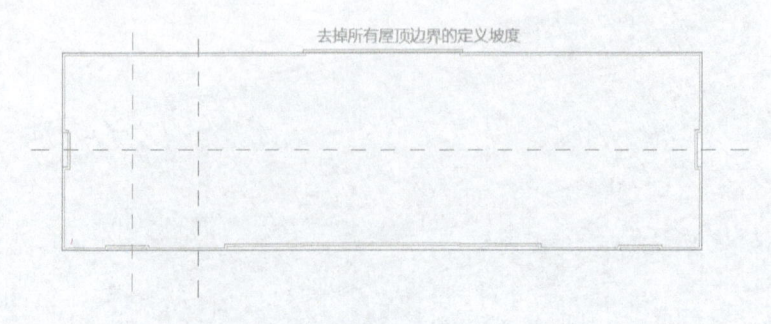

去掉所有屋顶边界的定义坡度

图 9-27 双坡屋顶平面定位尺寸

单击"绘制"面板—"坡度箭头"命令,根据"参照平面"绘制坡度线终点处为箭头,单击绘制好的坡度箭头,如图 9-28 所示;在"属性"对话框里选择"坡度"或"尾高"属性设置坡度,如图 9-29 所示;单击完成坡屋顶效果图如图 9-30 所示。

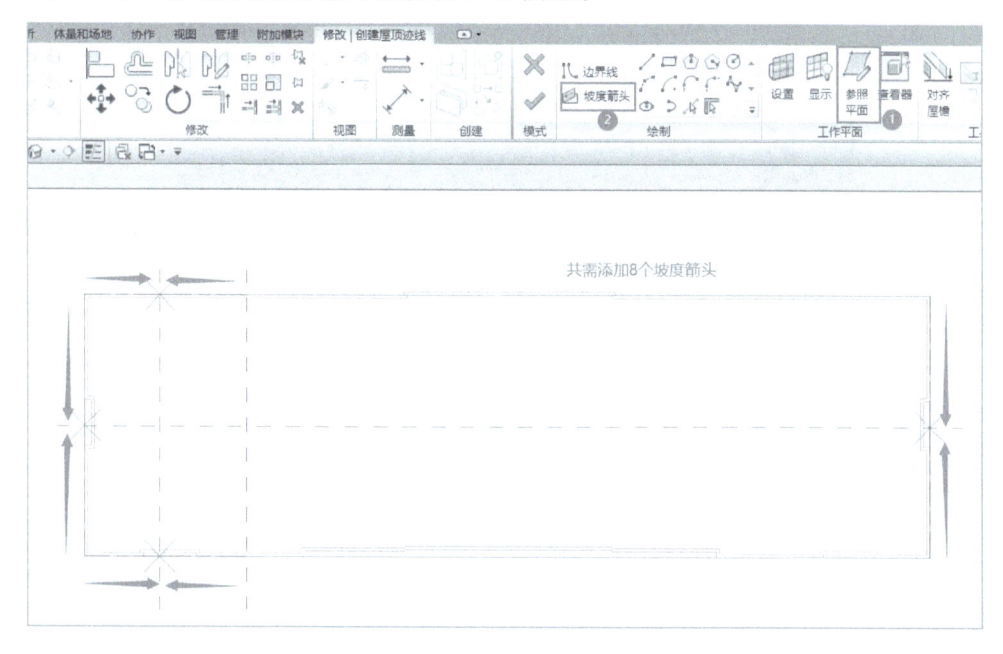

图 9-28　输入坡度及方向

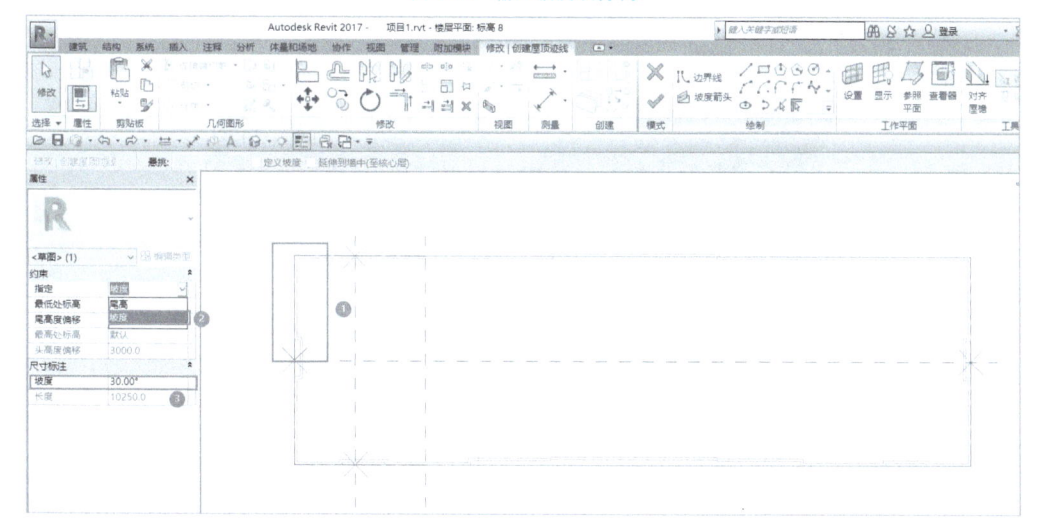

图 9-29　输入坡度

选择创建好的迹线屋顶,双击屋顶或者单击"编辑迹线"命令,可以修改屋顶轮廓草图,完成屋顶设置。

如需将两个屋顶相连接,单击"修改"选项卡—"几何图形"面板—"连接/取消连接屋顶"命令,如图 9-31 所示,然后单击需要连接的屋顶边缘及要被连接的屋顶,完成连接屋顶,如图 9-32 所示。

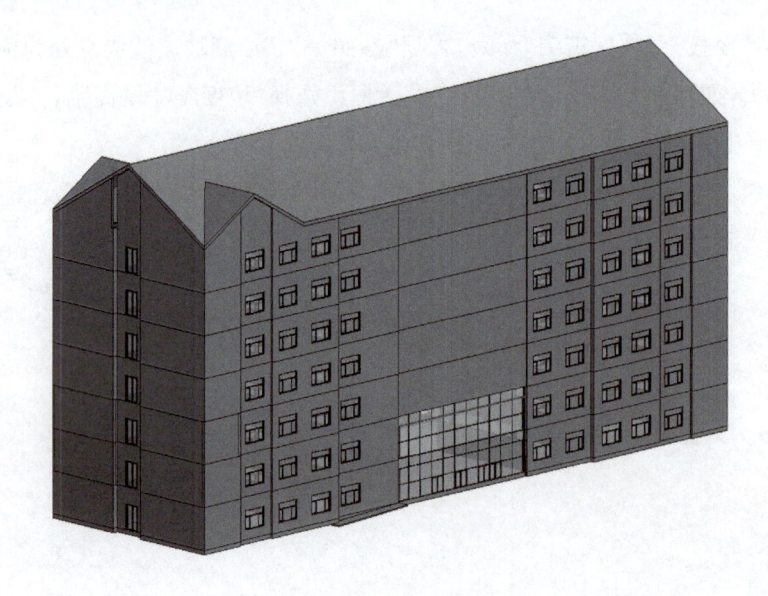

图 9-30　坡屋顶效果图

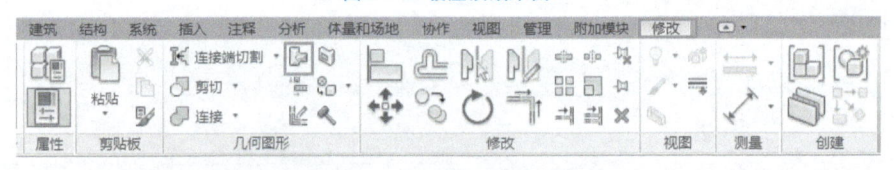

图 9-31　"连接/取消连接屋顶"命令

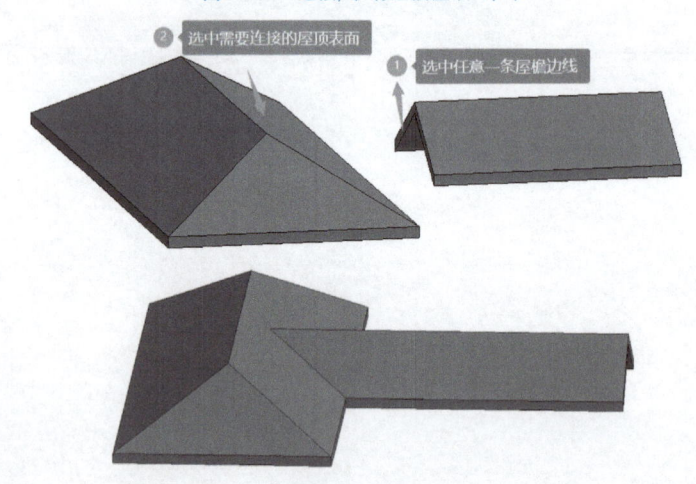

图 9-32　屋顶连接

2. 拉伸屋顶

对于从平面上不能创建的屋顶或是异形屋顶，可以从立面上使用拉伸屋顶创建模型。具体操作步骤如下：

选择"建筑"选项卡－"构建"面板－"屋顶"下拉菜单－"拉伸屋顶"命令，进入绘制屋顶轮廓草图模式。

模块9　创建楼板及屋顶

在弹出的"工作平面"对话框中设置工作平面(选择参照平面或轴网绘制屋顶的截面线),选择工作视图(立面、框架立面、剖面或三维视图作为操作视图),如图9-33~图9-36所示。

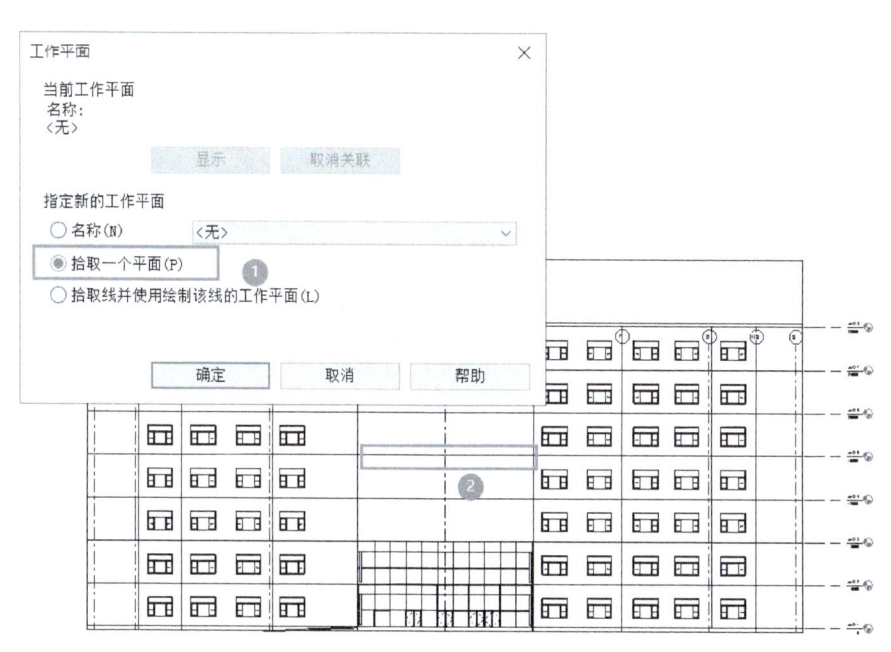

图9-33　拾取一个平面

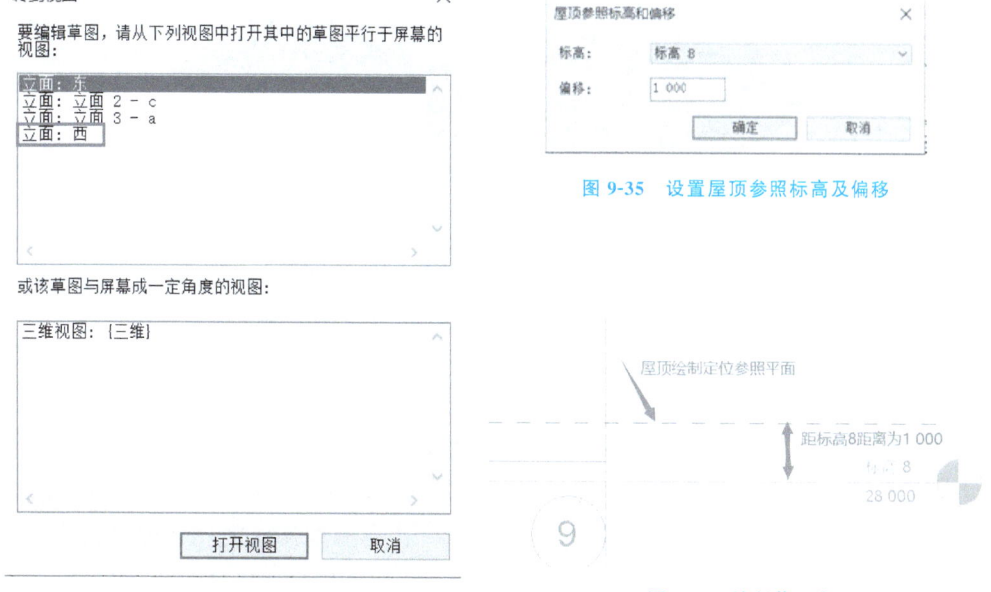

图9-34　切换立面视图

图9-35　设置屋顶参照标高及偏移

图9-36　绘制截面线

绘制屋顶的截面线,无须闭合,单线绘制即可,如图9-37所示。完成绘制后的屋顶效果图如图9-38所示。编辑拉伸屋顶方法与编辑迹线屋顶类似,具体内容参照编辑迹线屋顶即可。

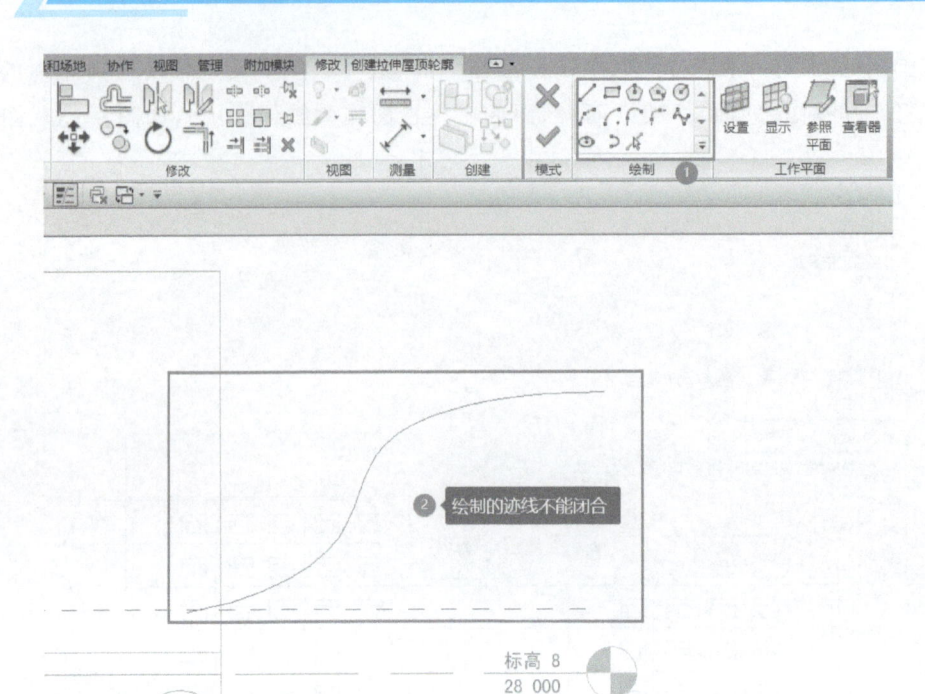

图 9-37　绘制屋顶的截面线

图 9-38　完成绘制后的屋顶效果图

3. 面屋顶与玻璃屋顶

面屋顶与面墙创建方式类似,使用 Revit 的体量功能或者常规模型创建曲面或模型,再利用"面屋顶"功能将表面转换为屋顶图元(可参见面墙创建部分)。

对于玻璃屋顶的创建,单击已绘制好的屋顶,单击"类型选择器"中的"玻璃斜窗"选项,完成绘制。选择"建筑"选项卡—"构建"面板—"幕墙网格"命令来分隔玻璃,用"竖梃"命令来添加竖梃,如图 9-39～图 9-41 所示。

模块 9　创建楼板及屋顶

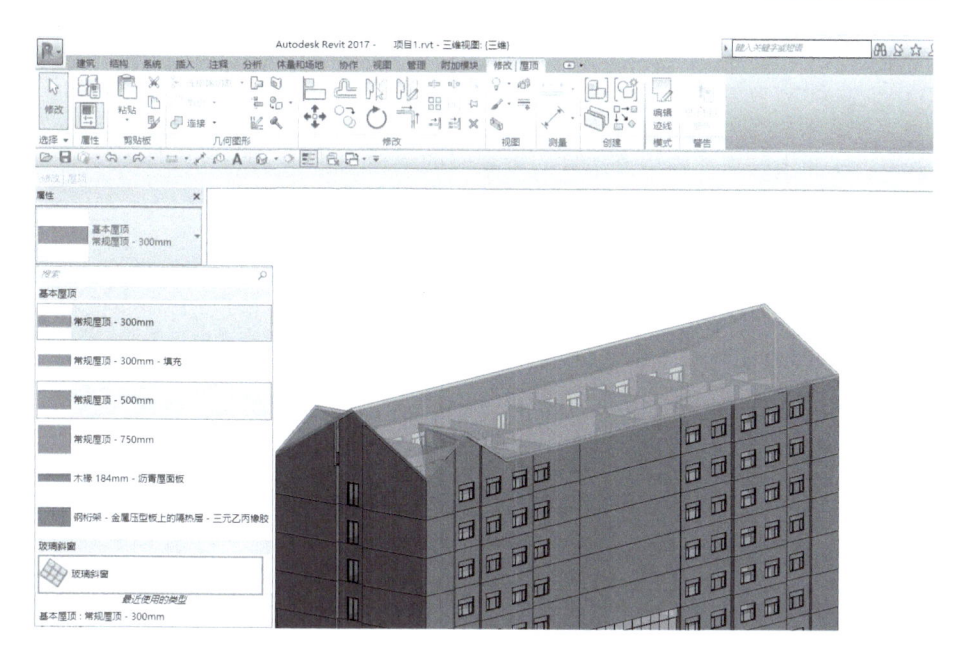

图 9-39　选择玻璃屋顶

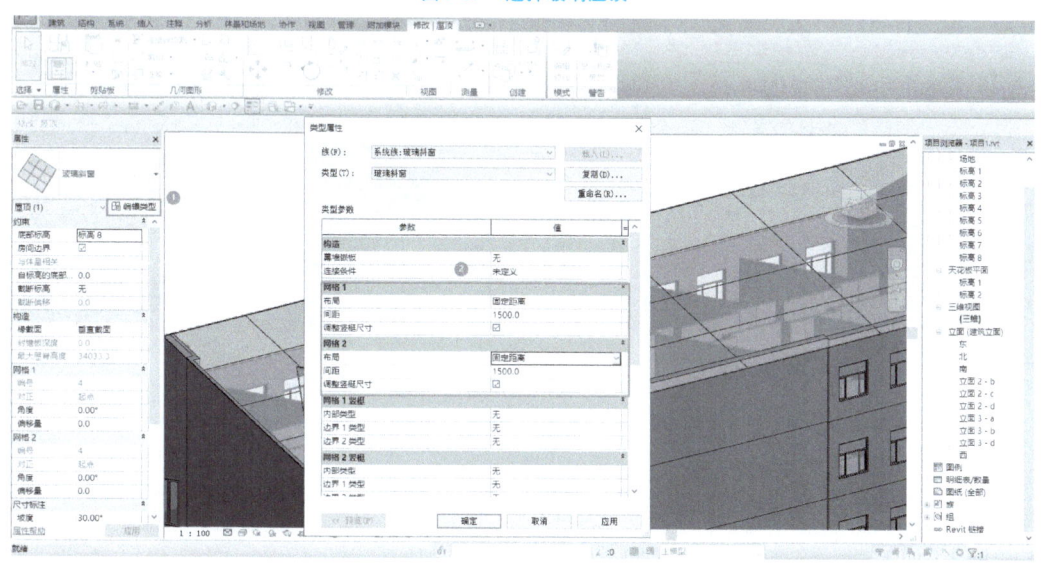

图 9-40　玻璃上的竖梃

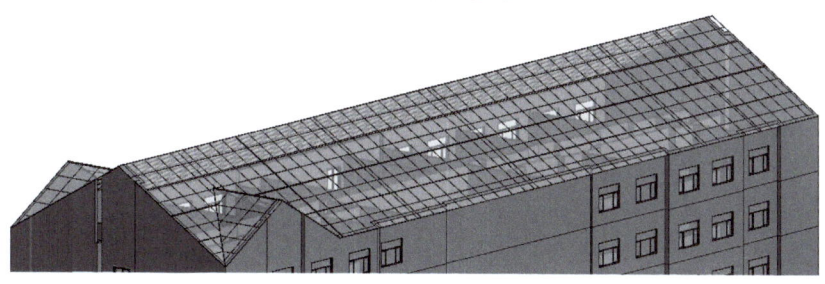

图 9-41　完成设置

4. 屋檐底板、封檐板、檐槽

(1) 屋檐底板

以下操作是利用屋顶和墙信息生成二者之间的屋檐底板。

选择"建筑"选项卡—"构建"面板—"屋顶"下拉菜单—"屋檐:底板"命令,进入绘制轮廓草图模式。

单击"拾取屋顶"命令选择屋顶,确定屋檐底板外轮廓,单击"拾取墙"命令选择墙体,确定屋檐底板内轮廓,自动生成轮廓线,使用"修剪"命令修剪轮廓线成封闭轮廓,完成绘制。

在三维视图或立面视图中选择屋檐底板,可修改属性参数标高及偏移值,设置屋檐底板与屋顶的相对位置。

单击"修改"选项卡—"几何图形"面板—"连接几何图形"命令,连接屋檐底板和屋顶,如图 9-42～图 9-44 所示。

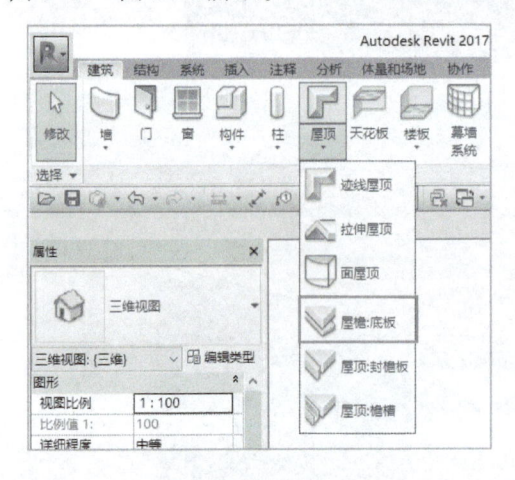

图 9-42 屋檐底板

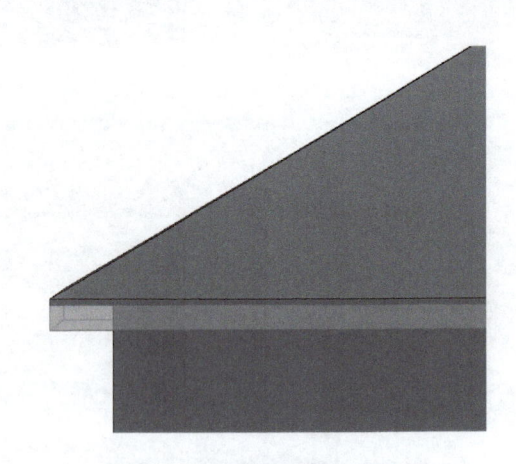

图 9-43 连接完成屋檐底板和屋顶

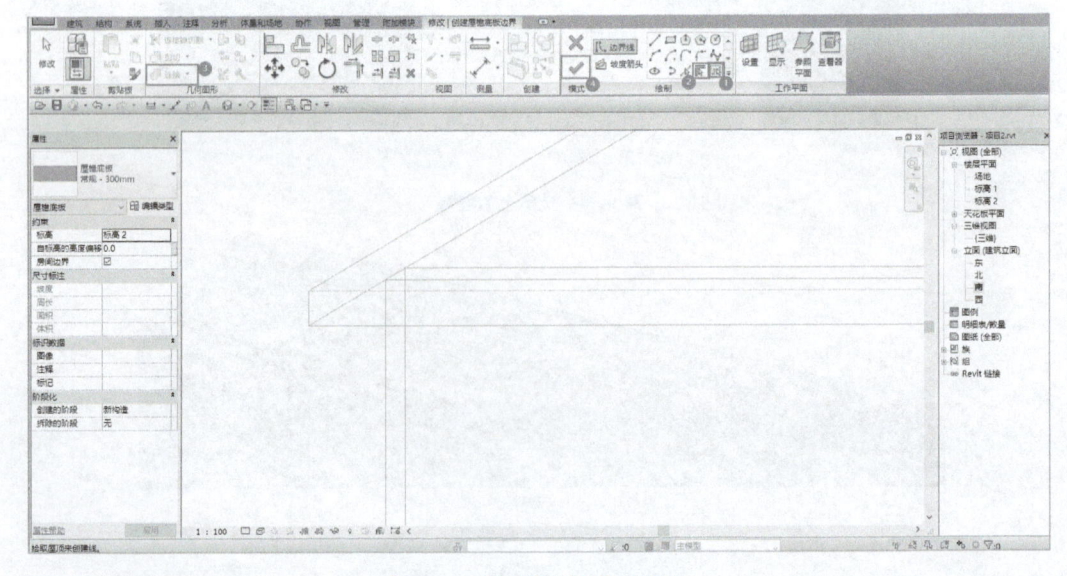

图 9-44 拾取屋顶边和墙并连接

模块9　创建楼板及屋顶

（2）封檐板

选择"建筑"选项卡－"构建"面板－"屋顶"下拉菜单"屋顶:封檐板"命令，进入拾取轮廓线草图模式。

单击拾取屋顶的边缘线，自动以默认轮廓样式生成"封檐板"，完成绘制，如图9-45所示。

图 9-45　封檐板的构建

在三维视图中选中封檐板，修改"属性"中封檐板的"垂直/水平轮廓偏移"及"角度"，可调整封檐板与屋顶的相对位置，单击"编辑类型"弹出"类型属性"对话框，可对封檐板的轮廓样式及材质进行设置，如图9-46所示。

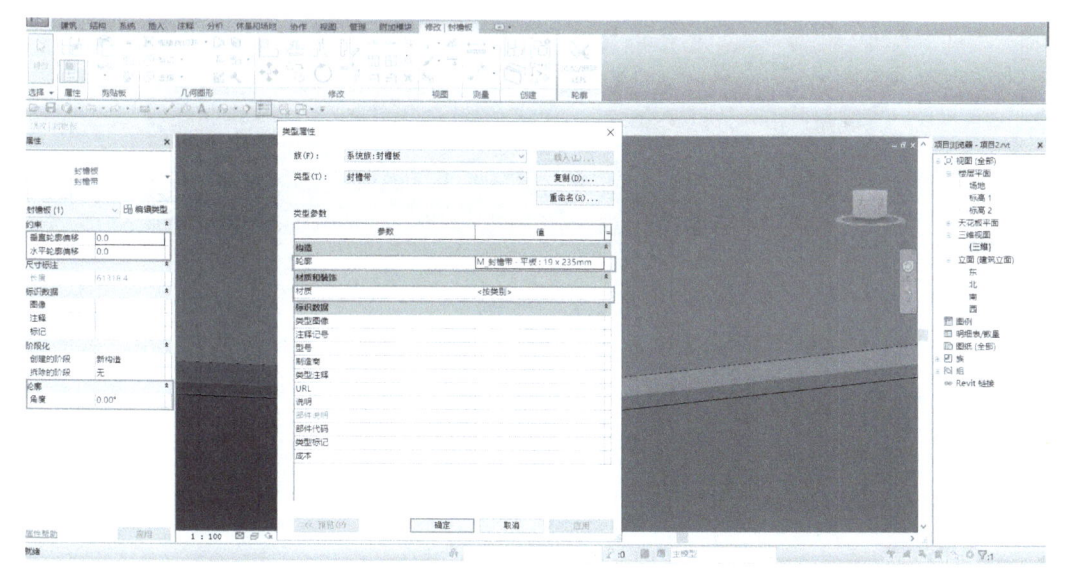

图 9-46　设置封檐板的轮廓样式和材质

单击已创建的封檐板，激活"修改|封檐板"选项卡，在"屋顶:封檐板"面板上可使用"添加/删除线段"增减封檐板数量，修改"属性"中的"轮廓"高度可改变封檐板与屋顶的夹角。常见的布置方式有"垂直""水平""垂足"三种，如图9-47所示。

（3）檐槽

选择"建筑"选项卡－"构建"面板－"屋顶"下拉菜单－"屋顶:檐槽"命令，进入拾取轮廓线草图模式。

BIM建模基础

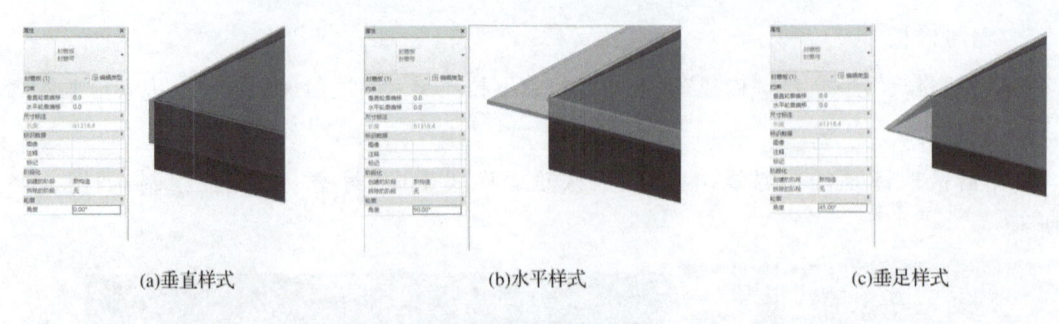

(a)垂直样式　　　　　　　(b)水平样式　　　　　　　(c)垂足样式

图9-47　封檐板斜接方式

单击拾取屋顶的边缘线，自动以默认轮廓样式生成"封檐板"，完成绘制，如图9-48所示。

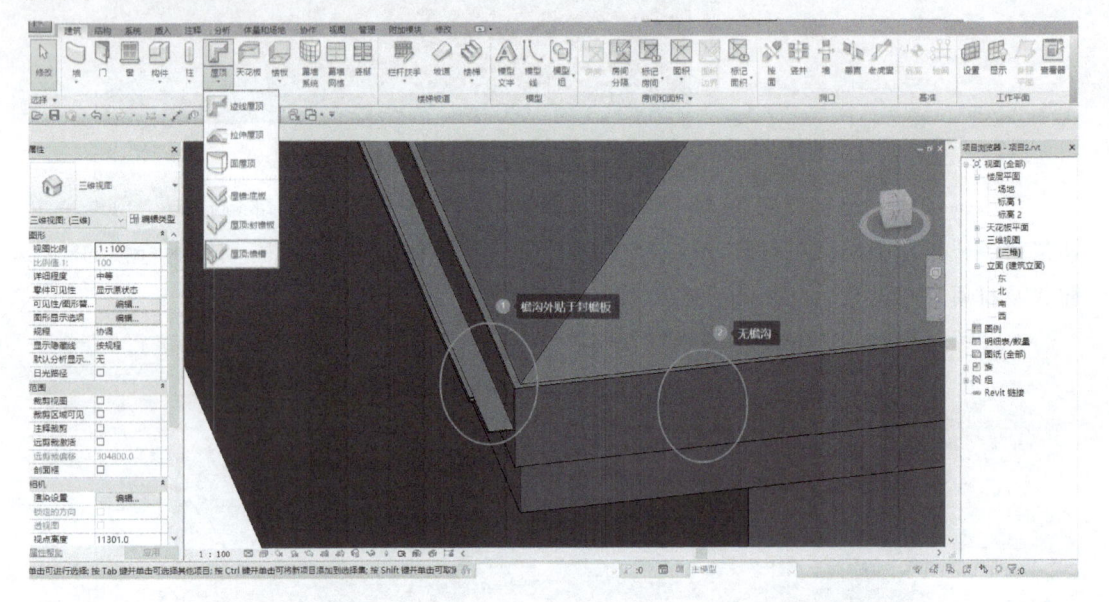

图9-48　檐槽的输入

在三维视图下，单击已绘制的檐槽，可修改相应属性，过程类似封檐板。这里不再赘述，具体参见上一小节封檐板内容。

> 封檐板与檐槽的轮廓可根据项目需求用"公制轮廓－主体"族样板来创建新的轮廓族。

5.老虎窗

在绘制屋顶时，有时需要进行老虎窗绘制，下面讲解老虎窗的绘制。

(1)首先在"建筑"选项卡中选择"屋顶迹线"，在 Revit 里绘制一个双坡迹线屋顶，如图9-49所示。

(2)再在该双坡迹线屋顶上绘制一个小的迹线屋顶，作为老虎窗的屋顶，在"属性"对话框里设置合适的偏移量，如图9-50所示。

图 9-49 双坡迹线屋顶绘制

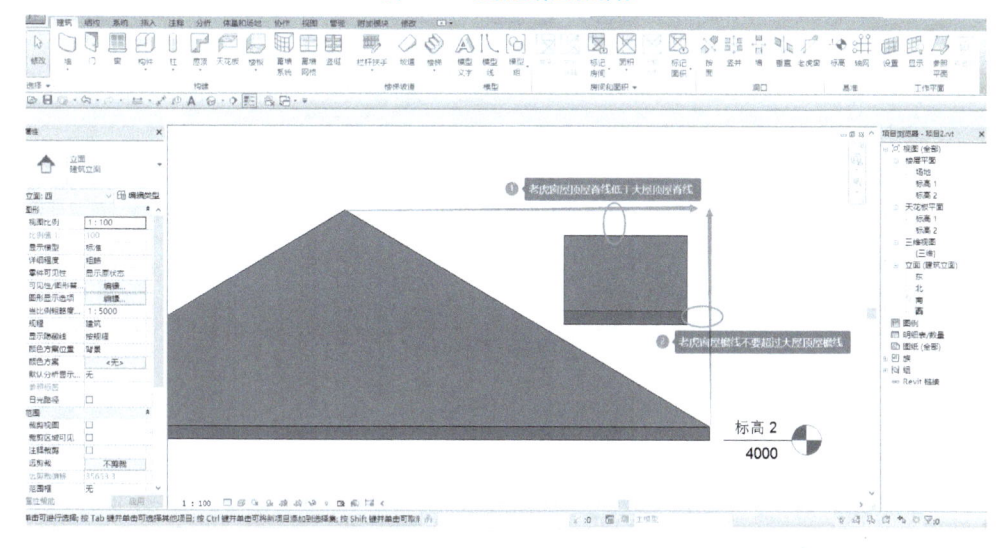

图 9-50 老虎窗与大屋顶关系

(3)在老虎窗屋顶下绘制墙体,选择绘制好的墙体,使用"修改|墙"上下文关联选项卡,在"修改|墙"面板里选择"附着顶部/底部"工具,并在命令栏选择"顶部附着",为所选墙选择要附着的屋顶即可完成附着,如图 9-51 所示。

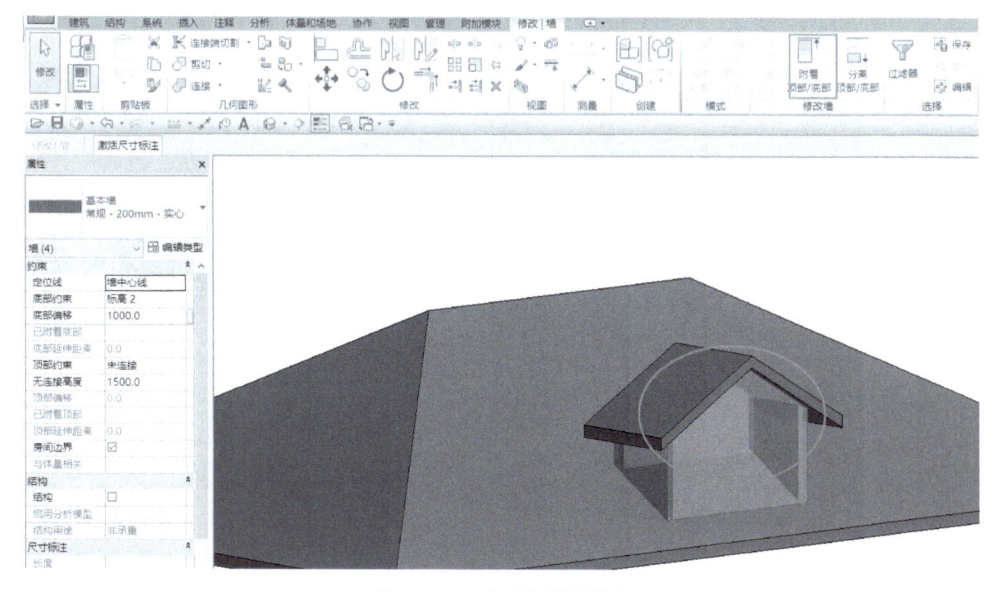

图 9-51 老虎窗的顶部附着

(4)将老虎窗屋顶与主屋顶连接,选择"修改"选项卡,在几何图形面板里找到"连接/取消连接屋顶"工具,注意非常规的"连接"工具,如图9-52所示,先选择"屋顶端点处要连接的一条边"(也就是老虎窗伸入到主屋顶的一条边),再选择"在另一个屋顶或墙上为第二个要连接的屋顶选择面"(也就是老虎窗一侧的主屋顶表面)。老虎窗即可与主屋顶连接,如图9-53所示。

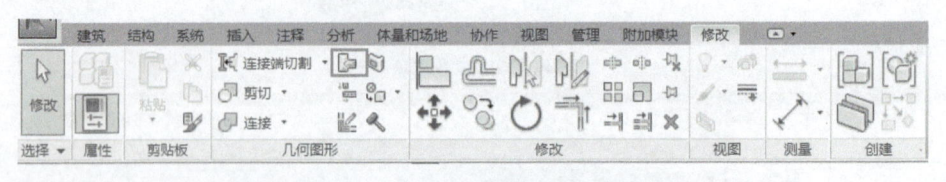

图9-52 "连接/取消连接屋顶"工具

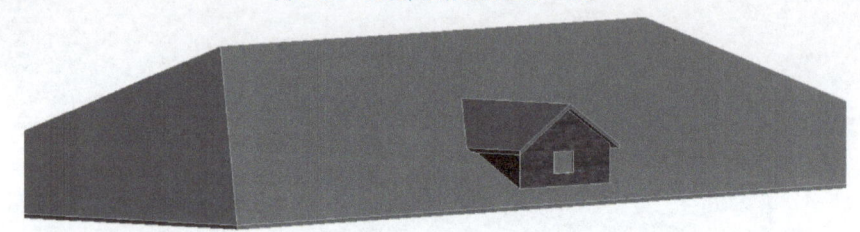

图9-53 屋顶连接

(5)接下来就要在主屋顶位于老虎窗位置处开洞。在"建筑"选项卡中选择"洞口"面板,选择"老虎窗"工具,如图9-54所示。选择要被老虎窗洞口剪切的屋顶(也就是面向老虎窗的主屋顶面),接着依次选择连接屋顶、墙的侧面同主屋顶连接面、定义老虎窗的边界,如图9-55、图9-56所示,完成老虎窗洞口绘制。

图9-54 "老虎窗"工具

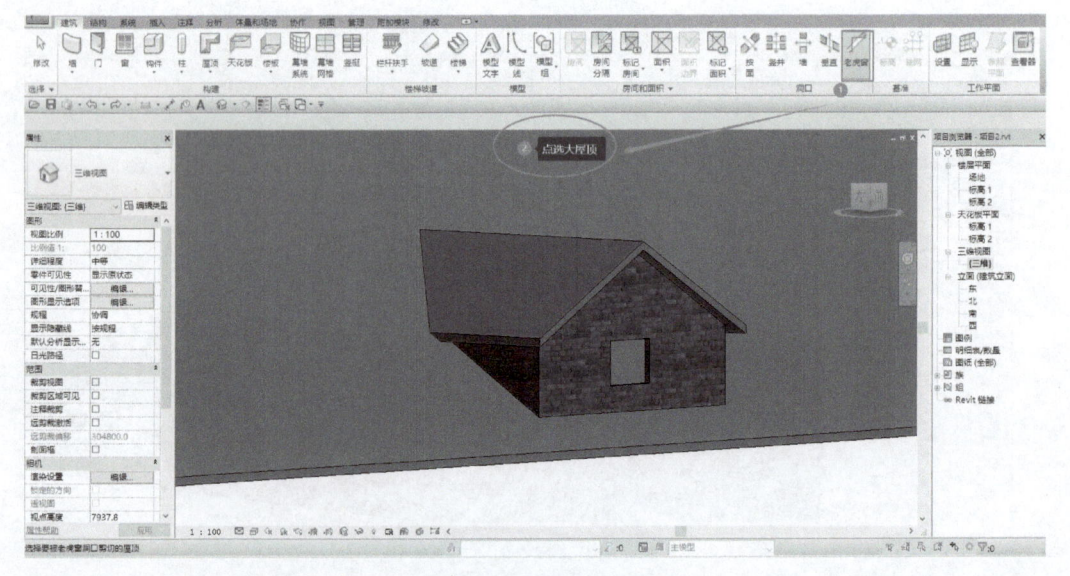

图9-55 老虎窗开洞

模块9　创建楼板及屋顶

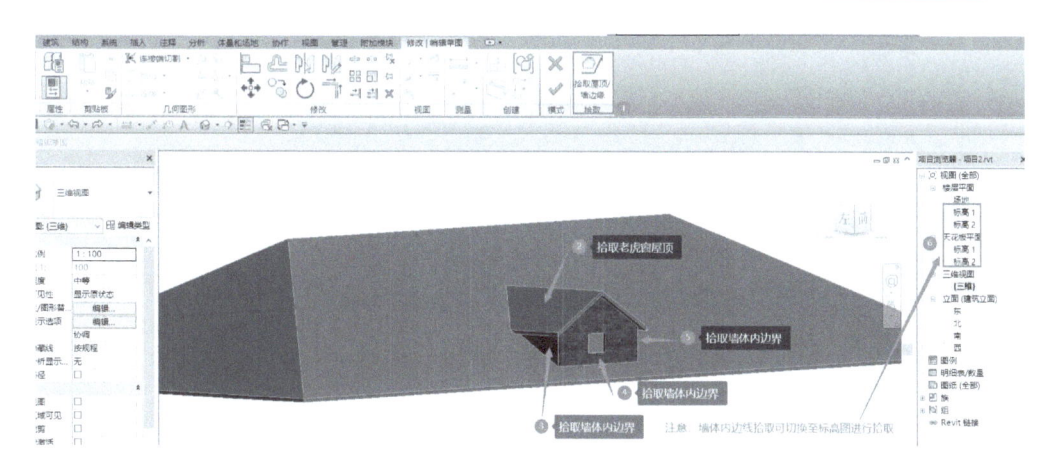

图 9-56　依次选择边界线

（6）选择老虎窗墙体，分别编辑三面墙体轮廓，使其底部与主屋面平齐。以侧墙为例，选中与老虎窗侧墙体平行的立面视图，选中要修改轮廓的墙体，双击此墙体或者单击此墙体并选择"修改|墙"选项卡—"模式"面板—"编辑轮廓"，进入编辑轮廓状态，修改墙体底部与主屋顶平齐即可，所有墙体完成后如图 9-57 所示。

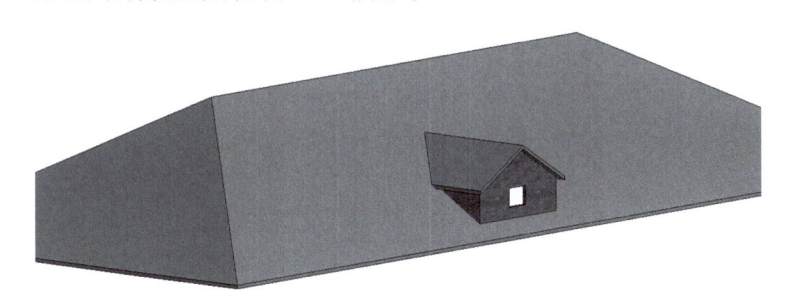

图 9-57　完成后的老虎窗

小　结

室内楼板创建比较简单，但须注意特殊找坡部位与平板部位的坡度定义。屋顶的形式比较多，合理选用和设置不同形式屋顶，尤其是熟练掌握封檐底板、封檐板、老虎窗的创建技巧是十分重要的。

模块 10 创建交通联系构件

楼梯是建筑物中垂直交通联系构件,高层建筑尽管采用电梯作为主要交通工具,但仍然要保留楼梯以供防火疏散时使用。

理实楼中一共有三个楼梯,位于建筑室内南边两侧沿⑤轴镜像布置的 1、2 号楼梯和位于建筑中间与电梯间相邻的 3 号楼梯。建立楼梯模型前,先根据理实楼图纸查阅楼梯构件的尺寸、定位、属性等信息,保证楼梯模型布置的正确性。

10.1 创建室内楼梯

室内楼梯-1号楼梯创建

室内楼梯-建筑施工图识读

楼梯一般由梯段、平台、栏杆扶手三部分组成,在绘制楼梯时可以沿楼梯自动放置指定类型的扶手,也可以自动创建楼梯转角平台。与其他构件类似,在创建楼梯前应定义好楼梯类型属性中各种楼梯参数,下面介绍创建楼梯的方法。

1. 按构件绘制楼梯

按构件绘制楼梯是创建楼梯最常用的方法,本节以绘制案例理实楼中的 1 号楼梯为例,如图 10-1 所示为 1 号楼梯图纸,详细介绍楼梯的创建方法。

(1)进入首层平面。在"项目浏览器"面板,选择"视图"—"楼层平面",双击"F1"选项,即进入一层平面视图。

(2)导入"一层平面图"CAD 底图。如图 10-2 所示导入 CAD 底图(之前已经导入的,跳过此步骤)。

模块 10　创建交通联系构件

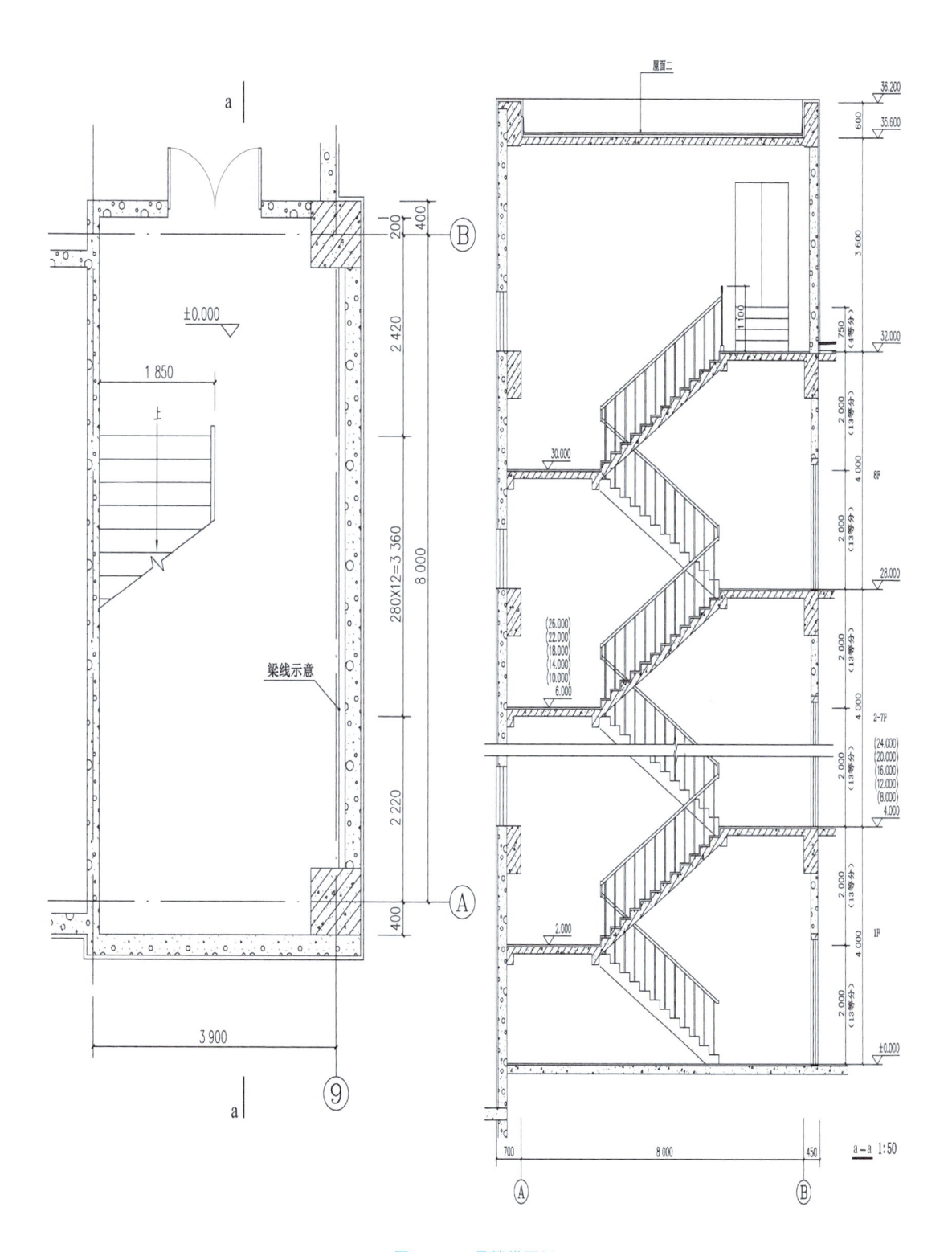

图 10-1　1号楼梯图纸

BIM 建模基础

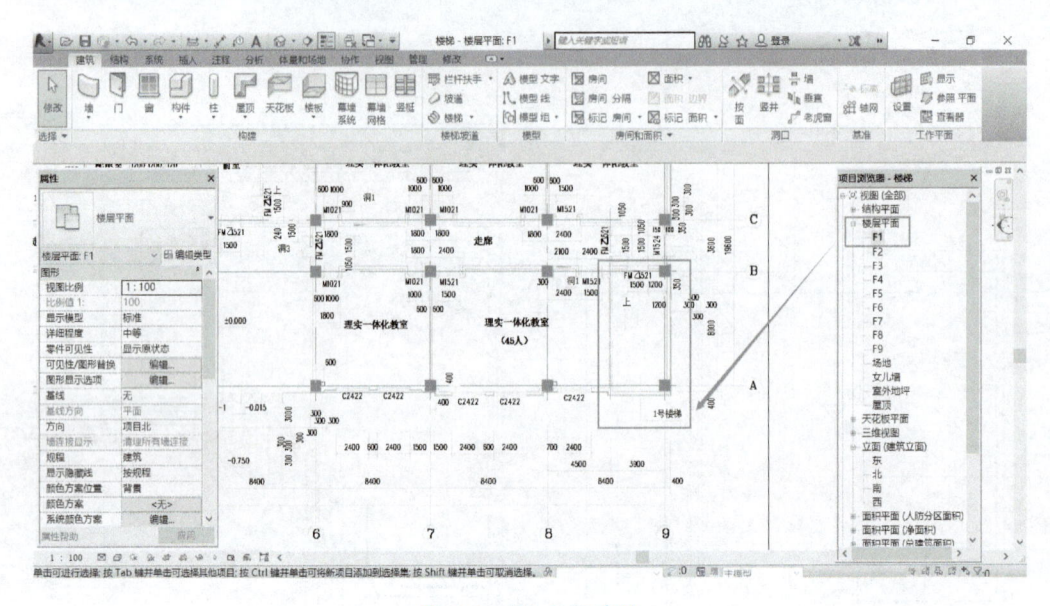

图 10-2　导入 CAD 底图

（3）创建楼梯

①单击"建筑"选项卡"楼梯坡道"面板"楼梯（按构件）"命令，进入绘制模式，如图 10-3 所示。

②楼梯实例参数设置：根据 1 号楼梯详图，设置楼梯参数。具体方法，单击"楼梯属性"命令，在"属性"栏选择楼梯类型为"整体浇筑楼梯"，设置楼梯的"底部标高"为"F1"，"顶部标高"为"F2"，"所需踢面数"为"26"，"实际踏板深度"为"280.00"，如图 10-4(a)所示。

图 10-3　选择楼梯绘制命令

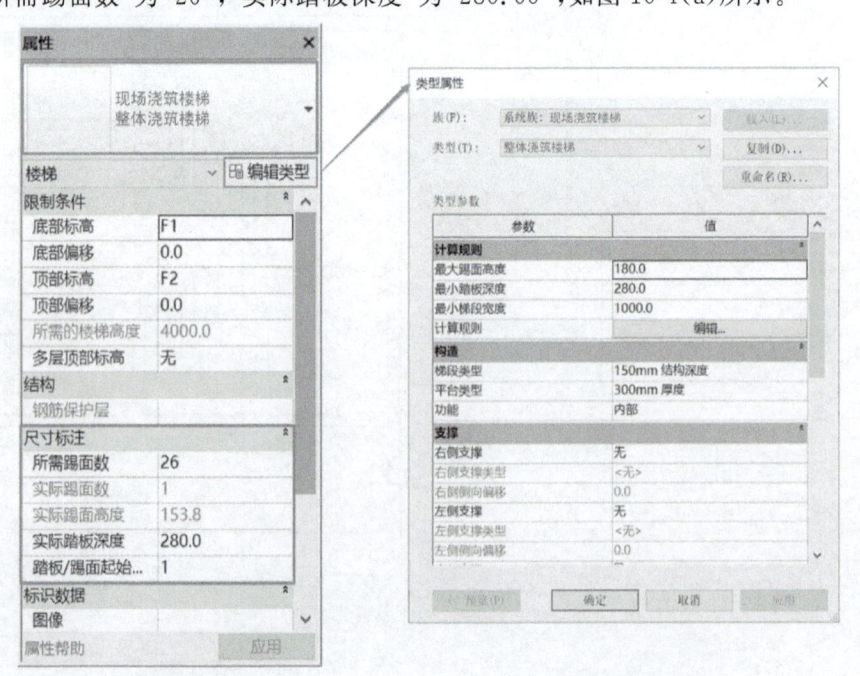

(a) 楼梯构件参数　　　(b) 楼梯类型参数

图 10-4　楼梯构件参数和类型参数

"多层顶部标高"选择"F9"则可以实现多楼层间楼梯的创建,此处需要注意的是,栏杆在楼层之间不是连续的,我们暂时忽略这个问题,接下来的栏杆扶手部分再详细讨论。

③楼梯类型参数设置:在"属性"栏中单击"编辑类型"按钮,打开"类型属性"对话框,在"支撑"项中可以根据楼梯的结构设置"梯梁"的相关参数,本案例中的2号楼梯为板式楼梯,支撑选择"无",如图10-4(b)所示。在"材质和装饰"项中设置楼梯的"整体式材质"参数为"钢筋混凝土"。设置完成后单击"确定"按钮,关闭所有对话框。

④单击"梯段"命令,选择"直线"绘图模式,定位线设为"梯段:右",偏移量设为"0.0",实际梯段宽度设为"1850.0",勾选"自动平台",如图10-5所示。移动光标至参照平面左上角交点位置,两条参照平面亮显,同时系统提示"交点"时,单击捕捉该交点作为第一跑起跑点位置,即图10-6中的"起点"。

| 定位线: 梯段: 右 | 偏移量: 0.0 | 实际梯段宽度: 1850.0 | ☑自动平台 |

图10-5 梯段绘制设置

⑤向下垂直移动光标至左下角参照平面交点位置,同时在起跑点下方出现灰色显示的"创建了13个踢面,剩余13个"的提示字样和蓝色的临时尺寸,表示从起点到光标所在尺寸位置创建了13个踢面,还剩余0个。单击捕捉该交点作为第一跑终点位置,即图10-6中的"中间点1",自动绘制第一跑踢面和边界草图。

⑥移动光标到右下角参照平面交点位置,单击捕捉作为第二跑起点位置,即图10-6中的"中间点2"。向上垂直移动光标到矩形预览图形之外单击捕捉任一点,系统会自动创建休息平台和第二跑梯段草图,如图10-6所示。

⑦调整楼梯平台边界线,使之与墙体衔接。

⑧单击"完成楼梯"命令创建如图10-7所示一层到二层的双跑楼梯。

图10-6 捕捉点顺序

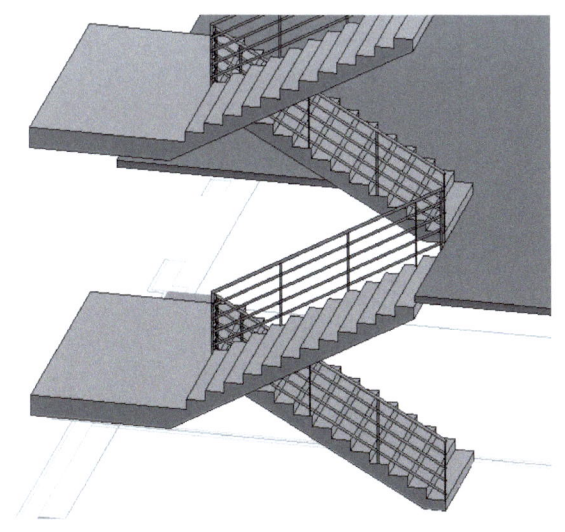

图10-7 一层到二层的双跑楼梯

⑨创建二层楼板,并在楼梯位置开洞。

2. 用草图命令创建楼梯

在用按草图创建楼梯时,我们能对楼梯的梯面和边界进行修改,方便绘制异形楼梯。按草图创建楼梯有"梯段""边界""踢面"三种命令,"梯段"命令的绘制方式和前面按构件绘制楼梯类似,在这里不再赘述。下面主要介绍用边界和踢面命令创建楼梯,绘制前需要做好参考平面等辅助线,并设置好楼梯的类型参数。

(1)选择"建筑"选项卡—"楼梯坡道"面板—"楼梯"下拉菜单—"楼梯(按草图)"命令,进入绘制楼梯草图模式,自动激活"创建楼梯"选项卡,单击"绘制"面板下的"边界"内的"直线"按钮,分别绘制楼梯踏步和休息平台边界,如图10-8所示。

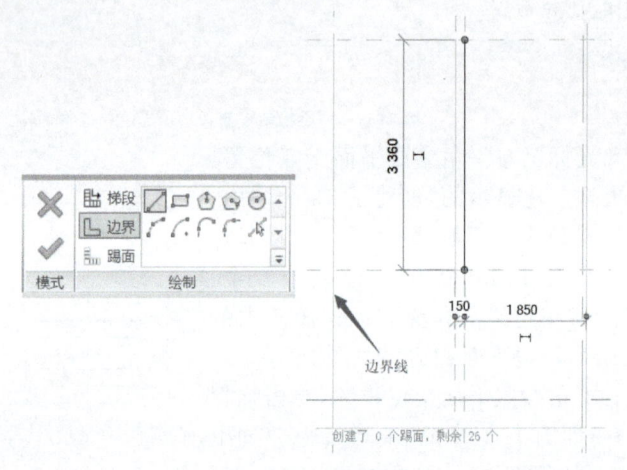

图10-8 绘制楼梯边界

> 注：踏步和平台处的边界线需要分段绘制,否则软件会把平台也当成踏步来处理。

(2)单击"踢面"按钮,绘制楼梯踏步线。注意梯段草图下方的提示,"剩余0个"时即表示楼梯跑到了预定层高的位置,如图10-9所示。

图10-9 绘制踢面线

(3)绘制好边界和踢面之后,单击完成按钮即完成楼梯的创建。

10.2　创建栏杆扶手

1. 设置栏杆扶手

在上一步创建楼梯的时候，系统一般自动沿梯边创建了栏杆，故现在我们只需要删除不需要的扶手，然后对需要的扶手进行设置，使之满足设计图纸要求即可，如图10-10所示。

图10-10　设置栏杆扶手类型属性

合建室内楼梯-栏杆扶手

2. 用"放置在主体上"命令创建栏杆扶手

如果绘制的楼梯没有自动创建扶手，也可以通过"建筑"选项卡—"楼梯坡道"面板—"栏杆扶手"下拉菜单—"放置在主体上"命令，在"修改|创建主体上的栏杆扶手位置"选择需要绘制栏杆扶手的踏板进行创建，如图10-11所示。

图10-11　创建踏板上的栏杆扶手

3. 用绘制路径命令创建栏杆扶手

针对本案例中不同楼层栏杆不连续的情况，采用在对应楼板上绘制栏杆的方法进行补全。首先打开需要补齐栏杆的楼板所在的楼层平面，单击"楼梯坡道"面板—"栏杆扶手"下拉菜单—"绘制路径"命令，自动跳转到路径绘制模式，在"修改|创建栏杆扶手路径"进行绘制，如图10-12、图10-13所示。

这种补齐的方法也有相应的缺陷，在平面上显示不出来差别，但是在三维模型中栏杆还是不连续的，欢迎大家一起探讨这个问题更好的解决方法。

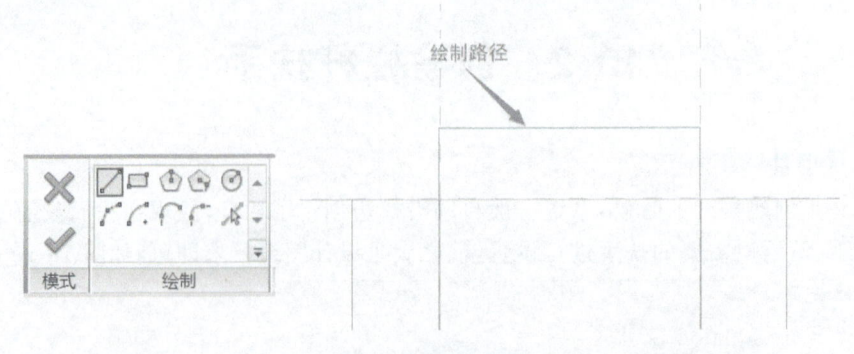

图 10-12 绘制栏杆路径

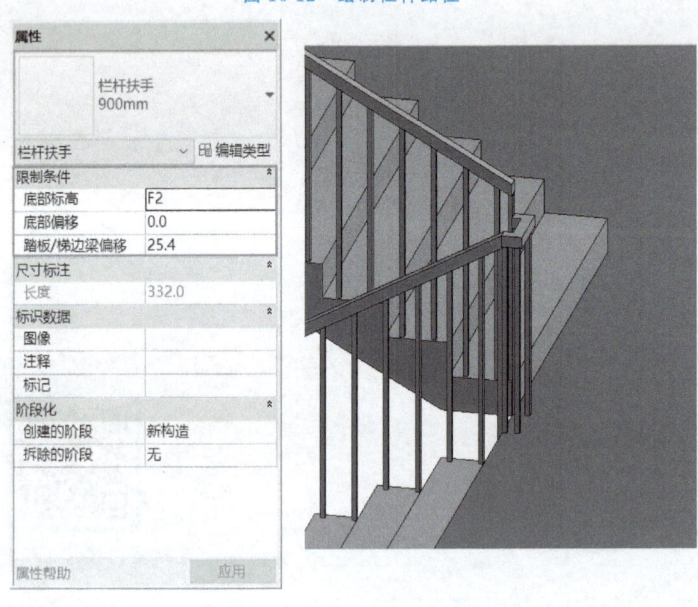

图 10-13 设置栏杆扶手参数

10.3 创建室外台阶、坡道和散水

1. 创建室外台阶

台阶一般是指用砖、石、混凝土等筑成的一级一级供人们上下的建筑物,多在大门前或坡道上。创建台阶模型前,先根据理实楼图纸,查阅台阶构件的尺寸、定位、属性等信息,保证台阶模型布置的正确性。

根据"一层平面图"可知,理实楼一共有 4 处台阶,分别位于建筑一层 4 个主要出入口处,东、西两侧的台阶对称,南、北两侧台阶稍有不同。查阅图纸我们知道,南侧台阶一共 5 级,台阶底标高为 −0.750 m,台阶顶标高为 −0.015 m,最顶上一级台阶长 16 000 mm,宽 3 000 mm,台阶踏面宽度均为 300 mm,如图 10-14 所示。接下来我们以位于南侧主要出入口的台阶为例讲解详细建模操作。

(1)"项目浏览器"−"楼层平面"−双击"F1"进入一层平面视图。单击"建筑"选项卡"构建"面板中的"楼板"−"楼板:建筑"工具,单击"属性"面板中的"编辑类型",打开"类型属

模块 10　创建交通联系构件

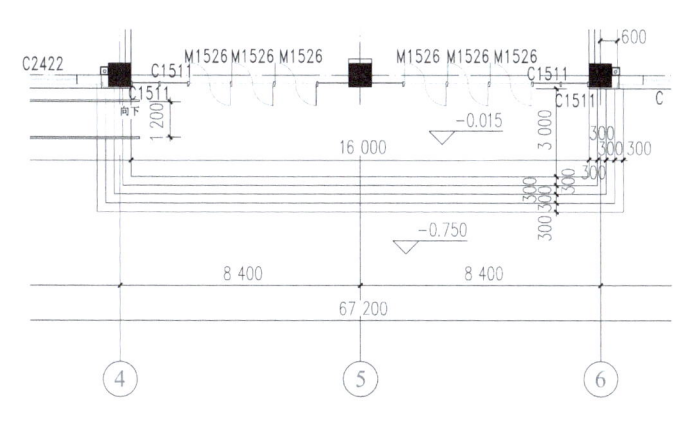

图 10-14　南侧室外台阶图纸

性"窗口,单击"复制"按钮,弹出"名称"窗口,输入"室外台阶板-150",单击"确定"按钮,关闭窗口,如图 10-15 所示。

（2）打开"编辑类型"对话框,修改台阶板结构层厚度为"150",设置结构层材质为"混凝土-现场浇筑混凝土",单击"确定"按钮,返回"类型属性"对话框,最后单击类型属性对话框中的"确定"按钮,退出"类型属性"对话框。

（3）根据"一层平面图"布置室外台阶板。在"属性"面板设置"标高"为"F1","自标高的高度偏移"为"-600",按 Enter 键确认。在"绘制"面板中选择"边界线"绘制模式,并选择绘制方式为"矩形"。在Ⓐ轴上位置与④～⑥轴线间位置依据参照平面绘制台阶板轮廓,如图 10-16 所示。

图 10-15　坡道图纸　　　　　　　图 10-16　绘制底层台阶边界

（4）单击"模式"面板下的绿色对勾,完成室外台阶底层板-750～-600 mm 标高位置的创建。

（5）重复上述操作,绘制剩余标高位置的另外四级室外台阶板。注意每个台阶"自标高的高度偏移"不同,最上面的一个台阶偏移-15 mm,台阶板厚度为 135 mm,完成后的南侧台阶立面图如图 10-17 所示。

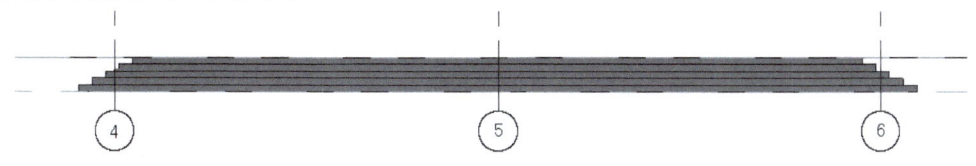

图 10-17　南侧台阶立面图

2. 创建坡道

坡道是连接高差地面或者楼面的斜向交通通道，为方便行走而设置。在理实楼南侧主入口有一个无障碍坡道，根据图纸查阅坡道的尺寸、定位、属性等信息可知，坡道宽度为 1 200 mm，坡道长度为 10 500 mm，坡道起点标高为 －0.750 m，终点标高为 －0.015 m，坡道坡度为 1∶12。坡道上靠东侧有一段长度为 9 000 mm 的栏杆扶手，坡道图纸如图 10-18 所示。

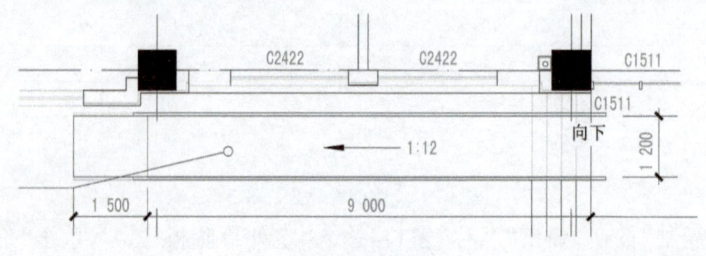

图 10-18　坡道图纸

Revit 软件提供了坡道工具，其使用方法与楼梯类似，下面详细介绍坡道的创建方法。

（1）选择功能区"建筑"选项卡—"楼梯坡道"面板—"坡道"命令，跳转到"修改|创建坡道草图"选项卡，绘制工具默认为"梯段"和"直线"，如图 10-19 所示。

图 10-19　打开坡道绘制命令

（2）根据坡道起点终点标高设置其属性栏，如图 10-20 所示。在"类型属性"栏中复制新建"坡道"类型，并设置类型属性，其中"坡道最大坡度"为"14"，指坡道的最大坡度小于最大坡度 1∶12。

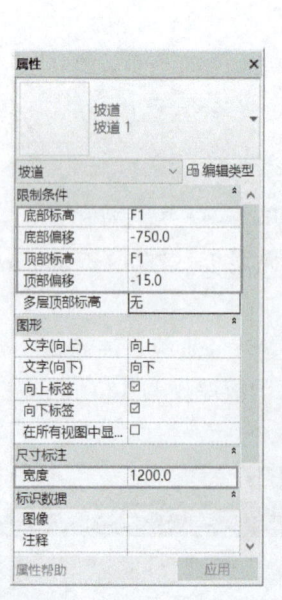

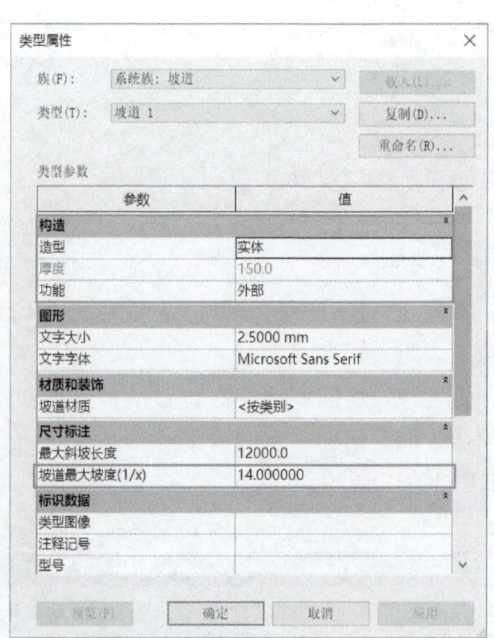

图 10-20　设置坡道属性参数

模块 10　创建交通联系构件

(3)在平面图中,分别单击放置坡道的起点和终点。系统会根据"坡道最大坡度"和坡道设置的高度差,自动计算斜坡需要的长度。此处由于坡道的实际坡度值小于"坡道最大坡度",坡道的实际长度大于系统计算的斜坡长度,所以按 CAD 底图放置,与系统提示长度不冲突。

(4)绘制完成后,单击"模式"面板下的绿色对勾,转到三维视图查看。然后在坡道上双击栏杆扶手,跳转到修改栏杆扶手路径模式,调整栏杆扶手路径使之与设计图纸吻合,完成修改,坡道三维效果如图 10-21 所示。

图 10-21　坡道三维效果

3. 创建散水

散水是与外墙勒脚垂直交接倾斜的室外地面部分,设置散水的目的是使建筑物外墙勒脚附近的地面积水能够迅速排走,保护墙基不受雨水侵蚀。建立散水模型前,根据理实楼图纸查阅散水的尺寸、定位、属性等信息可知,散水宽 1 500 mm,坡度 5%。

在 Revit 中散水可以使用轮廓族围绕墙体进行布置,也可以使用板进行绘制,在完成后进行坡度设定。下面讲解使用轮廓族围绕墙体布置散水的操作步骤。

(1)首先建立散水轮廓族。单击应用程序菜单"R"按钮,在列表中选择"新建-族"选项,以"公制轮廓.rft"族样板文件为族样板,进入轮廓族编辑模式,如图 10-22 所示。

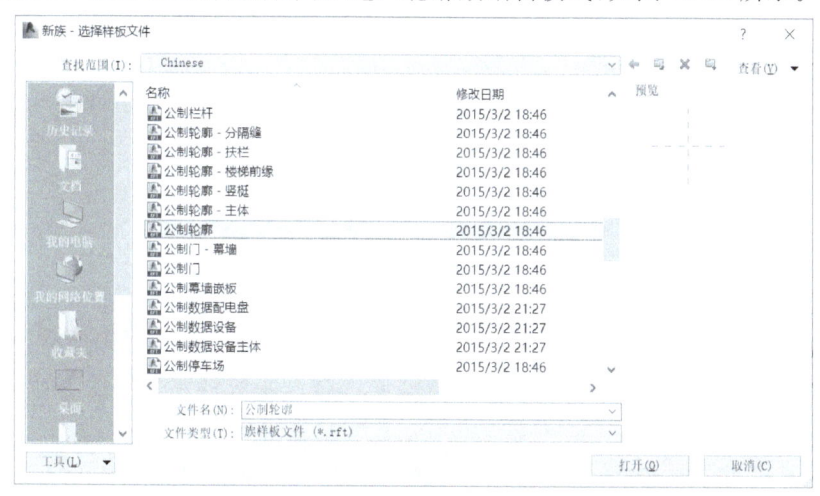

图 10-22　打开族样板

(2)单击"创建"选项卡"详图"面板中的"直线"工具,参照图 10-23 所示尺寸,绘制首尾相连且封闭的散水断面轮廓。单击保存按钮,将该族命名为"1500 宽室外散水轮廓",并保存到与本项目文件同一文件夹中。单击"族编辑器"面板中的"载入到项目中"按钮,将轮廓族载入到理实楼项目中。

(3)切换到三维状态,Shift 键+鼠标滚轮旋转到模型合适位置,在三维状态下布置散水构件。单击"建筑"选项卡"构建"面板中的"墙"下拉菜单下的"墙:饰条"工具,单击"属性"面

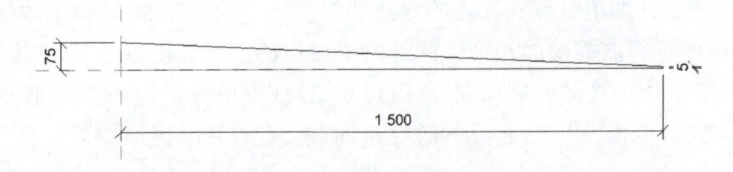

图 10-23　绘制散水断面轮廓

板中的"编辑类型",打开"类型属性"窗口,单击"复制"按钮,弹出"名称"窗口,输入"1500 宽室外散水轮廓",单击"确定"按钮关闭窗口。勾选"被插入对象剪切"选项(当墙饰条遇到门窗洞口位置时自动被洞口打断),修改"轮廓"为"1500 宽室外散水轮廓族:1500 宽",修改"材质"为"混凝土,现场浇筑,C15",单击"确定"按钮,退出"类型属性"窗口,如图 10-24 所示。

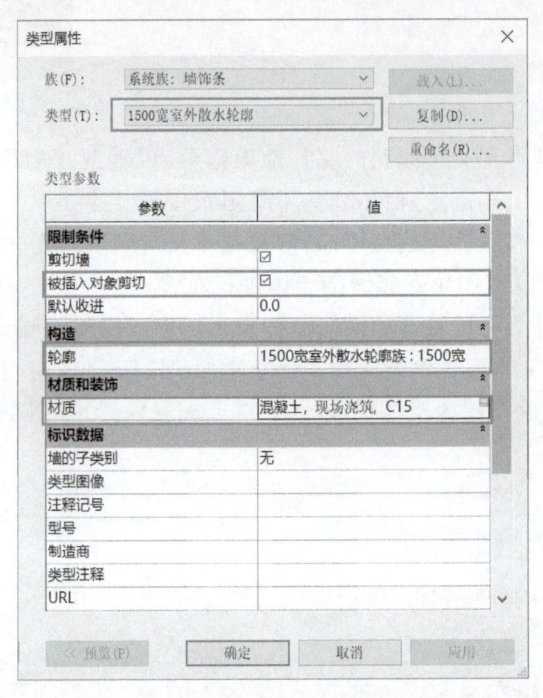

图 10-24　设置类型属性参数

(4)确认"放置"面板中墙饰条的生成方式为"水平"(沿墙水平方向生成墙饰条)。在三维视图中,分别单击外墙底部边缘,沿所拾取墙底部边缘生成散水。如图 10-25～图 10-27 所示。

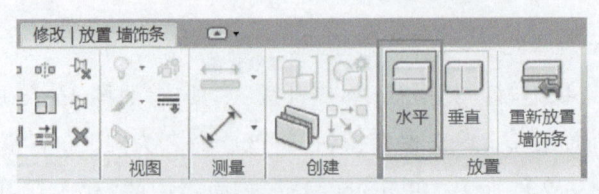

图 10-25　水平生成墙饰条

(5)如果本段墙比较长可以选择刚布置的散水构件,则单击散水一端的末端蓝色端点,沿墙进行拖拽,使散水和墙保持同样的长度。

图 10-26　拾取墙底部边缘

图 10-27　生成一段散水

(6)按照上述方式在其他位置进行散水绘制。对于图10-28所示的两段散水相交位置未连接,应进行处理:选择其中一段散水,自动切换至"修改|墙饰条"上下文选项,单击"墙饰条"面板中的"修改转角"按钮,确认选项栏中的"转角选项"为"转角","角度"为"90.000°",单击两段散水之间的交线,完成转角连接,如图10-29~图10-31所示。

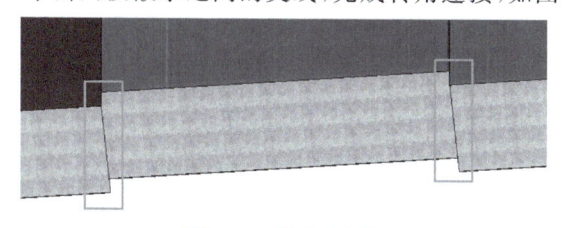

图 10-28　散水未连接

图 10-29　修改转角

图 10-30　设置转角角度

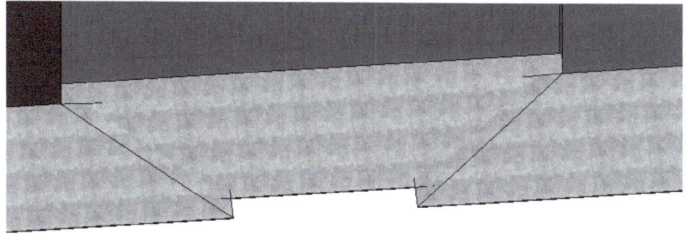

图 10-31　点击蓝色线连接

(7)对于转角位置的散水未相交的情况,单击选择散水的末端截面,Revit 软件将修改所选择截面为 90°转角。按 Esc 键两次退出修改转角状态。再次选择另外一侧散水,按住并拖动一端的末端蓝色端点,直到与另外一侧散水相交,退出修改墙饰条状态。图 10-32 所示为修改好的散水转角。

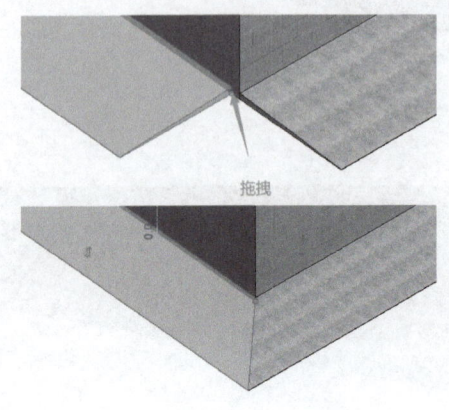

图 10-32 修改好的散水转角

(8)单击"修改"选项卡"几何图形"面板中的"连接"下的"连接几何图形"工具,分别单击刚刚相交的两段散水构件,对散水模型进行运算生成完整的散水模型。

(9)按照上述操作步骤将其他位置散水布置完成,散水需要相交位置参见上述"修改转角"和"连接几何图形"工具。整体完成后切换到"F1"楼层平面视图,如果无法看到散水构件,单击"属性"面板中"视图范围"右侧的"编辑"按钮,打开"视图范围"窗口进行调整。单击"确定"按钮,关闭窗口。完成后散水平面如图 10-33 所示。

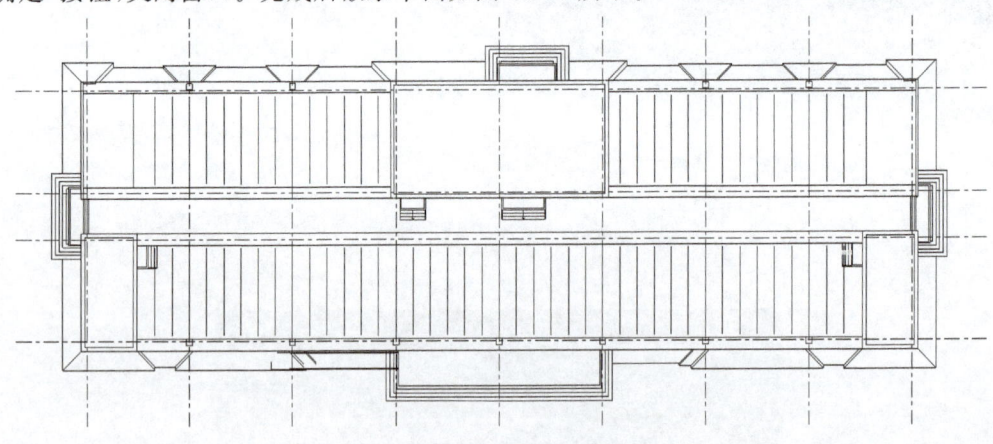

图 10-33 散水平面图

(10)单击"快速访问栏"中三维视图按钮,切换到三维视图,模型显示如图 10-34 所示。

4. 创建雨篷

雨篷是设置在建筑物出入口或者顶部阳台上方用来挡雨、挡风、防高空落物砸伤的一种建筑外部水平构件。通过载入雨篷族可以为理实楼项目创建南侧主入口雨篷;使用楼板、楼板边缘工具可以为项目添加东、西北侧入口雨篷和屋顶雨篷。

由于理实楼建筑施工图中对钢雨篷未做详图示意,仅有"详二次设计"的文字说明,故本案例已将钢雨篷族创建完成,只需将"钢雨篷"族载入项目即可。

图 10-34　散水三维效果

打开已经建立好外墙和幕墙的理实楼项目文件,单击"插入"选项卡,然后单击"载入族",打开理实楼项目配套的族文件包,找到"钢雨篷"族文件将其载入到项目,如图 10-35 所示,由于"钢雨篷"是常规模型,所以现在将视图转到"标高 2",单击"项目浏览器"—"族"—"钢雨篷",将刚载入的族拖到标高 2 楼层平面视图中,在"左侧属性"—"约束"中,设置偏移量为"-3690.0",雨篷的角度朝向可以用"空格键"进行调整,最后在Ⓐ轴和⑤轴交点处幕墙外边缘对齐放置雨篷,如图 10-36 所示。

图 10-35　载入钢雨篷族文件

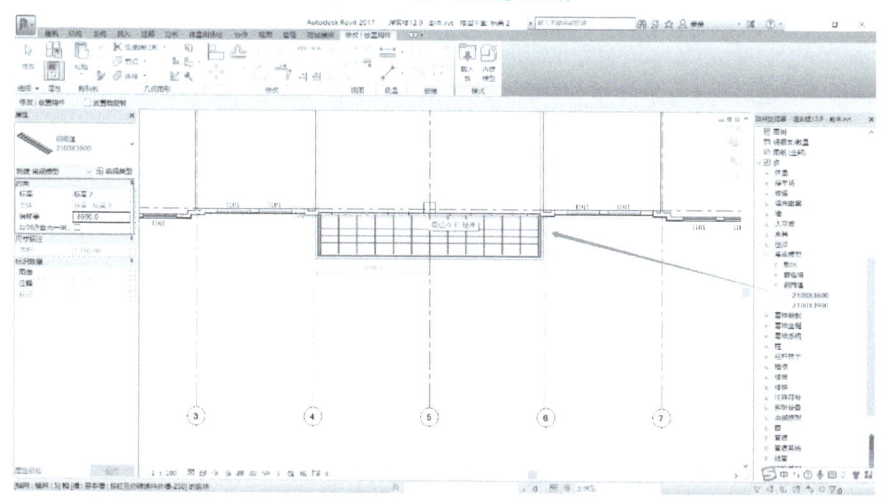

图 10-36　放置钢雨篷族

BIM 建模基础

接下来用内建体量的方法创建钢雨篷的斜拉杆，在"体量和场地"选项卡下点击"内建体量"，输入体量名称"钢雨篷斜拉杆"，如图 10-37 所示。然后在三维模式下分别在南面墙和俯视面的雨篷龙骨位置绘制斜拉杆的两端圆形截面，直径为 40 mm，创建好两端截面后，用 Ctrl 键同时选中两圆，创建实心形状，完成斜拉杆创建，如图 10-38、图 10-39 所示。

图 10-37 内建钢雨篷斜拉杆体量

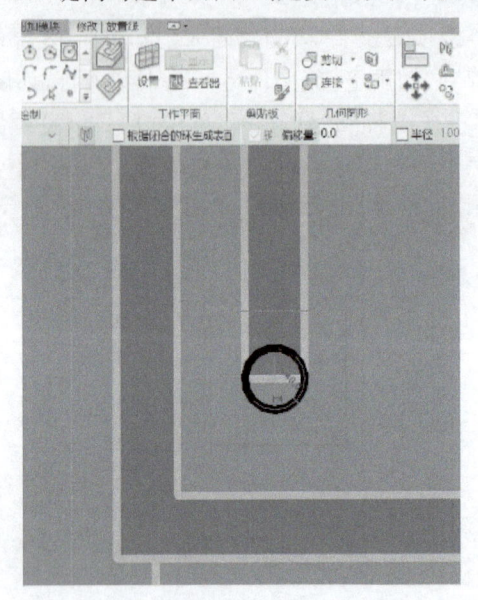

图 10-38 绘制斜拉杆两端圆形

图 10-39 创建实心形状

在族类型中给"斜拉杆体量"添加一个材质参数，如图 10-40 所示，完成体量后再在"属性"编辑中给"斜拉杆"选择"铝合金"材质。完成一个斜拉杆的创建之后，通过"阵列"创建其余的斜拉杆，完成之后的钢雨篷完整三维图如图 10-41 所示。

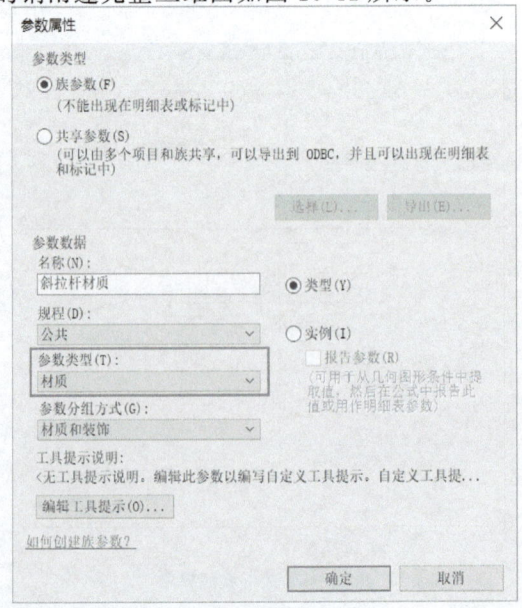

图 10-40 添加材质参数

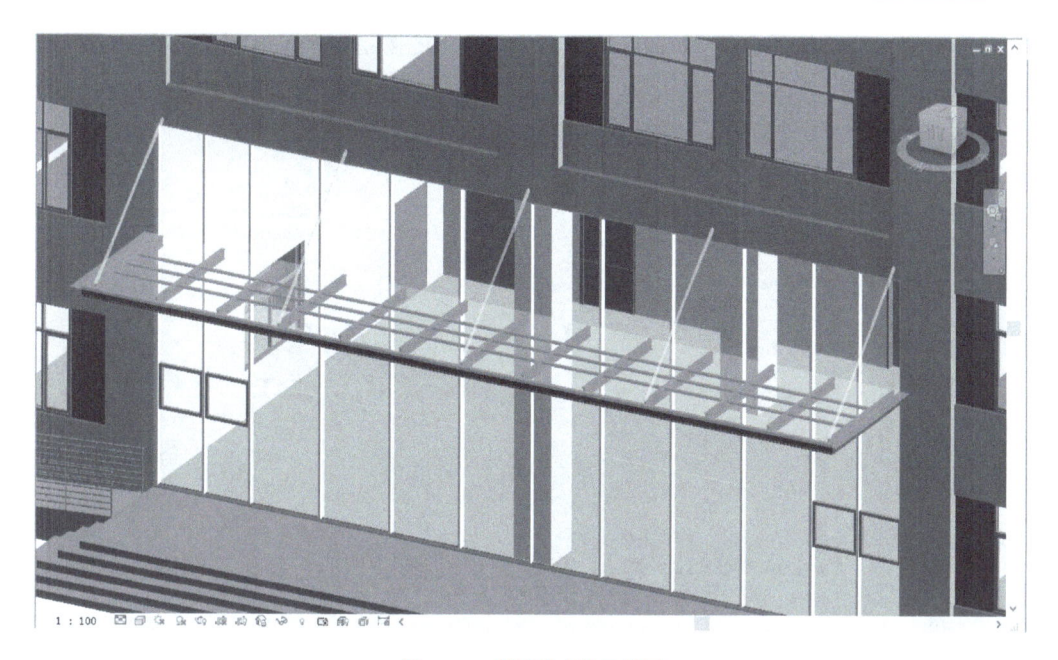

模块 10　创建交通联系构件　113

图 10-41　钢雨篷完整三维图

理实楼项目北侧入口雨篷为混凝土雨篷,采用"楼板""楼板边缘"命令进行创建。从图纸信息可以得出,北侧入口的雨篷为 1 200 mm×4 500 mm 的板,板厚 150 mm,将上述项目的模型转到楼层平面—标高 2 中,单击"建筑"选项卡,选择"楼板"—"楼板:建筑"命令,沿着北侧⑤轴右侧绘制混凝土雨篷板,如图 10-42 所示。

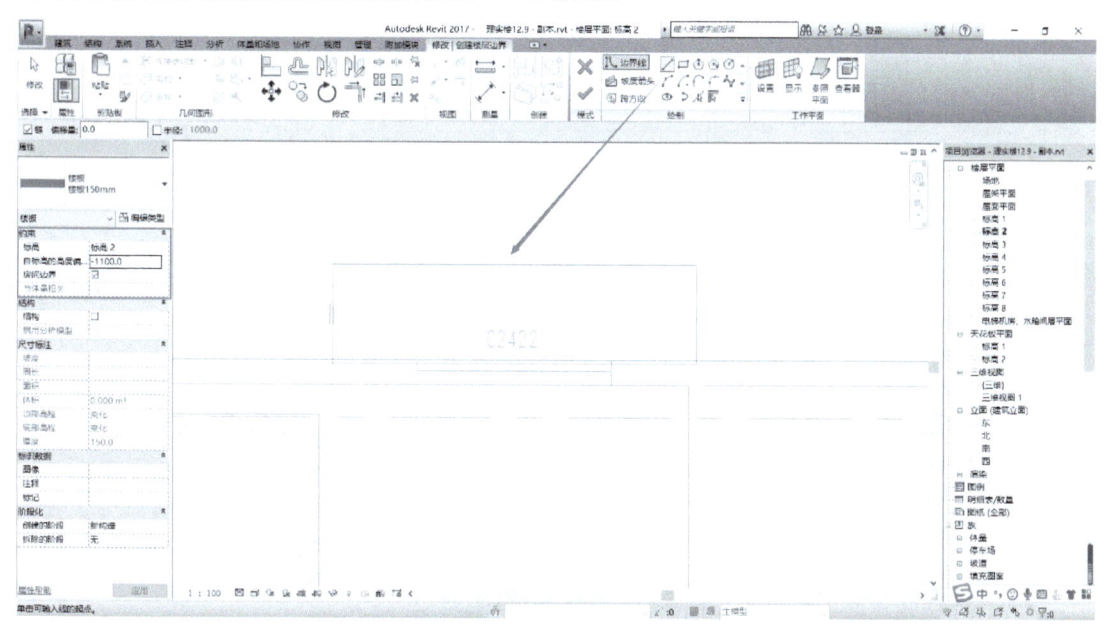

图 10-42　绘制混凝土雨篷板

单击"插入"选项卡,然后单击"载入族",在对话框中选择"混凝土雨篷板边轮廓.rfa"文件,如图 10-43 所示,将其打开。单击"建筑"选项卡,选择"楼板"—"楼板:楼板边",拾取刚

BIM 建模基础

才建好的北侧入口雨篷的边缘,如图 10-44 所示,软件将按指定的轮廓生成雨篷边缘,按下 Esc 键完成雨篷的创建,完成后的北侧入口混凝土雨篷三维模型如图 10-45 所示。

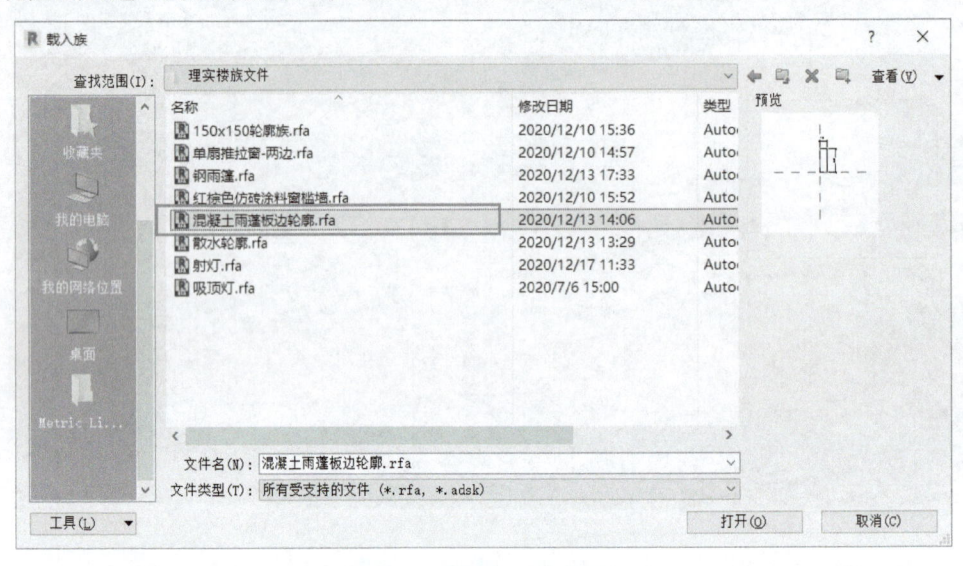

图 10-43　载入混凝土雨篷板边轮廓族

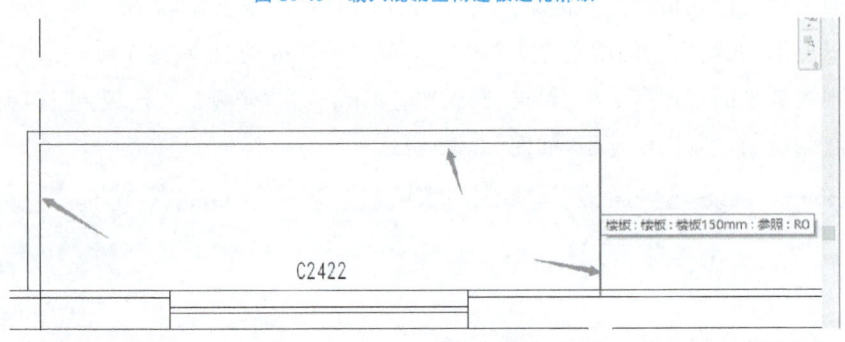

图 10-44　拾取楼板边缘

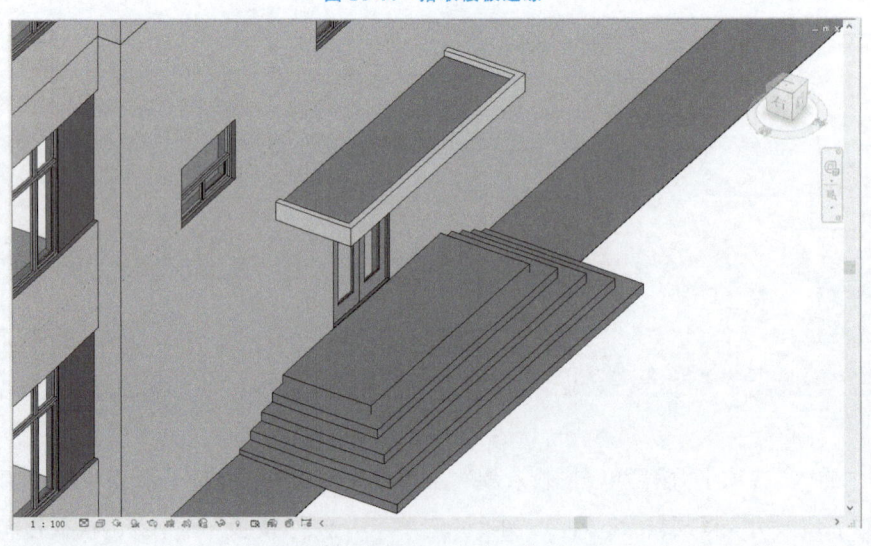

图 10-45　北侧入口混凝土雨篷三维模型

理实楼项目中的雨篷除了出现在一层室外出入口处之外，屋面楼梯间和电梯机房处也有，均为混凝土雨篷，创建方法与上述方法一致，在此不再赘述，出屋面处混凝土雨篷三维模型如图 10-46 所示。

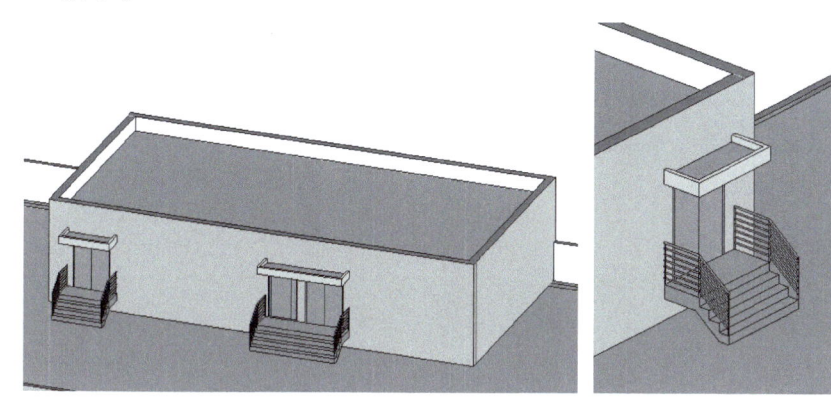

图 10-46　出屋面处混凝土雨篷三维模型

小　结

本模块结合理实楼项目主要介绍了楼梯、栏杆扶手和室外台阶、坡道及散水的创建方法，创建楼梯、栏杆扶手和坡道用到了"建筑"选项卡"楼梯坡道"面板下的相关命令，创建室外台阶用到了"构建"面板中"楼板：建筑"命令，创建散水则用到了"轮廓族"和"墙饰条"工具。

创建散水 - 内建模型　　　创建雨篷 - 钢雨篷　　　创建雨篷 - 混凝土板雨篷

创建散水　　　创建室外坡道　　　创建室外台阶

模块 11
创建基础、结构柱及结构梁

在理实楼项目的概况中,已明确项目的结构类型为钢筋混凝土框架结构。结合结构设计图纸信息和 Revit 的建模工具,本项目结构模块的建模流程如图 11-1 所示。

图 11-1 结构模块建模流程

在进行结构建模之前,要先选择结构样板。既可以使用软件自带的样板文件,也可以在新建项目文件时通过"浏览"导入自己制作的样板文件,选择"项目"—"新建",在"样板文件"下拉菜单里选择"结构样板",勾选"项目",单击"确定"按钮,即项目采用的是结构样板文件,如图 11-2 所示。

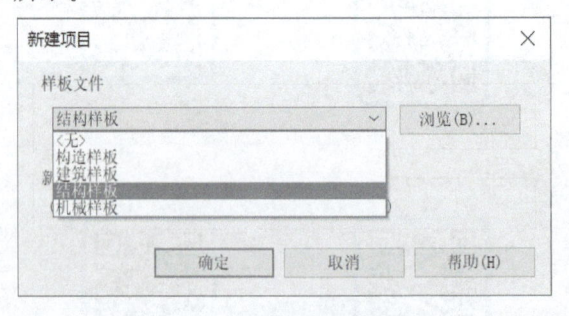

图 11-2 选择结构样板文件

识读结构施工图纸及创建结构模型

11.1 创建独立基础

建筑物与土层直接接触的部分称为基础,基础是建筑物的组成部分,它承受着建筑物的全部荷载,并将它们传递给地基。

Revit 提供了三种基础形式,分别为条形基础、独立基础和基础底板,用于生成建筑不同类型的基础形式。条形基础的用法为沿墙底部生成带状基础模型;独立基础是将自定义的基础族放置在项目中,作为基础参与结构计算;基础底板可以用于创建筏板基础,用法和楼板类似。

理实楼项目的基础采用桩基础与独立基础混合形式,独立基础又包括阶形和坡形两种,接下来我们以②轴的 DJJ1 和④轴的 DJJ3 为例,讲解独立基础的详细创建过程,相关图纸如图 11-3 所示。

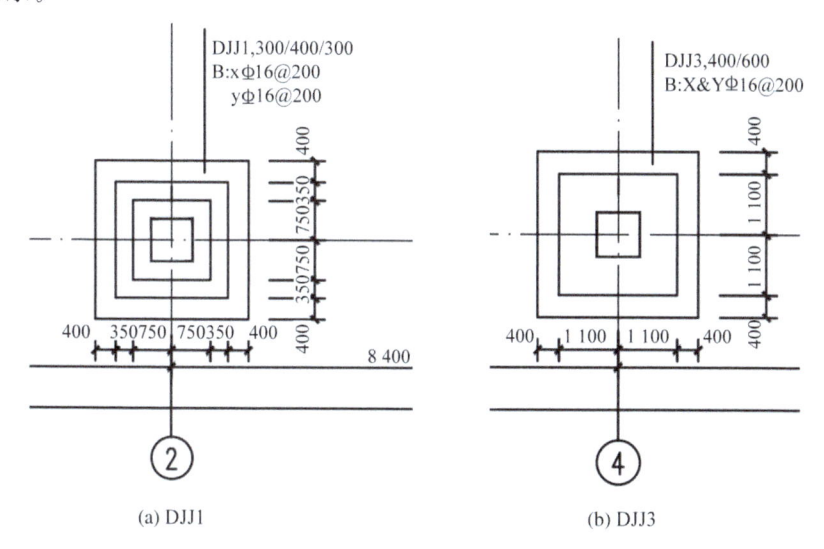

(a) DJJ1　　　　(b) DJJ3

图 11-3　相关图纸

1. 独立基础-三阶

根据结构施工图中"桩及独立基础平面布置图"可知,DJJ1 基础底标高为－2.500 m,为钢筋混凝土阶型(三阶)基础。

(1)根据图纸信息,创建轴网及标高。

创建独立基础-三阶

(2)以"独立基础-三阶"族文件为基础创建 DJJ1。单击"应用程序"菜单的"R"按钮,选择"打开"—"族"命令,弹出"打开"窗口,默认进入 Revit 族库文件夹,打开"结构"文件夹—"基础"文件夹,找到"独立基础-三阶.rfa"文件,单击"打开"命令,将"独立基础-三阶.rfa"打开。如图 11-4、图 11-5 所示。

(3)为了不修改原始族文件,将打开后的"独立基础-三阶.rfa"另存为"独立基础-三阶-1.rfa"族文件,并跟本项目保存在同一个文件夹中。

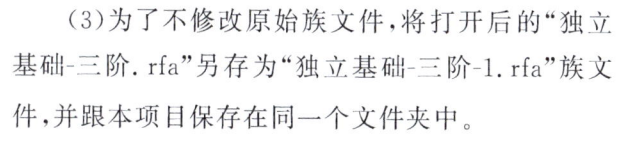

图 11-4　打开族文件夹

(4)在项目中对"独立基础-三阶-1"进行构件定义:在"项目浏览器"中展开"结构平面"视图类别,双击"基础底"视图名称,进入"基础底"楼层平面视图,单击"建筑"—"构建"—"构件"下拉菜单中的"放置构件"工具,找到载入到项目中的"独立基础-三阶-1"构件。

(5)创建 DJJ1 基础类型:单击"属性"面板的中"编辑类型",打开"类型属性"窗口,单击

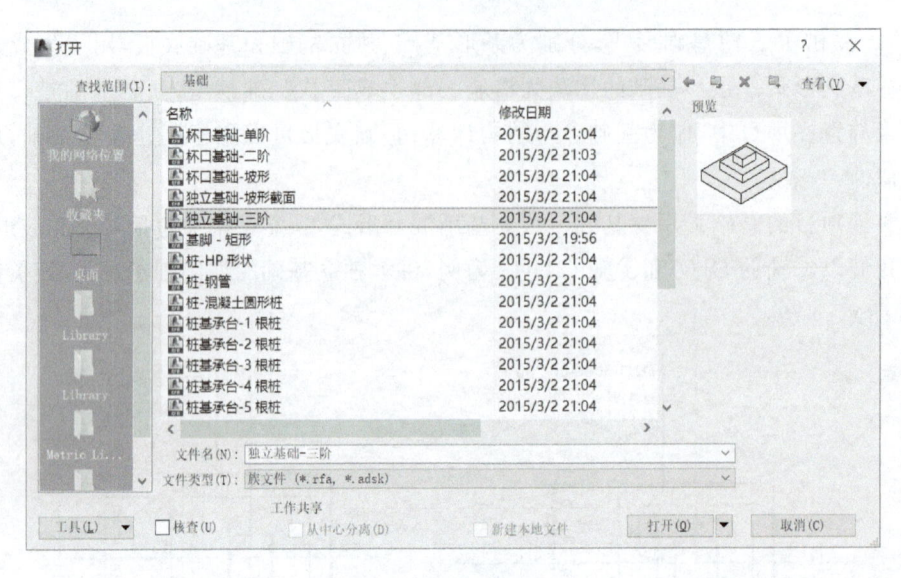

图 11-5 选择族类型

"复制"按钮,弹出"名称"窗口,输入"S-DJj1-300/400/300"(基础前面的"S"为 Structure 的首字母,为"结构"的意思),单击"确定"按钮,关闭窗口;根据基础平面图中尺寸信息,分别在"h1""h2""h3""y2""x2""宽度""长度""Ydz""Xdz"位置输入"300""400""300""350""350""3000""3000""1500""1500"。输入完毕,单击"确定"按钮,退出"类型属性"窗口,如图 11-6 所示。

(6)修改 DJJ1 属性参数:在"属性"面板中,"标高"设为"基础底","偏移量"设为"1000.0"。单击"属性"面板中的"结构材质"右侧按钮,打开"材质浏览器"窗口,当前选择为"混凝土,现场浇筑混凝土",单击鼠标右键,选择"重命名",修改为"混凝土,现场浇筑-C30"。单击"确定"按钮,退出"材质浏览器"窗口,如图 11-7 所示。

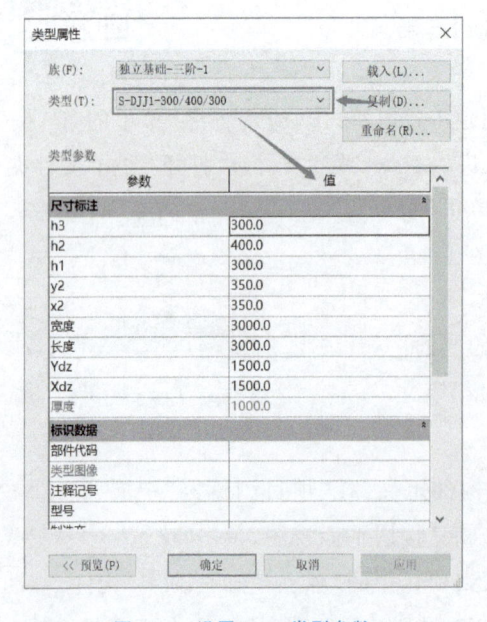

图 11-6 设置 DJJ1 类型参数 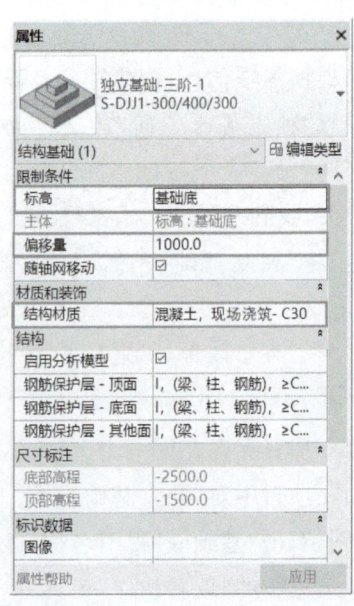　　　　图 11-7 修改 DJJ1 属性参数

(7)放置 DJJ1：将鼠标移动到Ⓐ轴与②轴交点位置处，单击鼠标左键，布置"S-DJJ1-300/400/300"构件。接下来给基础添加尺寸标注，即完成基础 DJJ1 的创建，如图 11-8 所示。

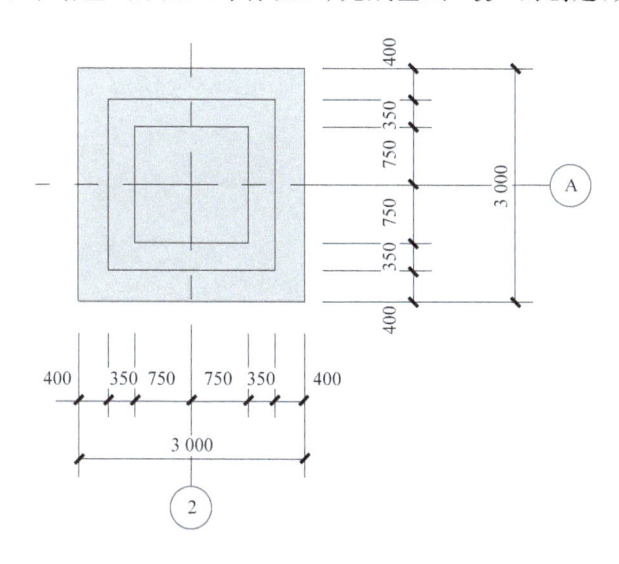

图 11-8　放置好的独立基础 DJJ1

(8)依照同样的方法，根据基础平面布置图中其他独立基础信息，建立构件类型并进行相应尺寸即结构材质的设计，完成 DJJ2 的创建及布置。需要注意的是不同基础在放置时限制条件中的偏移量不同。

2.独立基础-二阶

在理实楼项目中，位于Ⓐ轴与④轴、⑤轴的 DJJ3、DJJ4 均为独立基础-二阶，Revit 软件没有独立基础-二阶的样板文件，需要在独立基础-三阶族文件基础上进行修改。接下来以 DJJ3－400×600 mm 为例，讲解详细的族文件修改方法。

创建独立基础-二阶

(1)以"独立基础-三阶"族文件为基础创建二阶 DJJ3。单击左上角的"R"按钮，选择"打开"—"族"命令，弹出"打开"窗口，默认进入 Revit 族库文件夹，单击"结构"文件夹—"基础"文件夹，找到"独立基础-三阶.rfa"文件，单击"打开"命令，将"独立基础-三阶.rfa"打开。

(2)为了不修改原始族文件，将打开后的"独立基础-三阶.rfa"另存为"独立基础-二阶.rfa"族文件，并跟本项目保存在同一个文件夹中。

(3)现在可以对三阶基础进行修改，变成参数可变的二阶基础。在三维视图中选中三阶独立基础最上层的一阶，用 Delete 键删除，使原有的三阶变成两阶，如图 11-9 所示。

(4)在"项目浏览器"中展开"楼层平面"视图，双击"参照标高"进入"参照标高"视图，如图 11-10 所示。

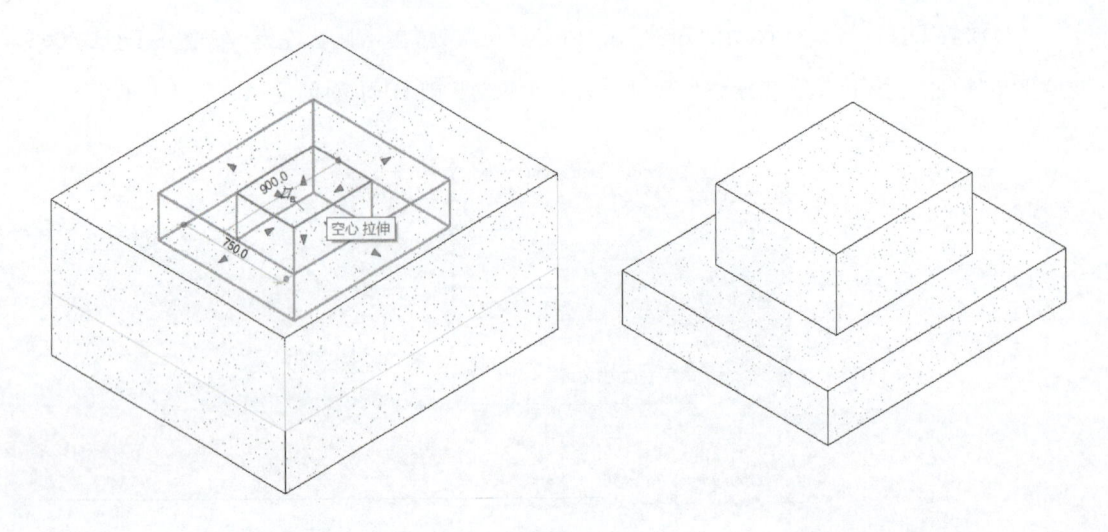

图 11-9　删除最上层一阶

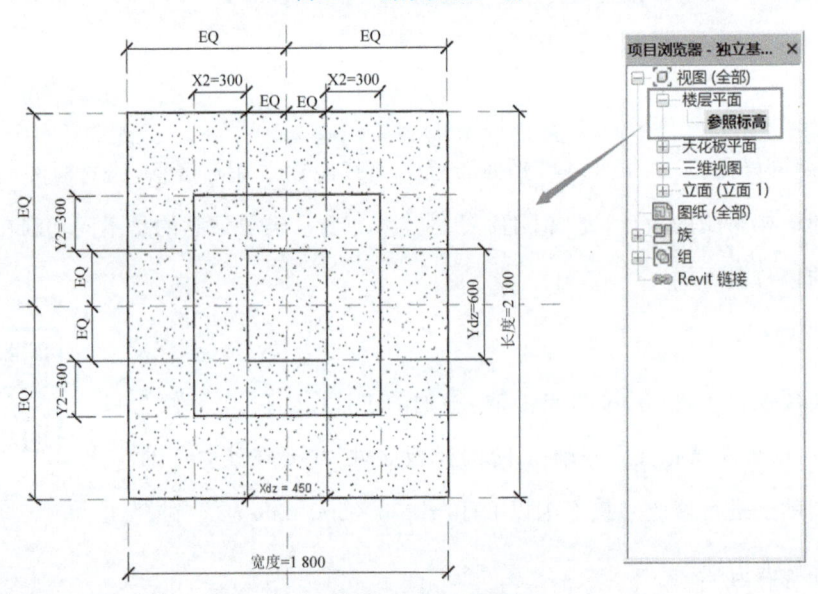

图 11-10　打开"参照标高"视图

(5)单击 X2＝300，Y2＝300 等线性尺寸标注，用 Delete 键删除，删除之后的绘图区域模型如图 11-11 所示。

(6)单击"修改"—"属性"—"族类型"，打开"族类型"对话框，删除除了"宽度""长度""厚度"以外的其他参数，如图 11-12 所示。

(7)回到"参照标高"平面视图，单击"注释"选项卡"尺寸标注"面板中的"对齐"工具，逐一单击独立基础上面二阶的左侧参照平面、中间参照平面、右侧参照平面，生成线性尺寸标注。用鼠标单击图标，使线性尺寸标注均等平分，如图 11-13 所示。

图 11-11　删除后的绘图区域模型

图 11-12　删除无用的族类型参数

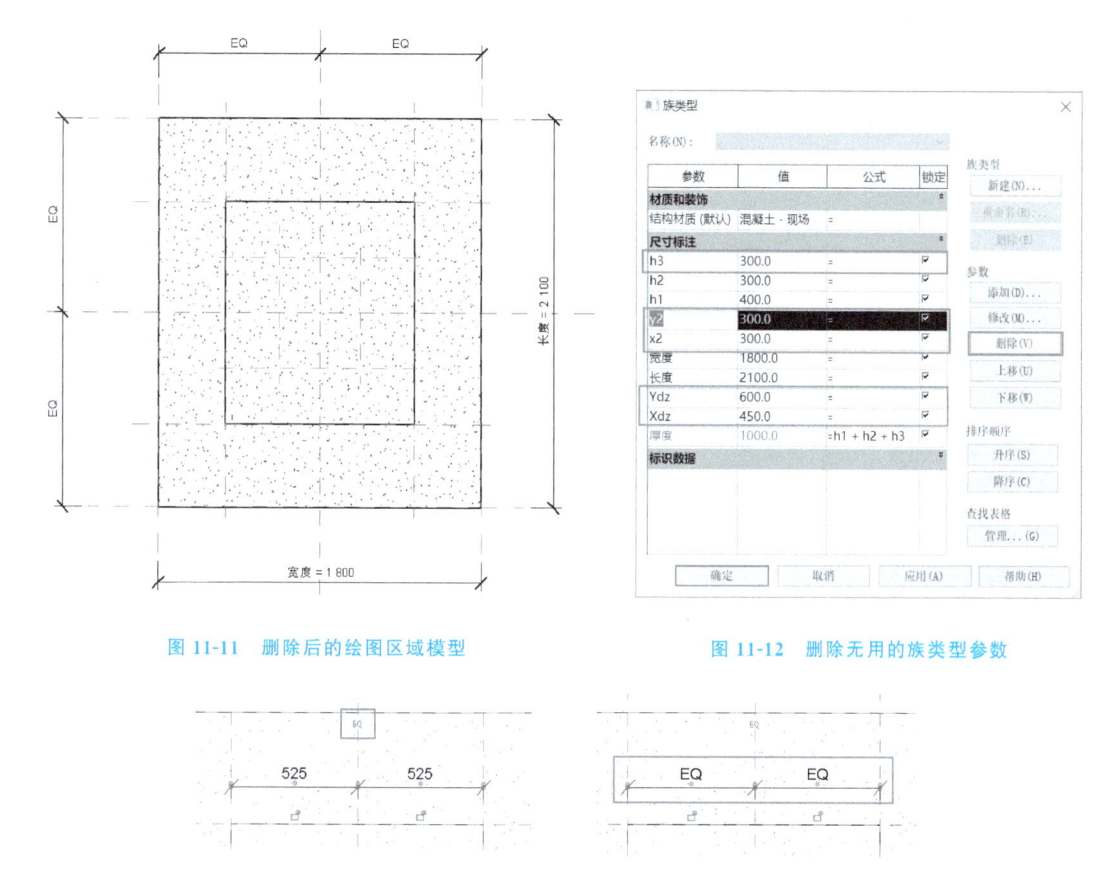

图 11-13　开启等分标注

（8）继续使用"注释"—"对齐"命令，按照上一步的方法将长度方向上的尺寸添加标注。然后再对宽度和长度方向上添加整体尺寸标注，如图 11-14 所示。

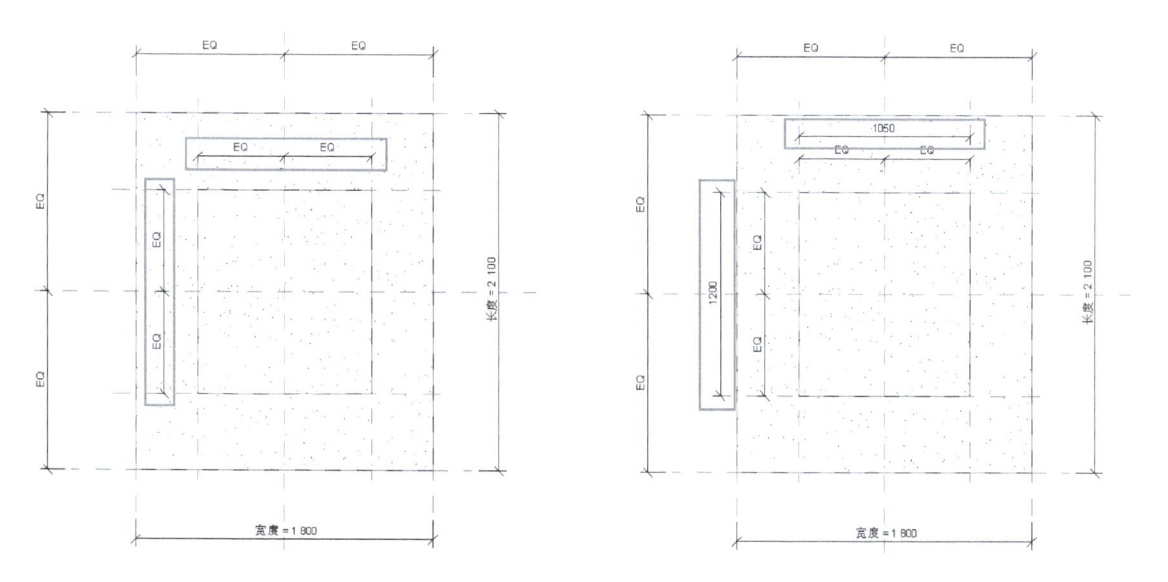

图 11-14　添加整体尺寸标注

(9)选中上一步中生成的"1050"标注,单击上下文选项卡中的"标签",下拉出现"添加参数",单击弹出"参数属性"对话框,在名称中输入"二阶宽度",其他不变,单击"确定"按钮,关闭对话框,设置参数名称过程如图 11-15、图 11-16 所示。

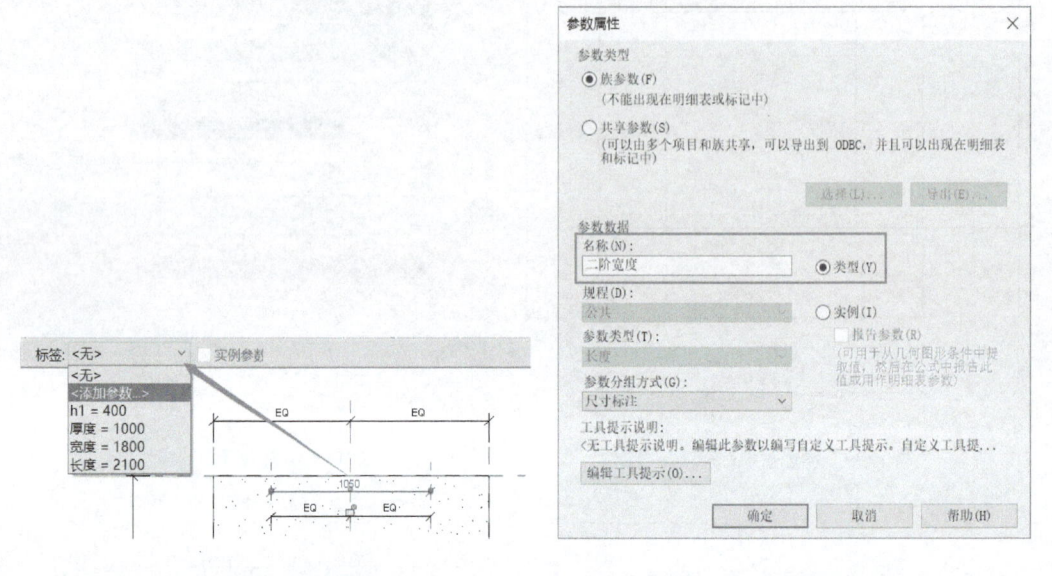

图 11-15 添加参数

图 11-16 设置参数名称

(10)依照相同方法给长度方向上的"1200"标注也添加上参数,如图 11-17 所示。

(11)转到"项目浏览器"-"立面"-"前立面"视图,删除原有"h1""h2""h3"尺寸标注,依照第(7)~(10)步中添加尺寸标注及参数方法给竖向添加"h1=400""h2=600"的参数,如图 11-18 所示。

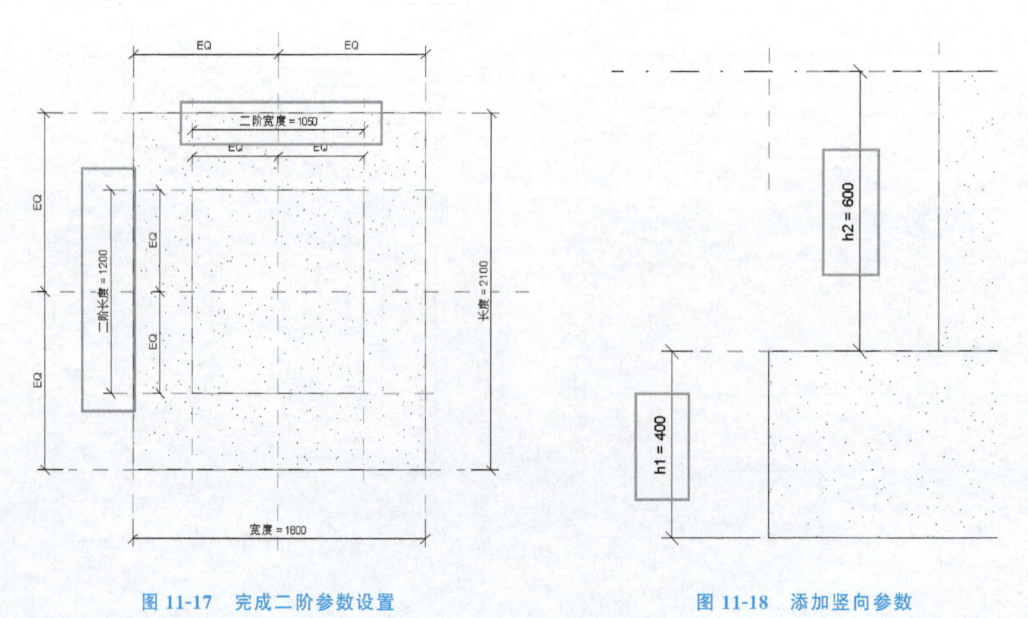

图 11-17 完成二阶参数设置

图 11-18 添加竖向参数

(12)打开"属性"－"族类型"查看独立基础-二阶的族类型参数,如图11-19所示。

图 11-19　独立基础-二阶族类型参数

(13)保存该"独立基础-二阶"族文件,将其载入到项目中,依据图纸信息进行参数设置及放置,这部分的具体操作方法与本模块11.1中的"独立基础-三阶"一致,在这里不再赘述。

3.独立基础-坡形

在理实楼项目中,还有四个坡形的独立基础,DJP1、DJP2、DJP3、DJP4,在Revit软件中,坡形基础的族样板文件是"独立基础-坡形截面",如图11-20所示。其创建过程与本模块11.1中的"独立基础-三阶"的操作方法类似,在这里不再赘述。

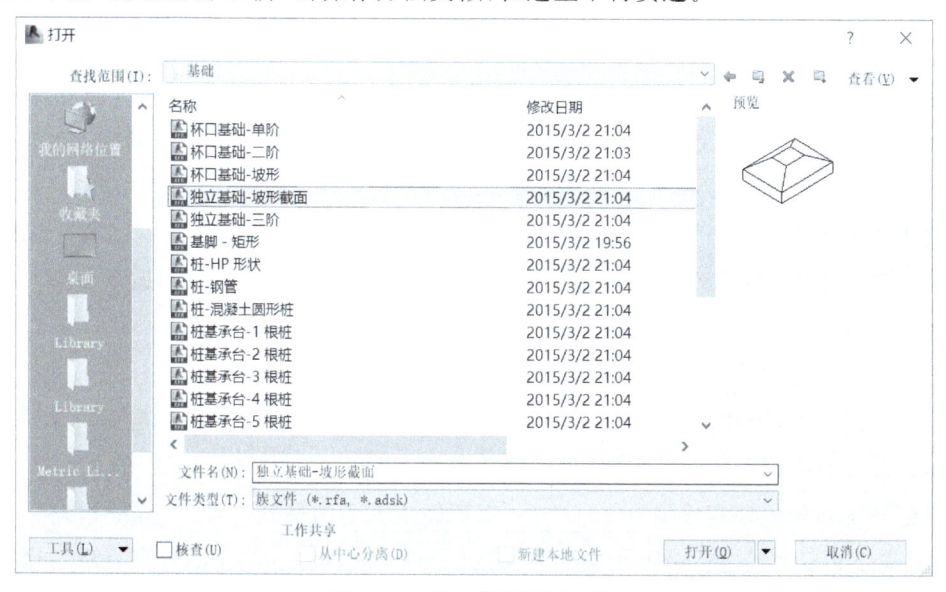

图 11-20　载入坡形基础族文件

需要注意的是,在坡形截面独立基础的参数设置中设置柱 H 边和 B 边的尺寸,需要先查阅柱平法施工图,再填写尺寸。坡形截面独立基础参数设置,如图 11-21 所示。

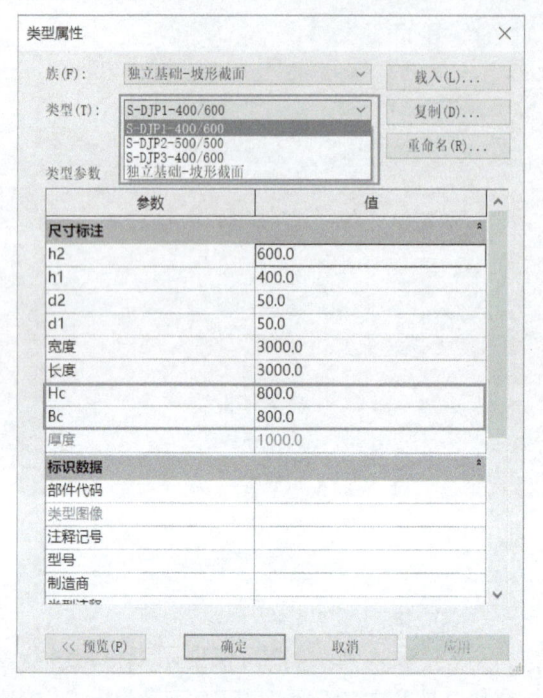

图 11-21　坡形截面独立基础参数

创建独立基础-坡型

11.2　创建桩基础

创建桩基础

桩基础是通过承台把若干根桩的顶部联结成整体,共同承受动静荷载的一种深基础,而桩是设置于土中的竖直或倾斜的基础构件,其作用在于穿越软弱的高压缩性土层或水,将桩所承受的荷载传递到更硬、更密实或压缩性较小的地基持力层上,我们通常将桩基础中的桩称为基桩。

理实楼的桩基础有两种:三桩多边形承台基础、四桩四边形承台基础。这两种形式的桩在 Revit 软件自带的族文件库中都有相应的族文件,我们只需要载入并修改参数即可创建。

其中三桩多边形承台基础载入的族为"桩基承台-三桩三角形承台",如图 11-22 所示。四桩四边形承台基础载入的族为"桩基承台-4 根桩",如图 11-23 所示。

需要注意的是,当载入的族与项目共享一个子族时,若两者发生冲突有两种解决方法:一种是修改项目中该子族的族参数;另一种是用载入的子族覆盖项目中该子族。

将桩基础族载入理实楼项目文件之后,对照施工图中的桩基位置,放置桩基础。理实楼项目基础全部布置完成之后平面视图如图 11-24 所示。切换到三维视图进行查看,如图 11-25 所示。

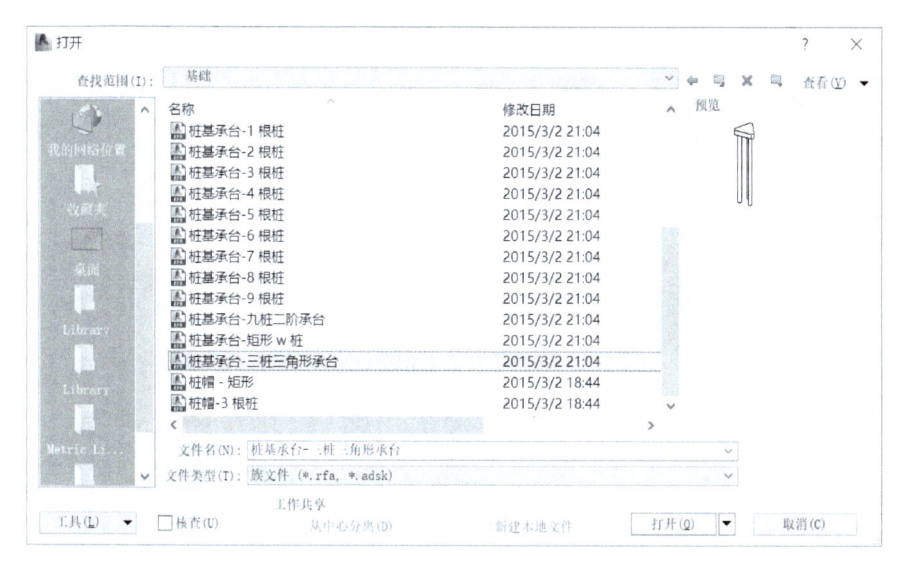

图 11-22　桩基承台-三桩三角形承台基础族

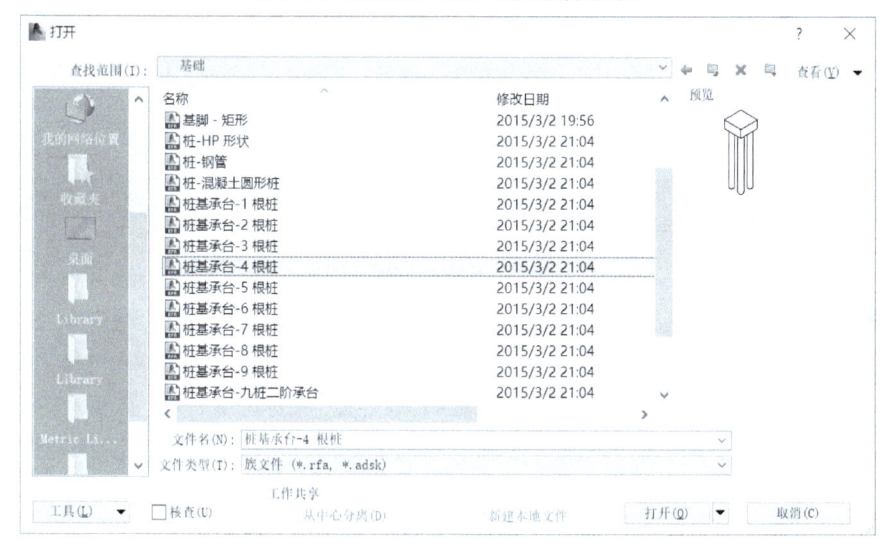

图 11-23　桩基承台-4 根桩基础族

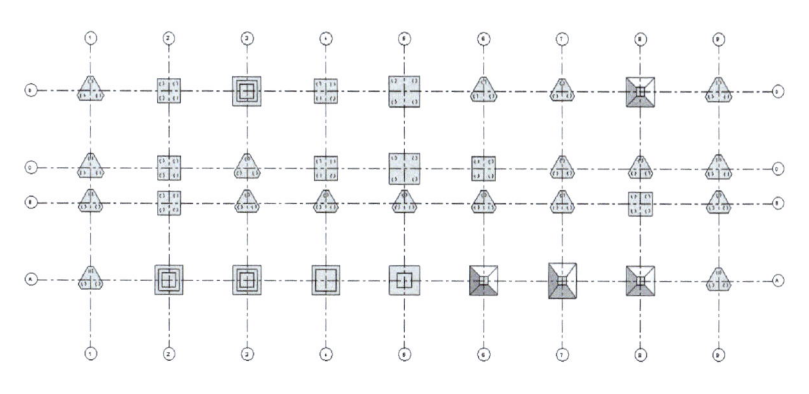

图 11-24　布置好的基础平面图

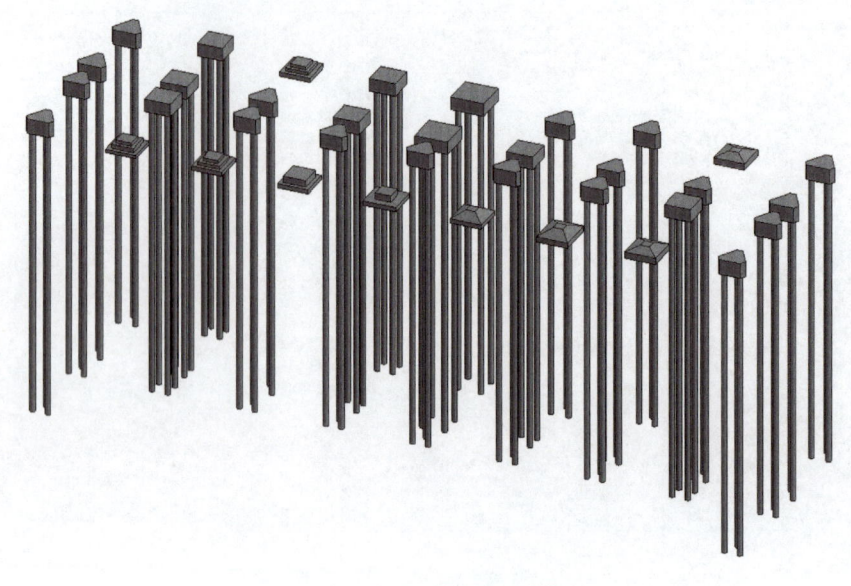

图 11-25　布置好的基础三维模型

11.3　创建结构柱

柱是建筑物中垂直方向的主要构件，承受在它上方物体及构件的重量，最常见柱的类型为框架柱、框支柱、构造柱等。

Revit 软件提供了两种不同用途的柱：建筑柱和结构柱，分别为"建筑"选项卡"构建"面板中的"柱"以及"结构"选项卡"结构"面板中的"柱"。在 Revit 软件中，建筑柱主要起到装饰和维护作用，而结构柱则主要用于构成框架体系和承载重量。大多数结构体系采用结构柱构件。我们可以根据需要在完成标高和轴网定位信息后创建结构柱，也可以在绘制墙体后再添加结构柱。接下来，我们以理实楼项目中的 KZ1 为例详细讲解创建结构柱的操作步骤，图 11-26 所示为 KZ1 柱平法施工图。

创建框架柱

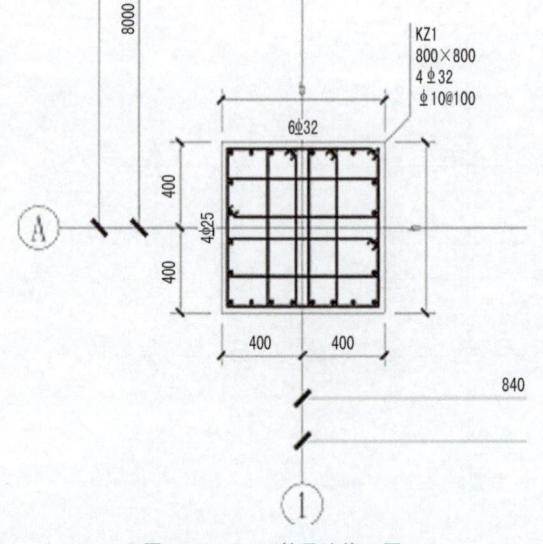

图 11-26　KZ1 柱平法施工图

建立结构柱模型前,先根据柱平法施工图确定柱构件的尺寸、定位、属性等信息,保证结构柱模型布置的正确性。

1. 首先载入"结构柱"族文件

在"项目浏览器"中展开"结构平面"视图类别,双击"基础底"视图名称,进入"基础底"楼层平面视图,单击"结构"选项卡"结构"—"柱"工具,单击"属性"下拉菜单选择"混凝土-矩形-柱",选择任意尺寸柱,单击"属性"—"编辑类型",打开"类型属性"窗口,单击"复制"按钮,弹出"类型"窗口,修改名称为"S-KZ1-800×800 mm",单击"确定"按钮,修改尺寸标注"b""h"分别为"800""800",单击"确定"按钮,关闭类型属性对话框,如图11-27所示。

2. 修改属性材质

单击"属性"面板中的"结构材质"右侧按钮,选择材质为"混凝土,现场浇筑-C40",如图11-28所示。

图 11-27　KZ1 类型属性设置

图 11-28　修改属性材质

3. 构件定义完成后,开始布置构件

先进行"基础底"结构平面视图结构柱布置。根据柱平法施工图中的定位信息,在"属性"面板中找到"S-KZ1-800×800 mm",Revit自动切换至"修改|放置结构柱"选项,单击"放置"面板中的"垂直柱"(生成垂直于标高的结构柱),如图11-29所示,在选项栏中选择"高度"(Revit软件提供了两种确定结构柱高度的方式:高度和深度。"高度"方式是指放置柱子时,柱底为"当前标高",柱顶为"到达的标高";"深度"方式是指柱子的高度为从"设置的标高"至"到达的标高")。这里KZ1用"高度"的方式创建,"到达的标高"选择"标高2",图11-30所示为KZ1高度设置。

图 11-29　放置垂直柱

图 11-30　KZ1 高度设置

设置柱子的限制条件如图 11-31 所示。

> **注**　柱子底部偏移量是由柱子底部基础厚度决定的。将鼠标移动到①轴与Ⓐ轴交点位置处，单击鼠标左键，布置"S-KZ1-800×800 mm"，此时会弹出一个警告：附着的结构基础将被移动到柱的底部，出现如图 11-32 所示的警告弹窗，关掉它即可。

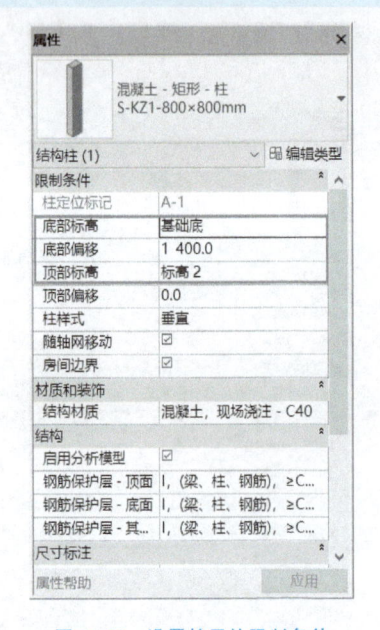

图 11-31　设置柱子的限制条件

图 11-32　警告弹窗

4. 查看柱子布置的效果

切换到三维视图查看柱子布置的效果，如图 11-33 所示。

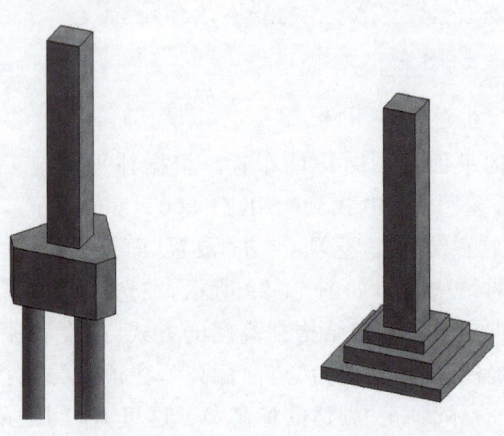

图 11-33　KZ1 三维模型

5. 完成一层其他框架柱的布置

依照相同的方法,根据柱平法施工图中的柱子尺寸和定位信息,完成一层其他框架柱的布置,注意柱子底标高的偏移量,首层柱子最终三维模型如图 11-34 所示。

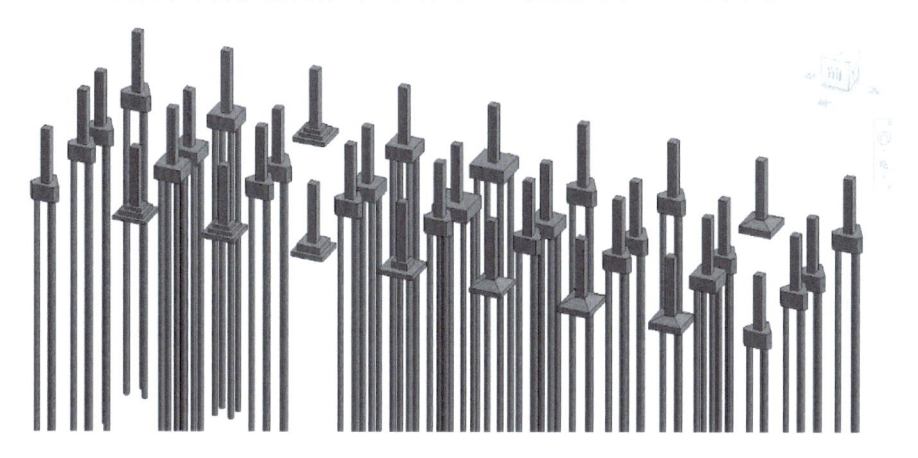

图 11-34 首层柱子三维模型

参照建立首层柱的方法,对照图纸定位和柱子的尺寸信息,见附表 1 柱编号、截面尺寸及数量表,创建其他楼层的结构柱,注意不同标高上柱截面尺寸变化及柱混凝土强度等级在结构标高 15.950 m 之上减小为 C30。创建完成的柱三维模型如图 11-35 所示。

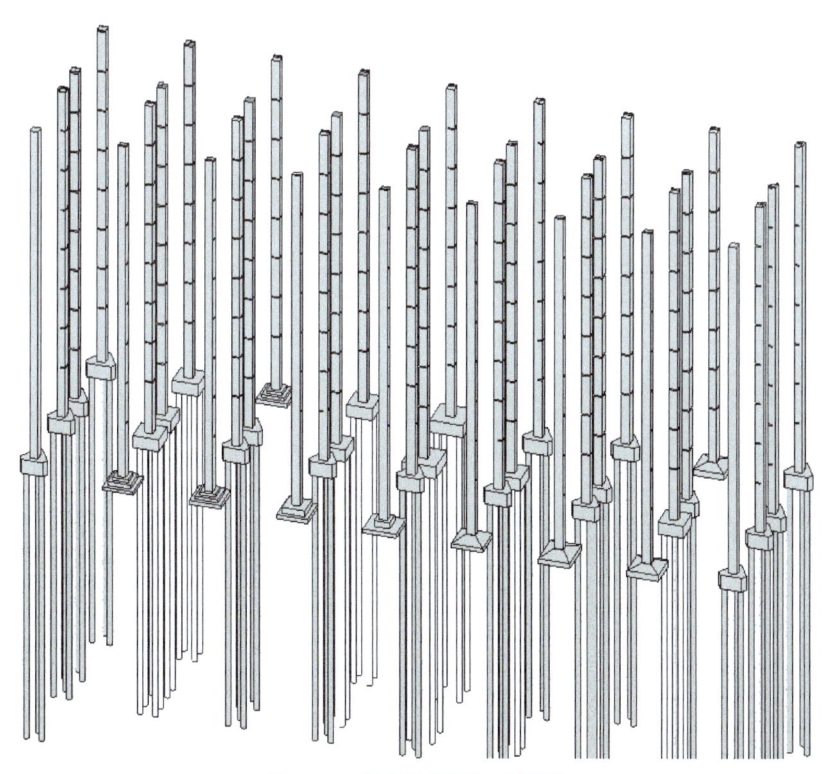

图 11-35 创建完成的柱三维模型

11.4　创建结构梁

框架结构的主体是由柱、梁和板连接成空间结构体系作为骨架的建筑。框架梁除了承受楼屋盖的荷载并将其传递给框架柱以外,还和框架柱刚性连接成梁柱抗侧力体系,共同抵抗风荷载和地震作用等水平方向的力。

创建框架梁

接下来我们以理实楼项目的一层梁平法施工图为例,讲解结构梁建模的具体操作过程。KL1 有 3 跨,位于①轴,跨Ⓐ—Ⓓ轴,梁截面尺寸为 350 mm×950 mm,梁外缘与柱边缘对齐,也就是距离①轴偏移 50 mm。接上一节结构柱建模文件继续进行结构梁模型的创建。

1. 创建"S-KL1-350×950 mm"类型

在"项目浏览器"中展开"结构平面"视图类别,双击"标高 2"视图名称,进入标高 3.950 m 结构平面视图。单击"结构"选项卡"结构"面板中的"梁"工具,单击"属性"面板中第一格后面的下拉小三角选择"混凝土－矩形梁",选择任意尺寸的矩形梁。然后单击"编辑类型"打开"类型属性"对话框,单击"复制"打开"类型属性"对话框,输入"S-KL1-350×950 mm",修改尺寸标注"b""h"分别为"350.0""950.0",单击"确定"按钮,关闭"类型属性"对话框,如图 11-36 所示。

此时"属性"栏中已显示"S-KL1-350×950 mm"的混凝土-矩形梁,继续设置限制条件的参照标高为"标高 2",结构材质为"混凝土,现场浇筑-C30",如图 11-37 所示。

图 11-36　S-KL1-350×950 mm 类型属性　　　图 11-37　修改构件属性参数

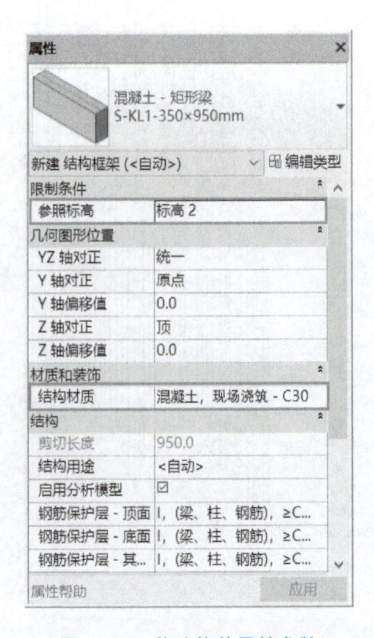

2. 放置结构梁构件

在"修改|放置梁"选项卡中选择直线绘制模式,沿着Ⓐ—①轴交点的柱子外侧竖直向上绘制到Ⓑ—①轴,为第一段梁,然后继续沿Ⓑ—①轴竖直向上绘制到Ⓒ—①轴交点为第二段梁,继续由Ⓒ—①轴交点绘制至Ⓓ—①轴结束。

根据"标高3.950梁平法施工图"可知梁与轴线的位置关系,使用"对齐"命令调整梁的位置,如图11-38所示。

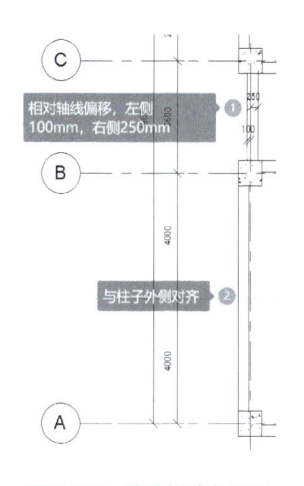

3. 绘制标高 3.950 m 其他结构梁

依照 KL1 相同的方法,先创建标高 3.950 处所有梁类型,如图 11-39(a)所示,再绘制标高 3.950 其他结构梁,注意每根梁与轴线的位置偏移不同。最终完成的标高 3.950 处梁的三维模型如图 11-39(b)所示。

图 11-38　放置并对齐 KL1

4. 创建该楼层的次梁,以及二层的梁

依据上述同样的方法,对照图纸定位和梁尺寸信息,见附表2 标高3.950梁尺寸及数量表,创建该楼层的次梁以及二层的梁,绘制完成如图11-40所示。三层及以上的梁创建方式与一、二层类似,这里不再赘述。

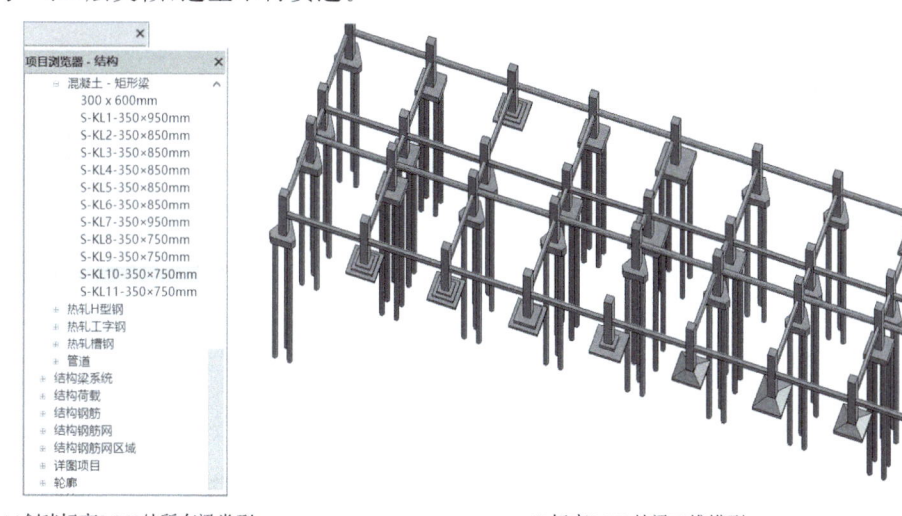

(a)创建标高3.950处所有梁类型　　(b)标高3.950处梁三维模型

图 11-39　创建标高 3.950 处所有梁和标高 3.950 处梁的三维模型

参照建立首层梁的方法,对照图纸,依次建立其他标高结构梁模型(包含建立当前层的结构梁构件类型、布置结构梁、修改结构梁位置、修改结构梁标高等操作),完成的结构框架模型如图11-41所示。

由于建筑模型中已创建建筑楼板,结构楼板的创建方式与建筑楼板一致,在创建时需注意用水房降板高度设置即可。具体创建方法在此不再赘述,创建好的结构模型如图11-42所示。

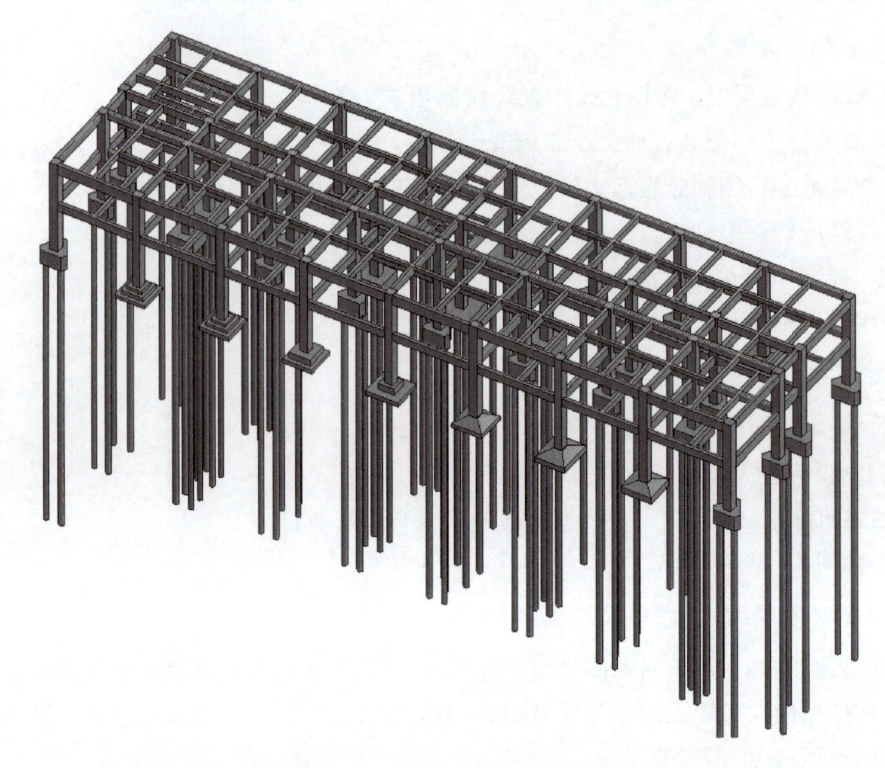

图 11-40 次梁、二层梁三维模型

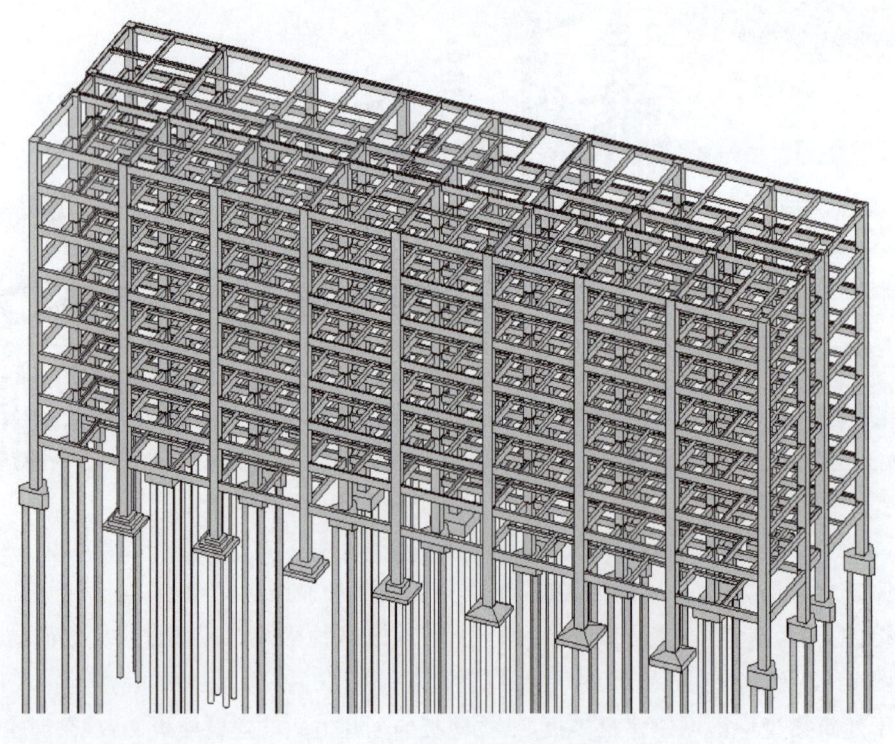

图 11-41 理实楼结构框架三维模型

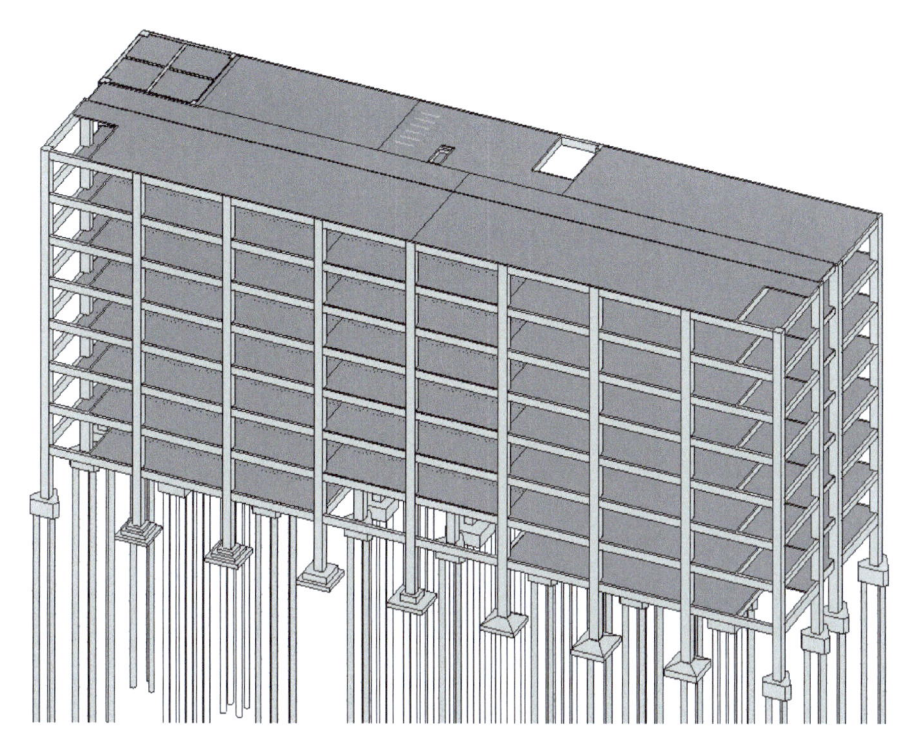

图 11-42　理实楼结构三维模型

小　结

本模块主要介绍了结构建模中基础(独立基础、桩基础)、结构柱、结构梁的创建方法。其中"独立基础-二阶"的创建需要在软件自带族"独立基础-三阶"的基础之上进行"族"文件的修改,是本模块的一个难点。结构柱的创建难度不大,但是由于柱子的种类和截面尺寸变化较多因此比较复杂。

模块 12 创建场地

Revit 提供了地形表面、建筑红线、建筑地坪、停车场、场地构件等多种设计工具,可以帮助建筑师完成场地总图布置。场地设计既可以在建筑项目文件中直接创建,也可以在新的项目文件中单独创建后将其链接到建筑项目文件中。从专业分工的角度分析,建议单独创建场地项目文件。

12.1 添加地形表面

在 Revit 中场地工具是创建场地模型的重要工具,在场地选项卡中提供了两种创建场地的方法:①通过创建点(高程点)生成场地模型;②通过导入 DWG 等高线、高程点等三维模型数据生成场地模型。

使用创建点的方式,只需要在项目中放置指定点高程,即可完成对场地模型的创建,这种方法适合比较简单的场地模型。通过导入等高线或测点的方式创建场地适合根据已有 DWG 等高线文件或测量高程点文件创建地形。

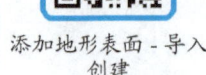

1. 通过创建点(高程点)生成场地模型

结合理实楼项目,接下来讲解通过创建点来生成场地模型的方法。

(1)打开已经建好的理实楼建筑模型,单击"项目浏览器"切换至"室外地坪"楼层平面视图,单击"体量和场地"选项卡"地形表面"工具,如图 12-1 所示,自动切换至"修改|编辑表面"选项卡。

(2)单击"工具"面板中的"放置点",如图 12-2 所示。根据一层平面图中室外地坪标高 −0.750 m,将放置点的高程设置为"−750.0",如图 12-3 所示,这里我们简化了总平图中的高程数值,即忽略了本建筑物±0.000 相当于标高 100.00 m 这一条件。

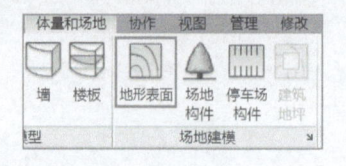

图 12-1 选择"地形表面"   图 12-2 选择"放置点"

（3）按如图12-4所示位置在理实楼四周单击鼠标左键，放置高程点，Revit将在地形点范围内创建对应标高的地形表面。

（4）如图12-5所示，单击"属性"面板中"材质"后的浏览按钮，打开材质对话框。在材质列表中选择"场地-草皮"，如果没有该材质可以采用新建材质，重命名为"场地-草皮"，然后在材质库下方图标框中打开"资源浏览器"，在"外观库"里搜索"草皮"替换新建材质，如图12-6所示。

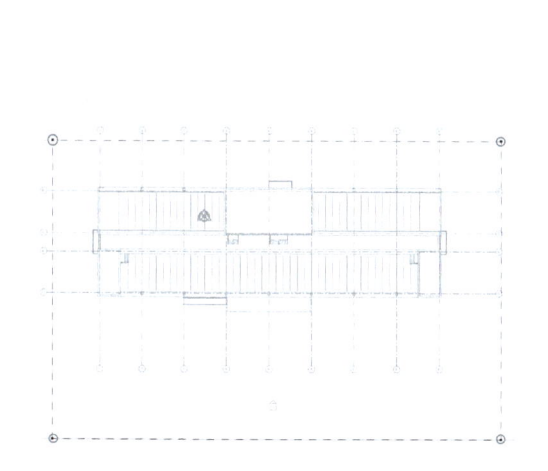

图12-4　放置高程点

图12-5　修改材质

（5）单击"表面"面板中的"完成表面"按钮，Revit将按指定高程生成地形表面模型。切换至三维视图，完成后的地形表面如图12-7所示。

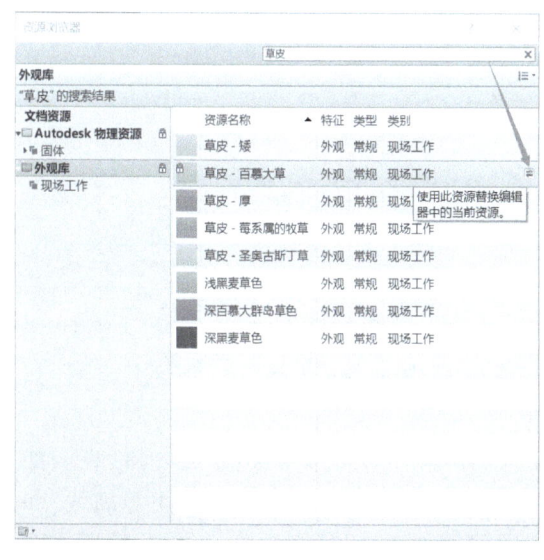

图12-6　新建材质

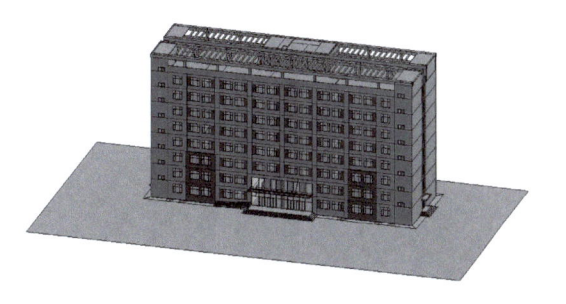

图12-7　地形表面三维模型

传承"工匠精神"：
避免浅尝辄止，
需循序渐进

2. 通过导入 DWG 等高线、高程点等三维模型数据生成场地模型

Revit 支持两种形式的测绘数据文件：DWG 等高线文件和高程点文件，如图 12-8 所示。我们将通过下面的练习说明这两种创建地形表面模型的方法。

图 12-8　测绘数据文件

（1）导入 DWG 等高线文件创建

①切换至"场地"楼层平面视图，单击"插入"选项卡"导入"面板中的"导入 CAD"按钮，如图 12-9 所示，打开"导入 CAD 格式"对话框。

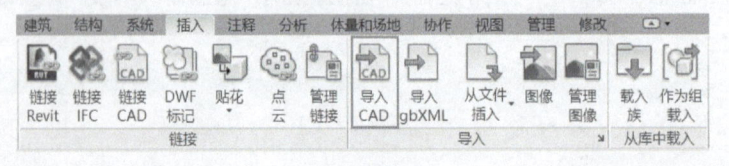

图 12-9　导入 CAD

②在"导入 CAD 格式"对话框中浏览"等高线.DWG"文件，设置对话框底部的"导入单位"为"米"，"定位"方式为"自动-原点到原点"，"放置于"选项设置为"标高 1"。单击"打开"按钮，导入 DWG 文件，如图 12-10 所示。

图 12-10　导入设置

③单击"地形表面"工具，进入地形表面编辑状态，即"修改|编辑表面"选项卡。单击"工具"面板中的"通过导入创建"下拉工具列表，在列表中选择"选择导入实例"选项，如图 12-11 所示。

④单击拾取当前视图中已导入的 DWG 文件，弹出"从所选图层添加点"对话框。如图 12-12 所示，该对话框显示了所选择 DWG 文件中包含的所有图层。勾选"主等高线"和"次等高线"图层，单击"确定"按钮，关闭"从所选图层添加点"对话框。Revit 将分析所选图层中三维等高线数据并沿等高线自动生成一系列高程点。

模块 12　创建场地

图 12-11　选择导入实例

⑤单击"工具"面板中的"简化"工具,弹出"简化表面"对话框,如图 12-13 所示,输入"表面精度"值为"100",单击"确定"按钮,确认该表面精度,剔除多余高程点。

⑥单击"完成表面"按钮形成地形表面模型。选择导入的 DWG 文件,按 Delete 键删除该 DWG 文件。切换至三维视图,地形模型如图 12-14 所示,Revit 会按默认设置间距显示等高线。

图 12-12　"从所选图层添加点"对话框　　　　图 12-13　"简化表面"对话框

Revit 场地建模右下方的箭头按钮展开还可以进行场地设置,如图 12-15 所示。在这里不再展开讲解。

图 12-14　地形模型　　　　图 12-15　场地设置

⑦标记等高线。切换到"项目浏览器"—"楼层平面"—"场地"视图,单击"体量和场地"选项卡"修改场地"面板中的"标记等高线"工具,自动切换至"修改|标记等高线"选项卡。单击"属性"面板中的"编辑类型"按钮,打开等高线标签"类型属性"对话框,复制并重命名为"3.5 mm仿宋"的新标签类型。修改"文字字体"为"仿宋","文字大小"为"3.5000 mm",确认不勾选"仅标记主等高线"选项,如图12-16所示。

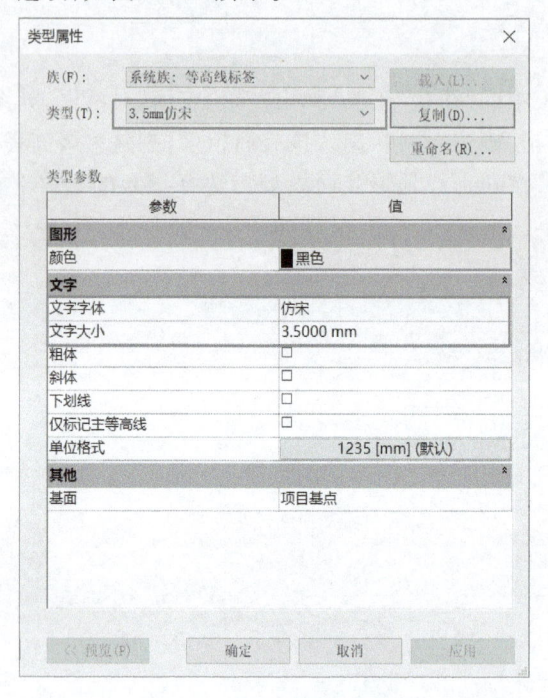

图12-16 标记等高线设置

⑧单击"单位格式"后的"编辑"按钮,打开"格式"对话框。取消勾选"使用项目设置"选项,设置等高线标签"单位"为"米",确认"舍入"方式为"0个小数位",其他参数采用默认值不变。单击"确定"按钮,退出"格式"对话框,返回"类型属性"对话框。单击"确定"按钮,关闭"类型属性"对话框。

⑨取消勾选选项栏中的"链"选项,即不连续绘制等高线标签。适当放大视图,沿任意方向绘制等高线标签,如图12-17所示,等高线标签经过的等高线将自动标注等高线高程。放大视图,可见等高线的数值标记,如图12-18所示。

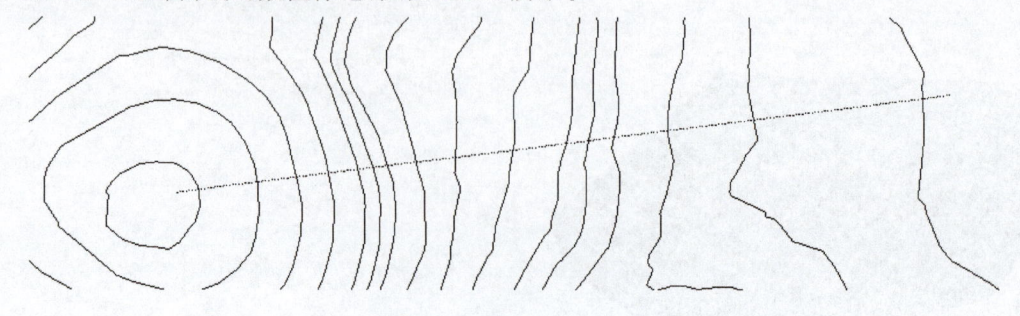

图12-17 沿任意方向绘制等高线标签

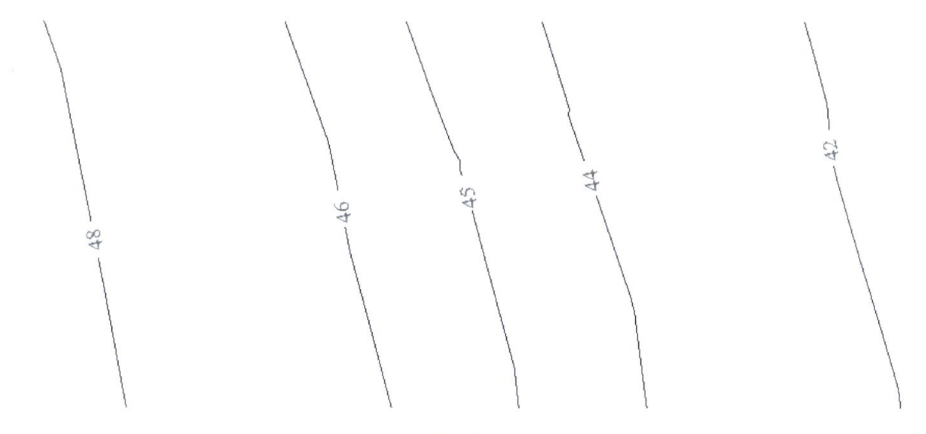

图 12-18　等高线数值标记

(2)导入高程点文件创建

①单击"地形表面"工具,自动切换至"编辑表面"选项卡。

②单击"工具"面板中的"通过导入创建"下拉工具列表,如图 12-19 所示,在列表中选择"指定点文件"选项,弹出"选择文件"界面。设置"指定点文件"对话框底部的"文件类型"为"逗号分隔文本",如图 12-20 所示,文件名为"高程文本",单击"打开"按钮导入该文件,弹出"格式"对话框,如图 12-21 所示,设置文件中的单位为"米",单击"确定"按钮,继续导入测量点文件。

图 12-19　选择指定点文件

图 12-20　设置文件类型

图 12-21 设置文件单位

③Revit 将按文本中测量点记录创建所有测量点,单击"完成表面"按钮完成地形表面,如图 12-22 所示。高程的相关设置与导入 DWG 等高线数据文件创建一致,不再赘述。

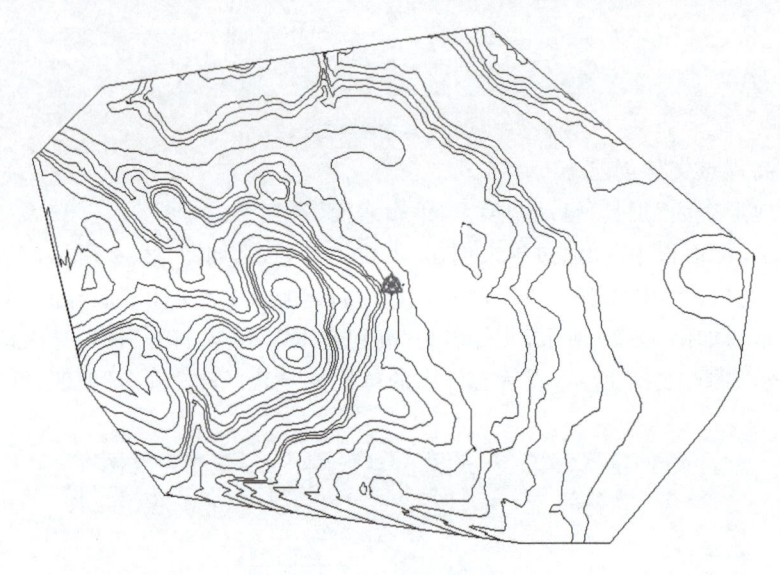

图 12-22 完成地形表面

> **注** 导入的点文件必须使用逗号分隔文本格式(可以是 CSV 或 TXT 文件),且必须以测量点的 x、y、z 坐标值作为每一行的第一组数值,点的任何其他数值信息必须显示在 x、y 和 z 坐标值之后。Revit 忽略该点文件中的其他信息(如点名称、编号等)。如果该文件中存在 x 和 y 坐标值相等的点,Revit 会使用 z 坐标值最大的点。

12.2 添加建筑地坪

由于 Revit 建筑场地没有厚度,我们在进行建模时最好绘制建筑地坪,从而在三维模型中形成厚度并与已有的标高相关联,方便我们修改地坪的结构、深度和坡度等数值。创建地形表面后,一般沿着建筑轮廓创建建筑地坪。在 Revit 中,建筑地坪的使用方法与楼板的使用方法类似。下面将为理实楼项目添加建筑地坪,学习建筑地坪的使用方法。在本项目中,建筑地坪将充当建筑内部楼板底部与室外标高间碎石填充层。

(1)接本节前述完成的地形表面,切换至一层平面视图,单击"体量和场地"选项卡"场地建模"面板中的"建筑地坪"工具,自动切换至"修改|创建建筑地坪边界"选项卡,进入"创建建筑地坪边界"编辑状态,如图 12-23 所示。

图 12-23　创建建筑地坪边界

（2）单击"属性"面板中的"编辑类型"按钮，打开"类型属性"对话框。单击"重命名"按钮，输入"理实楼-550 mm-地坪"，如图 12-24 所示，单击"确定"按钮，返回"类型属性"对话框。

（3）单击"类型参数"列表中"结构"参数后的"编辑"按钮，弹出"编辑部件"对话框。如图 12-25 所示，修改第 2 层"结构[1]"厚度为"550.0"，修改材质为"场地-碎石"。设置完成，单击"确定"按钮，返回"类型属性"对话框。再次单击"确定"按钮，退出"类型属性"对话框。

图 12-24　创建地坪类型　　　　图 12-25　设置编辑部件参数

①确认"绘制"面板中的绘制模式为"边界线"，使用"直线"绘制方式，适当放大视图，按顺时针方向沿建筑外墙边界绘制建筑地坪轮廓，注意保持轮廓线闭合。

②绘制完成，单击"模式"面板中的"完成编辑模式"按钮，按指定轮廓创建建筑地坪，完成的建筑地坪如图 12-26 所示。

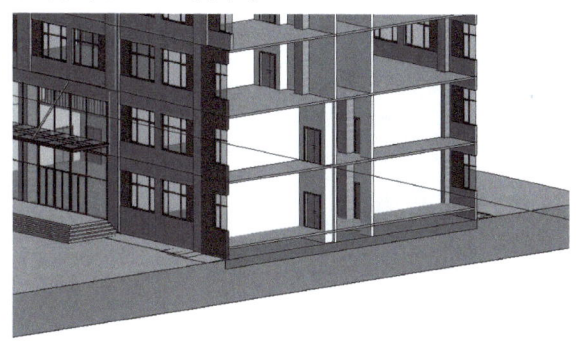

图 12-26　完成的建筑地坪

添加建筑地坪

12.3 创建场地道路

完成地形表面模型，可以使用"子面域"或"拆分表面"工具将地形表面划分为不同的区域，并为各区域指定不同的材质，从而得到更为丰富的场地设计。使用"子面域"或"拆分表面"工具可以在场地内划分场地道路、场地景观等场地区域。场地还可以对现状地形进行场地平整，并生成平整后的新地形。Revit 会自动计算原始地形与平整后地形产生的挖填方量。下面使用"子面域"工具为理实楼项目添加场地道路。

(1)接本节前述的练习文件。切换至场地楼层平面视图，单击"体量和场地"选项卡"修改场地"面板中的"子面域"工具，切换至"修改|创建子面域边界"选项卡，进入"修改|创建子面域边界"状态。

(2)使用绘制工具，按如图 12-27 所示道路尺寸绘制子面域边界。配合使用拆分及修剪工具，使子面域边界轮廓首尾相连，注意图中所标注尺寸单位均为米。

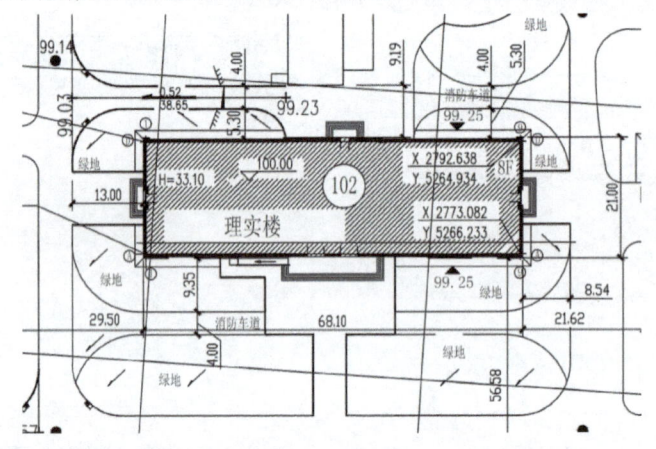

图 12-27 道路尺寸

(3)修改子面域"属性"面板中的"材质"为"沥青-路面"，设置完成，单击"应用"按钮应用该设置。

(4)单击"模式"面板中的"完成编辑模式"按钮，完成子面域。切换至三维视图，完成的场地如图 12-28 所示。

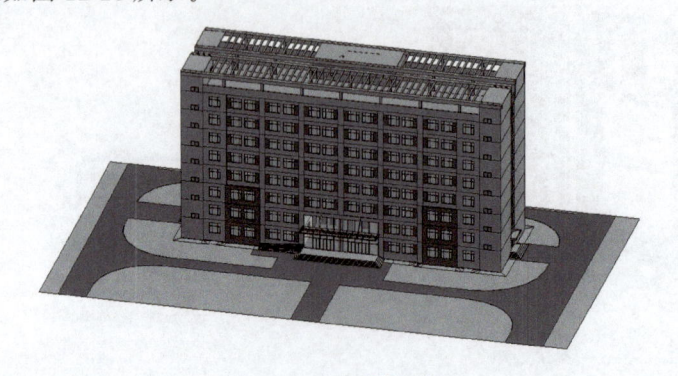

创建场地道路

图 12-28 完成的场地

12.4 场地构件

Revit 提供了"场地构件"工具，可以为场地添加停车场、树木、RPC 等构件。这些构件均依赖于项目中载入的构件族，必须先将构件族载入项目才能使用这些构件。

下面将使用"场地构件"工具，继续为理实楼项目场地添加灌木、花坛、人物、汽车等场地构件模型，进一步丰富、完善场地模型。

(1) 接本节前述的练习。切换至"室外地坪"楼层平面视图，载入"RPC 树-落叶树"族、"小汽车-奥迪 Q7"族。

(2) 切换至"体量和场地"选项卡，单击"场地建模"选项卡中的"场地构件"工具，进入"修改|场地构件"选项卡，如图 12-29 所示。

(3) 确认选项栏中的当前构件类型为"大齿白杨-7.6 米"，如图 12-30 所示，限制条件标高为"室外地坪"。单击鼠标左键放置树木。参照相同的方法在场地上布置其他树木和汽车，切换到三维视图，结果如图 12-31 所示。

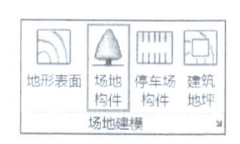

图 12-29 场地构件命令

图 12-30 选择植物类型

图 12-31 完成三维视图

小 结

本模块介绍了使用Revit提供的地形表面和场地修改工具,以不同的方式生成场地地形表面,并在其上划分子面域,形成场地功能分区;还介绍了如何使用场地构件工具为场地添加场地构件,进一步丰富了场地的表现。

模块 13
Revit 建筑表现

在创建完模型之后,我们还可以用 Revit 对模型进行浏览、漫游和渲染。我们想要如何根据需要展示模型,就需要了解模型样式、视图样式、光线阴影等参数的设置。本模块将重点介绍这部分内容。

13.1 设置视觉样式

设置视觉样式

Revit 中的视觉样式可以控制项目模型的显示样式。在绘图区域的下方,我们可以设置视觉样式。图 13-1 所示为"视觉样式"按钮,视觉样式按显示效果由弱变强依次分为线框、隐藏线、着色、一致的颜色和真实。显示的效果越丰富,电脑消耗的资源越多,对电脑的性能要求越高,所以要根据自己的需要选择合适的显示效果。

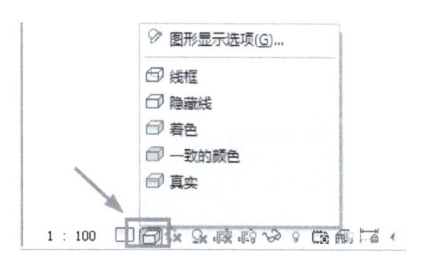

图 13-1 "视觉样式"按钮

1. 线框模式

线框模式如图 13-2 所示,显示模型所有的边线,不显示构件表面材质,这种模式下电脑负担轻,软件的反应速度最快。

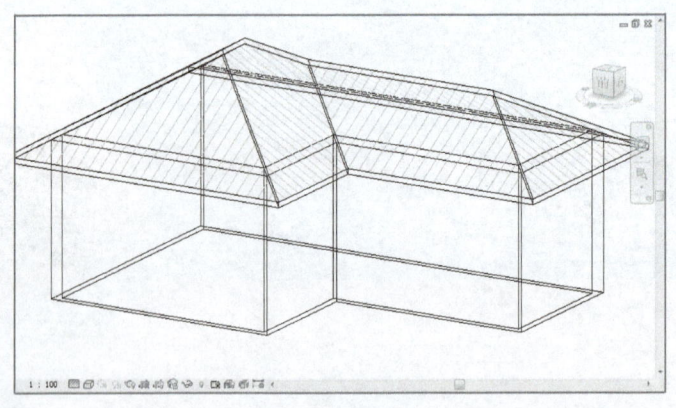

图 13-2　线框模式

2. 隐藏线模式

隐藏线模式如图 13-3 所示,图中可以看到除被表面遮挡部分以外的所有边和线的图像,即在当前角度下,不可见线都会被正确隐藏,且可以显示物体的阴影和粗略着色。在建模过程中最常使用这种模式,此模式很好地平衡了软件反应速度和显示美观度的问题。

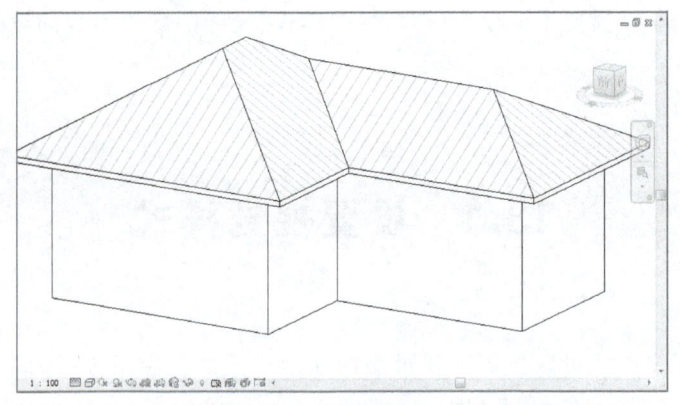

图 13-3　隐藏线模式

3. 着色模式

着色模式如图 13-4 所示,处于着色模式下的图像,有显示间接光及其阴影的选项。此模式颜色的对比度更加明显,且颜色显示受光源的影响呈现明暗变化。着色模式下,电脑处理所需资源越多速度会越慢,不过当模型不大且图纸不多时,卡顿感觉不算明显。

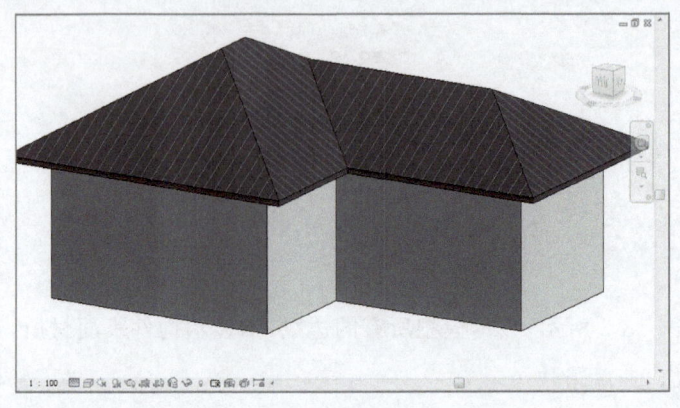

图 13-4　着色模式

4. 一致的颜色模式

一致的颜色模式如图 13-5 所示,显示所有表面都按照材质表面颜色设置进行着色的图像。物体表面的颜色完全是材质中设置的颜色,不受光源影响,此模式下电脑运行速度比着色模式稍快一些,建模过程中如果需要显示模型颜色,可采用此模式。

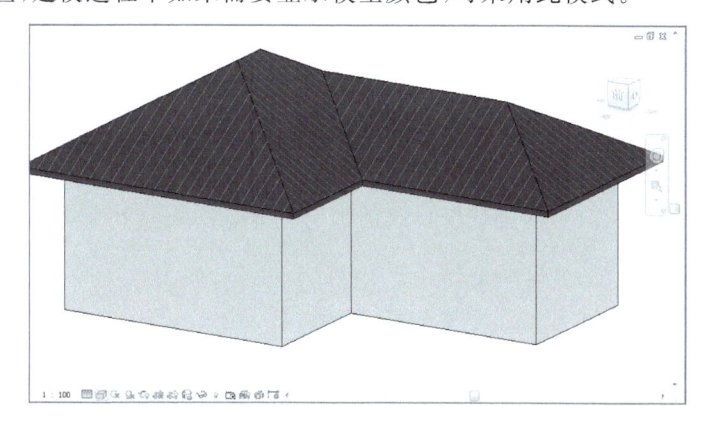

图 13-5 一致的颜色模式

5. 真实模式

真实模式如图 13-6 所示,显示所有的对象被赋予的真实材质。此模式电脑运行负担最重,为了使用"真实"视觉样式显示材质,默认情况下会启用"使用硬件加速(Direct 3D)"选项。如果关闭了"硬件加速",则"真实"视觉样式与"着色"视觉样式看起来相同。

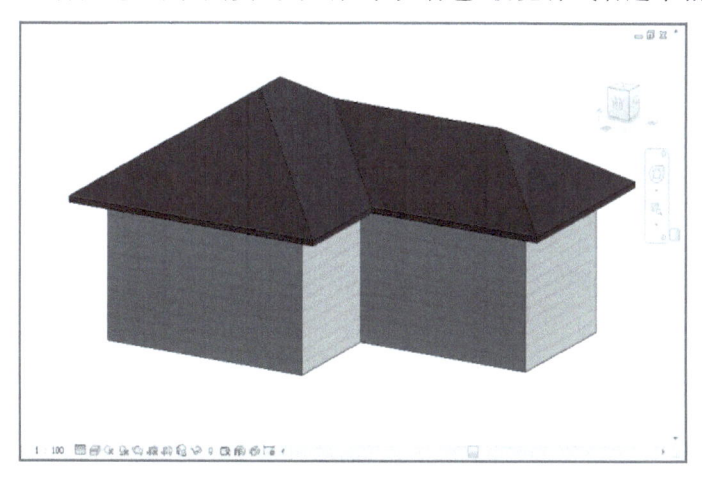

图 13-6 真实模式

在理实楼项目的任意视图中,单击"视图"控制栏中的"视觉样式"按钮,弹出"视觉样式"列表。分别切换至不同的视觉样式,当前的视图将以所选样式进行显示。在模型显示时,我们可以根据自己的需要去切换不同的视觉样式。值得注意的是,修改视觉样式仅会影响当前视图,不会影响其他视图。

13.2　设置日光及阴影

在 Revit 中为了表达真实环境下的逼真场景,可以添加阴影效果,同样的,阴影也是日光研究中不可缺少的元素。软件在日光和阴影的设置中,主要有两方面的应用:其一,静态阴影,即模拟一天的某个时间点的阴影效果,可供渲染效果图使用;其二,动态阴影,即模拟一天或多天之内由于阳光变化而导致的阴影变化的过程,可以通过日光设置生成并导出日光研究动画,从而分析建筑对周围环境日照的影响。本节将从以上这两方面,对理实楼日光及阴影进行模拟。

1. 模拟一天的某个时间点的阴影(静态阴影)

室外阴影由日光路径决定,日光路径是用于显示自然光和阴影对建筑和场地产生的影响的交互式工具,我们需要先了解如何设置日光路径。具体步骤如下:

(1)打开日光路径,并打开阴影

在项目的任何视图中,我们都可以通过单击视图左下角的按钮激活视图中的"日光路径",如图 13-7 所示。

图 13-7　激活"日光路径"

设置静态阴影

(2)日光设置

方法一:打开"日光路径"和"阴影"后,我们就可以在视图中看到项目样板中预先设置好的默认的日光路径,拖着太阳在轨迹上移动,建筑对应的阴影就会跟着太阳的方向移动,图 13-8 所示为调整太阳路径。此方法较为粗略,仅能大概地显示一天中的阴影变化。

方法二:进行"日光设置"。单击视图控制栏的日光,打开日光设置对话框,在"日光研究"项中勾选"静止",在"预设"项中选择一年中的任意时节,最后在右侧"设置"项中设置项目所处的"地点"和需要显示的一天中的"时间",单击"确定"按钮,可完成日光的详细设置,如图 13-9 所示。

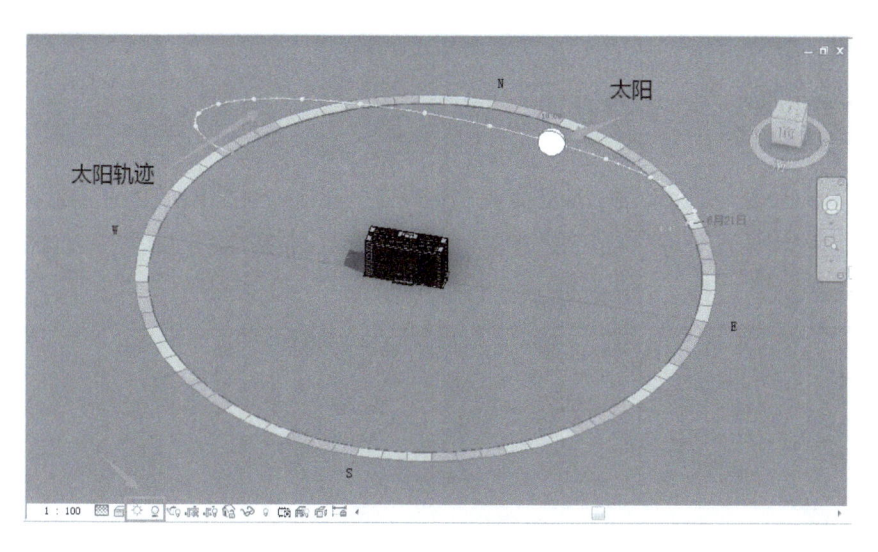

图 13-8　调整太阳路径

图 13-9　日光设置

图 13-10 所示是将理实楼的日光时间设置为夏至日上午 10:00 时的阴影效果。

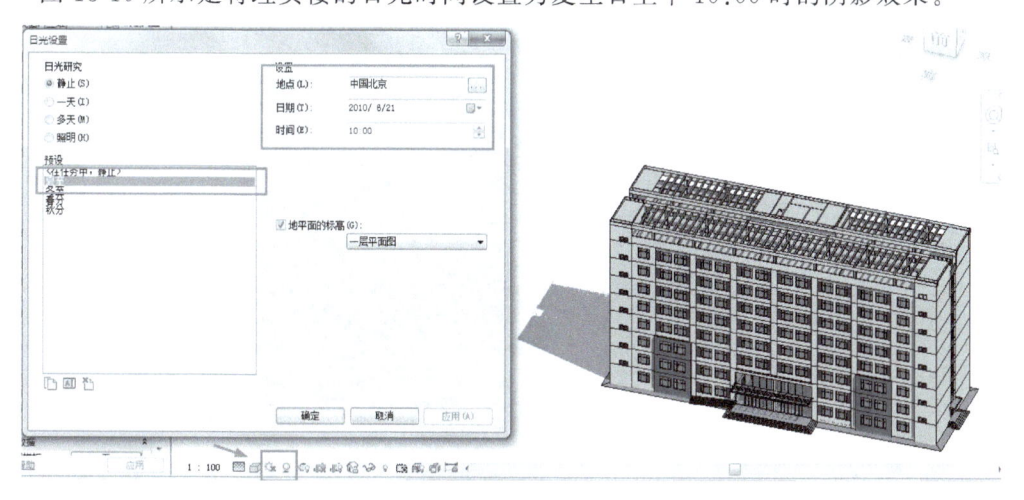

图 13-10　夏至日上午 10:00 理实楼阴影效果

> **注**　由于 Revit 对国内的定位统一为中国北京,所以本项目的地址不需要改动。

2. 模拟一天或多天之内的阳光及阴影变化（动态阴影）

以多天变化为例，具体步骤如下：

（1）日光设置

打开"日光设置"对话框，在"日光研究"项中勾选"多天"，在"预设"项中选择需要模拟的时节，在"设置"项中设置好"日期"和"时间"，其他为默认，单击"确定"按钮，图 13-11 所示为动态阴影日光设置。

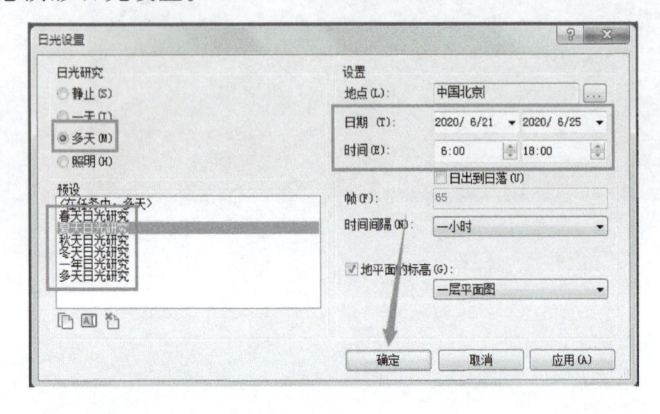

图 13-11　动态阴影日光设置

设置动态阴影

（2）日照预览

单击"视图"控制栏中的"日光"项，选择"日光研究预览"，这时视图上方会出现播放条，单击"播放"按钮，即可看到多日之内的日照模拟动画，如图 13-12 所示。

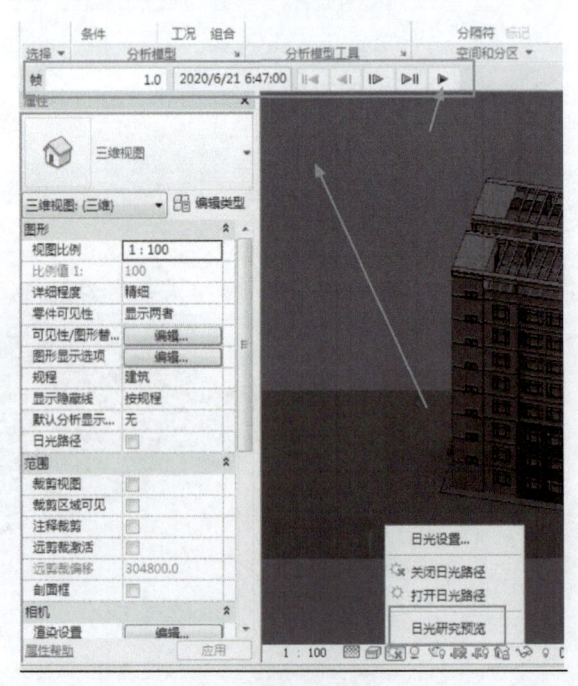

图 13-12　动态日照预览

（3）导出日照动画

单击"应用"程序菜单—"导出"—"图像和动画"—"日光研究"，在弹出的对话框中勾选"包含时间和日期戳"，其余设置不变，单击"确定"按钮，选择保存路径和名称即可，图 13-13 所示为导出日照动画步骤。

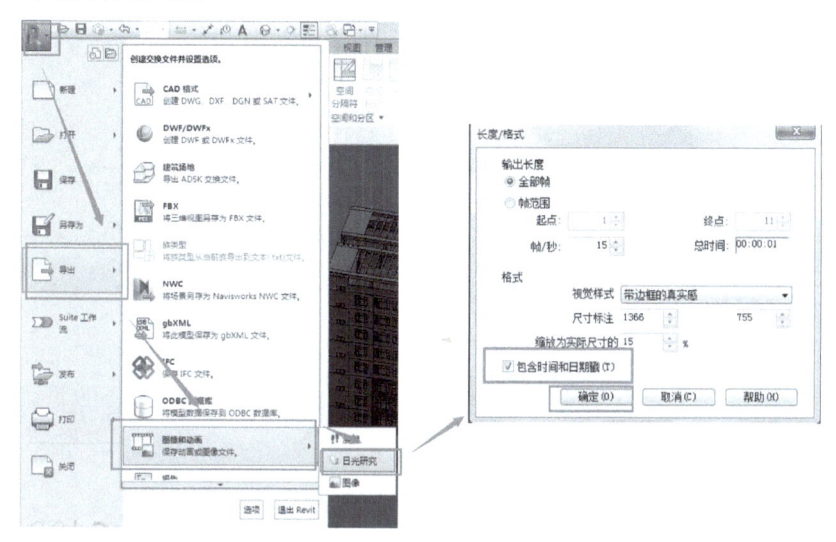

图 13-13　导出日照动画步骤

我们可以通过创建静态的日照和阴影效果进行静态日照分析，即创建特定日期和时间阴影的静止图像；也可以创建动态的日照分析，即创建为动画，显示在自定义的一天或多天时间段内阴影移动的一系列帧。在实际案例中我们可以根据需要进行日光和阴影的设置。

13.3　创建相机与漫游

创建漫游　　　编辑漫游　　　导出漫游

模型创建完成之后，Revit 可以完成简单的漫游动画制作，以供三维可视化查阅。Revit 中的漫游由两部分组成：相机和路径。沿设定的路径放置若干个相机，即可生成建筑室内外漫游，动态展示设计的整体及局部细节。生成的漫游可以导出为 AVI 格式的视频文件或图像文件。下面本节将分别介绍创建漫游、编辑漫游及导出漫游的具体方法。

> 注　创建漫游时电脑负荷较重，可将视图显示样式切换为"隐藏线"模式，避免软件卡顿，提高预览速度。

1. 创建漫游

(1)打开"一层平面"视图,在"视图"选项卡的"创建"面板中单击"三维视图"下拉菜单,选择"漫游",图13-14所示为激活漫游。

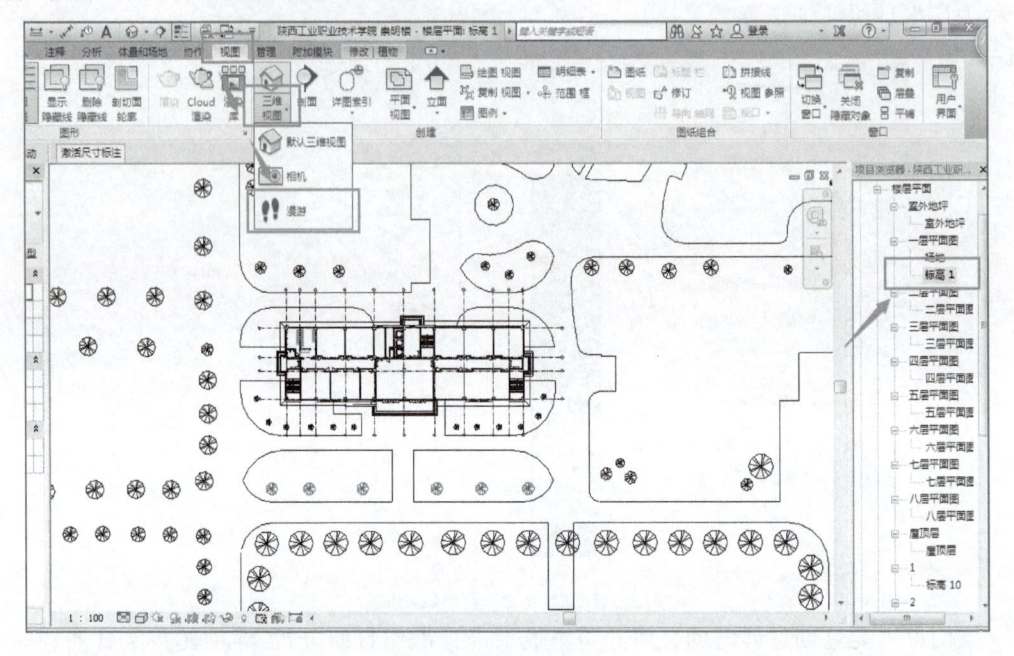

图13-14 激活漫游

(2)此时软件工具栏自动切换为"修改丨漫游"选项卡,在上下文选项栏中勾选"透视图","偏移量"设置为自"一层平面图"偏移"1750.0"(一般视高默认为1 750 mm),其他设置保持不变,如图13-15所示。

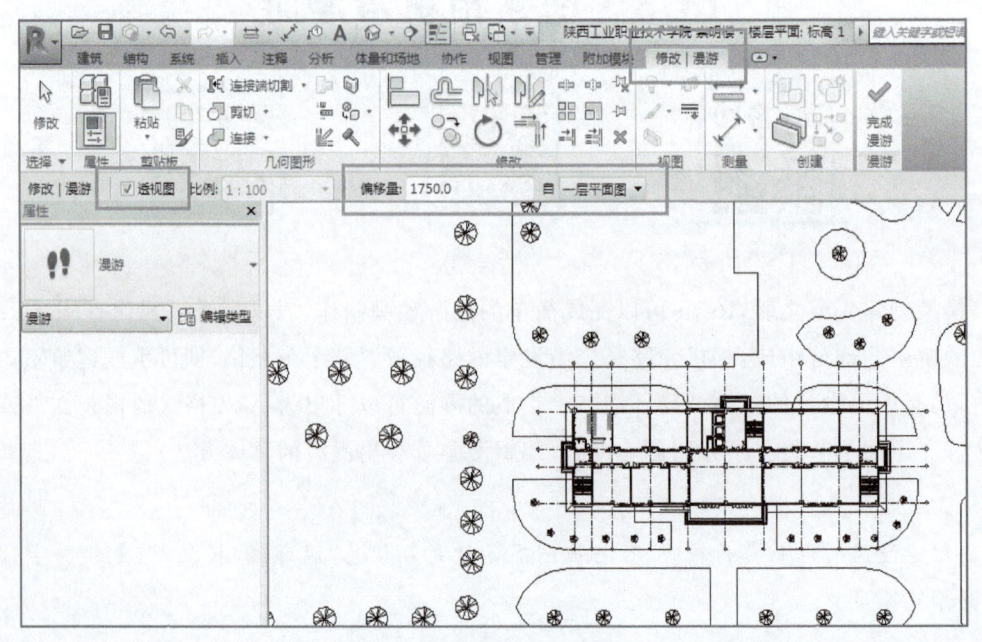

图13-15 设置上下文选项栏

(3)在一层平面视图空间中,沿着建筑外围,逐个单击路径的关键点,生成一条曲线的路径。这里单击的点即为相机的关键帧位置,后期可通过编辑关键帧,对漫游视角进行设置。路径生成后,单击"修改 | 漫游"选项卡右侧的"完成漫游",这时右侧的项目管理器中,"漫游"下拉菜单中就会出现刚刚新建的漫游,可以在这里对漫游进行重命名,命名为"室外漫游",图 13-16 所示为设置路径及漫游命名。

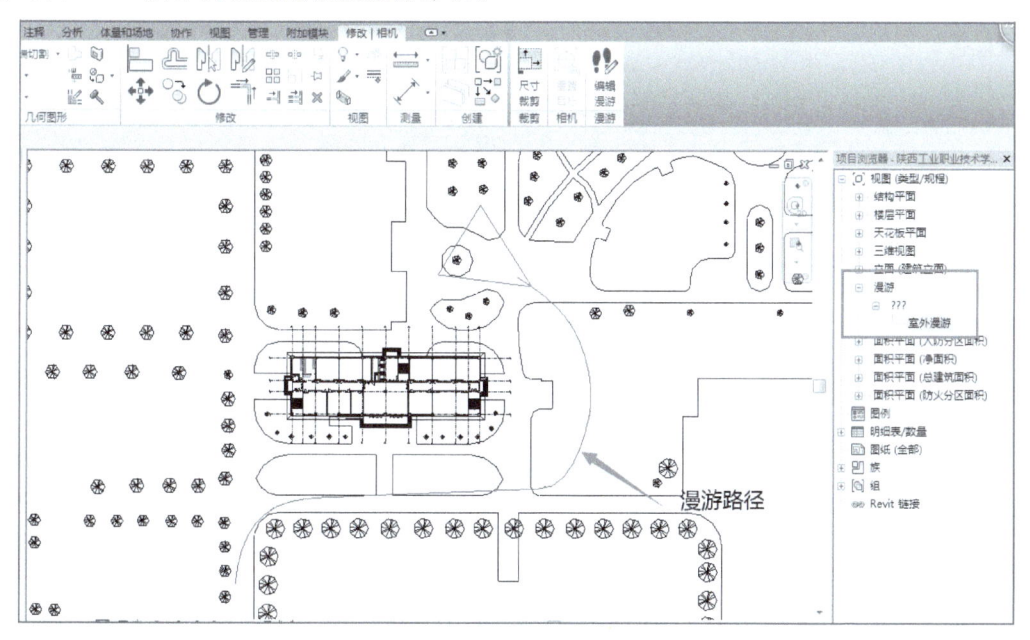

图 13-16 设置路径及漫游命名

沿着建筑外部设点时,尽量离建筑远一些,以便生成的漫游视角可以尽量包含完整的建筑,不至于失真变形。

2. 编辑漫游

漫游创建好之后,需要对漫游路径上的关键点进行编辑,才能使漫游动画的视角正确显示,编辑漫游步骤如下:

(1)在"项目浏览器"中双击刚刚创建好的"室外漫游",将打开的"室外漫游"视图和"一层平面"视图"平铺"摆放("视图"选项卡—"窗口"面板—选择"平铺"),使"室外漫游"视图和"一层平面"视图同时显示,以便对漫游进行对照修改,图 13-17 所示为调整视图窗口。

(2)在"室外漫游"视图中单击"漫游范围"边框,这时"一层平面"视图中会自动显示漫游路径,再单击选项卡中的"编辑漫游",图 13-18 所示为激活编辑漫游模式。

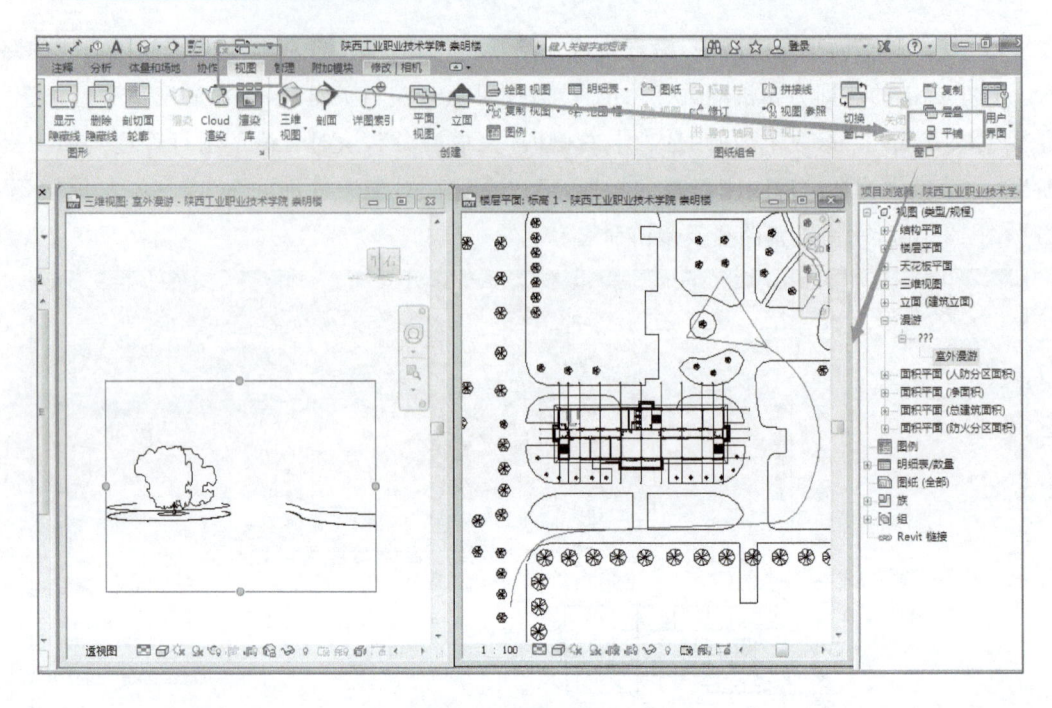

图 13-17 调整视图窗口

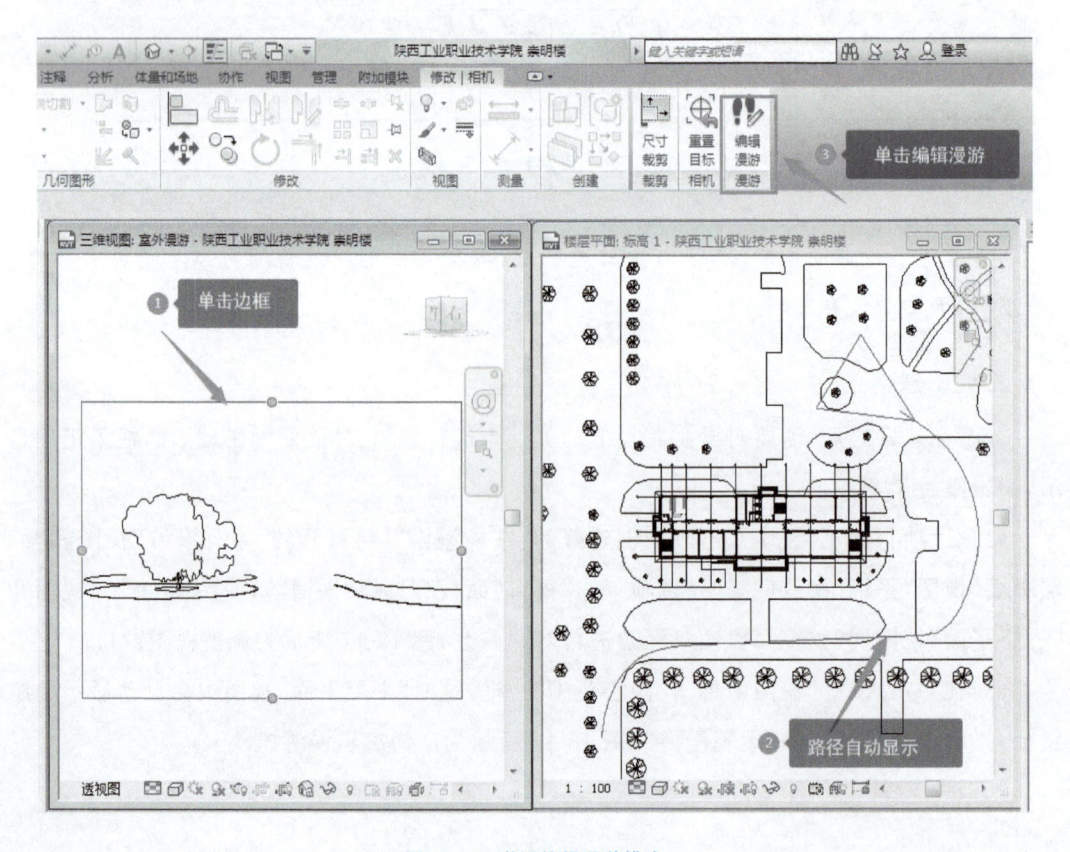

图 13-18 激活编辑漫游模式

模块 13　Revit 建筑表现

(3)此时上下文选项卡自动切换为"编辑漫游"模式,选中漫游路径,路径上会出现很多红色圆点,这些圆点就是创建漫游时沿着建筑外围单击的关键点,即上下文选项卡中的"关键帧",图 13-19 所示为每一个关键帧显示。

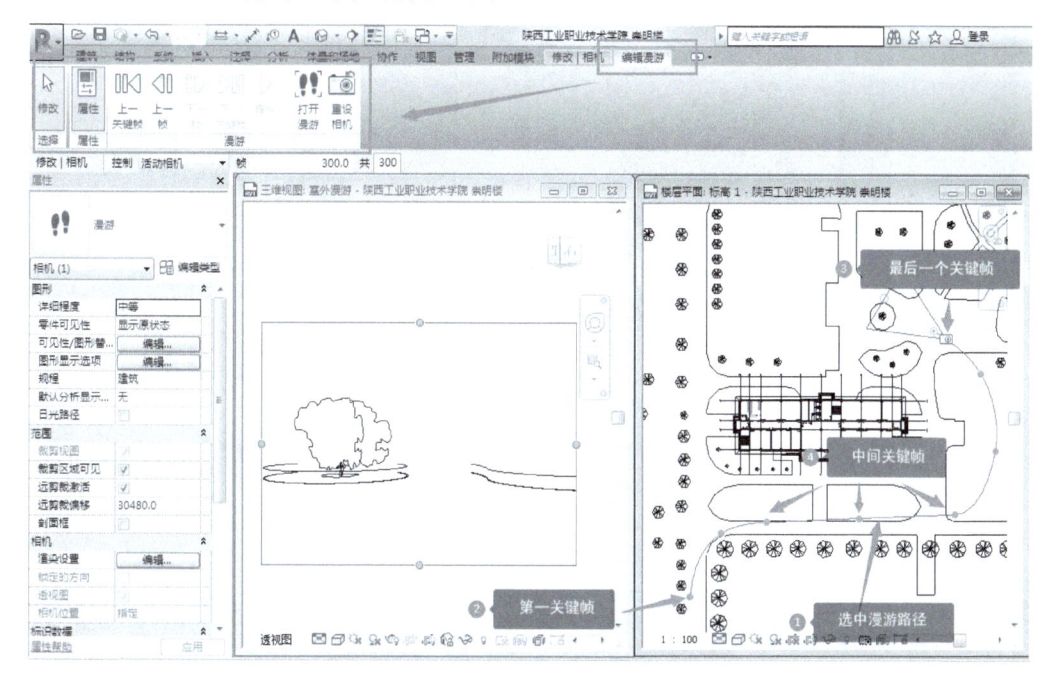

图 13-19　每一个关键帧显示

> 如果不慎退出漫游路径的显示状态,路径在视图中就会不可见,可以在"项目浏览器"中选中"室外漫游"视图,单击右键,选择"显示相机",即可在视图中出现漫游路径。

(4)从上一步图中可以看到,相机当前处在最后一个关键帧上,相机前的三角形区域即为视角范围。我们可以从最后一个关键帧开始,对每一个关键帧上的相机视角进行编辑,如图 13-20 所示。激活"一层平面"视图,在当前关键帧上拖动粉红色圆点的①相机视角控制柄至合适位置,拖动三角形区域远端的蓝色圆点②远裁剪偏移控制柄,使其将建筑的视图剪切至合适位置,激活"室外漫游"视图,拖动视图③漫游范围框四边的圆点,使其能够显示出完整美观的漫游视角。这样最后一个关键帧就编辑好了。

(5)在上下文选项卡中单击"上一关键帧",此时相机切换至路径上的前一个圆点上,如图 13-21 所示。参考上一步骤(4),继续编辑相机的视角和远裁剪范围,调整漫游视图中的范围框,用步骤(4)(5)结合,将每一个关键帧都编辑完成。

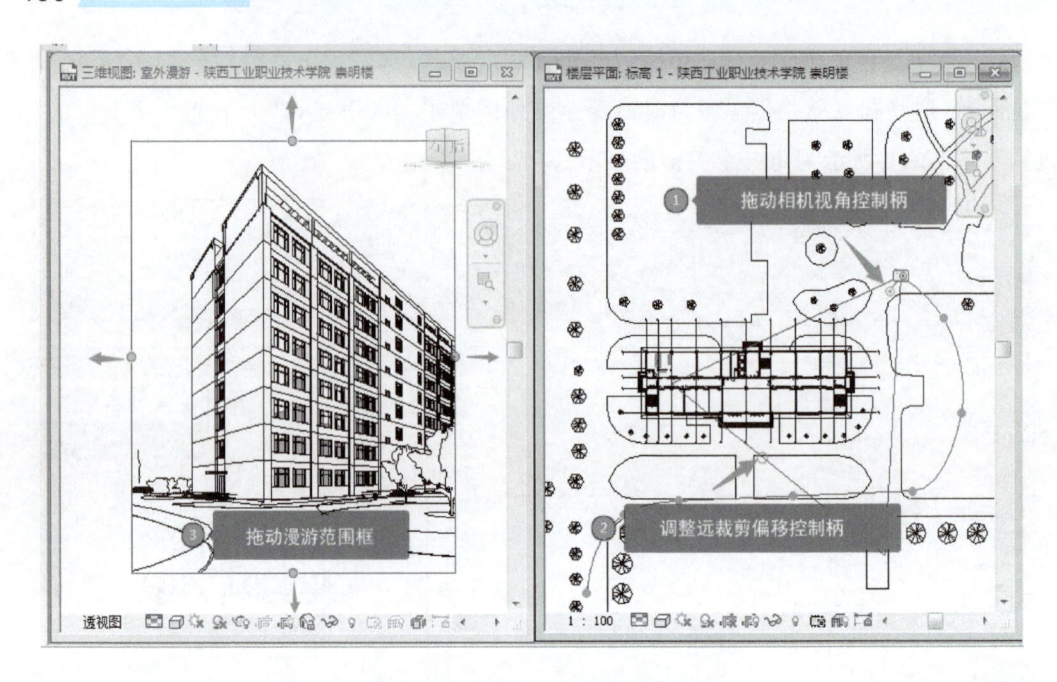

图 13-20 编辑最后一个关键帧视角

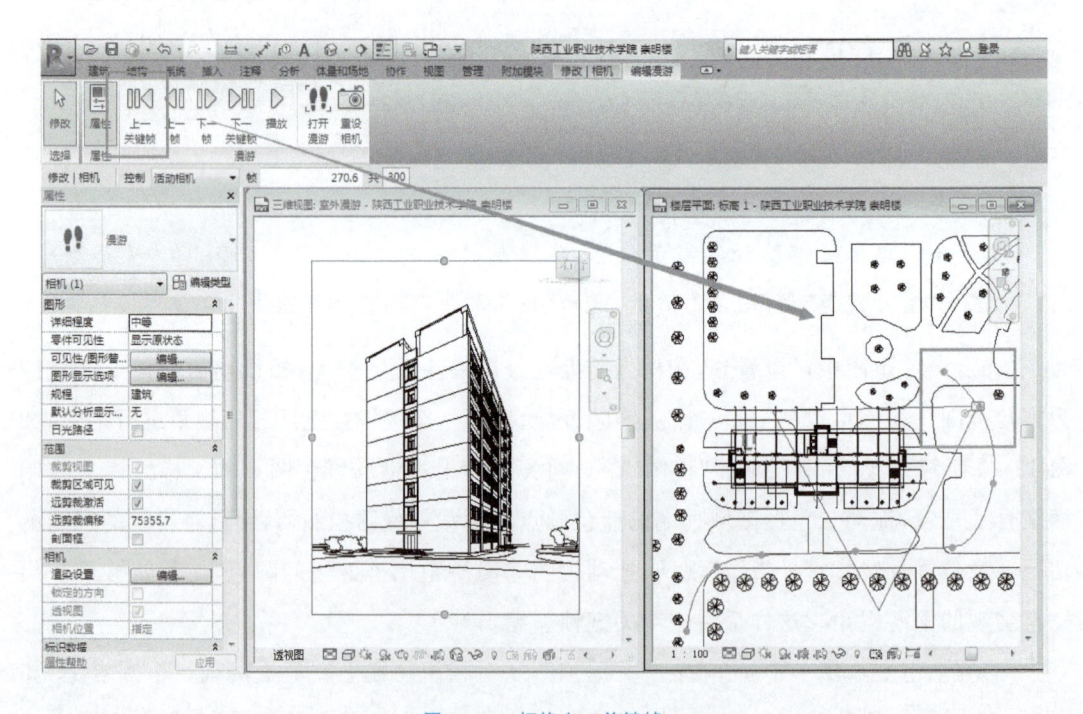

图 13-21 切换上一关键帧

> 在编辑每个关键帧的过程中,如果发现有些点位需要修改,可以在上下文选项卡中选择"添加/删除关键帧",如图 13-22 所示。

图 13-22　添加/删除关键帧

（6）每一个关键帧设置完成之后，可以激活"室外漫游"视图，单击上下文选项卡中的"播放"按钮，进行漫游动画预览，如图 13-23 所示，以便及时检阅关键帧视角和范围设置的合理性。

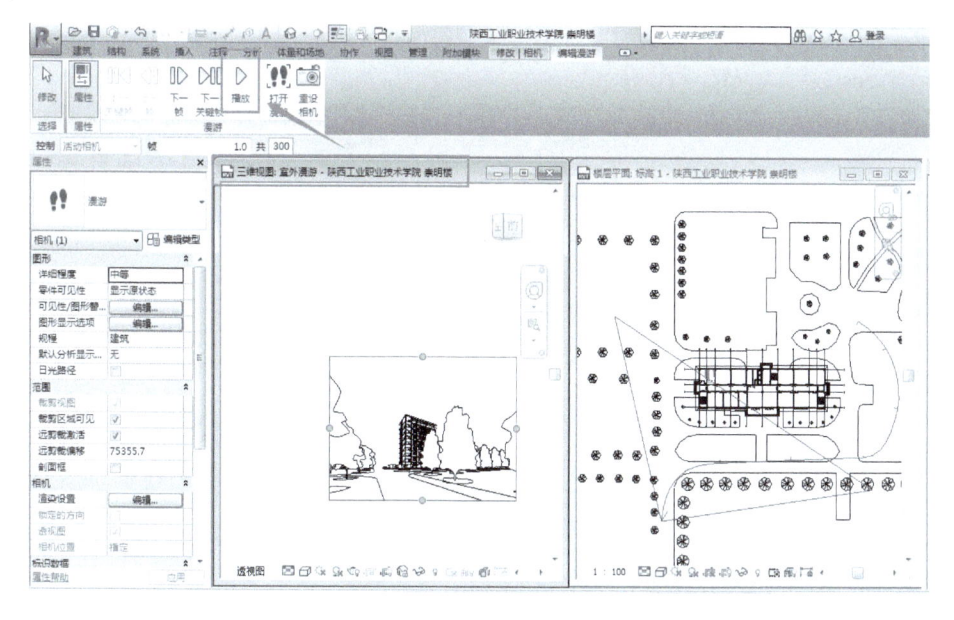

图 13-23　预览漫游动画

以上方法编辑的漫游是匀速播放的，如果想在某个关键帧的部位放慢漫游速度，可以单击左侧"属性"栏下方的"漫游帧"选项，在弹出的对话框中取消勾选"匀速"，在表格的"加速器"一列中，把需要放慢速度的关键帧速度改小，单击"确定"按钮，再预览时这个关键帧处的漫游速度就会降低。图 13-24 所示为修改关键帧漫游速度。

编辑漫游是一个反复预览的过程，以上步骤在反复预览过程中，发现相机点位或路径不合理，可以重复及时修改，当预览的漫游动画符合要求之后，就可以进行下一步漫游导出了。

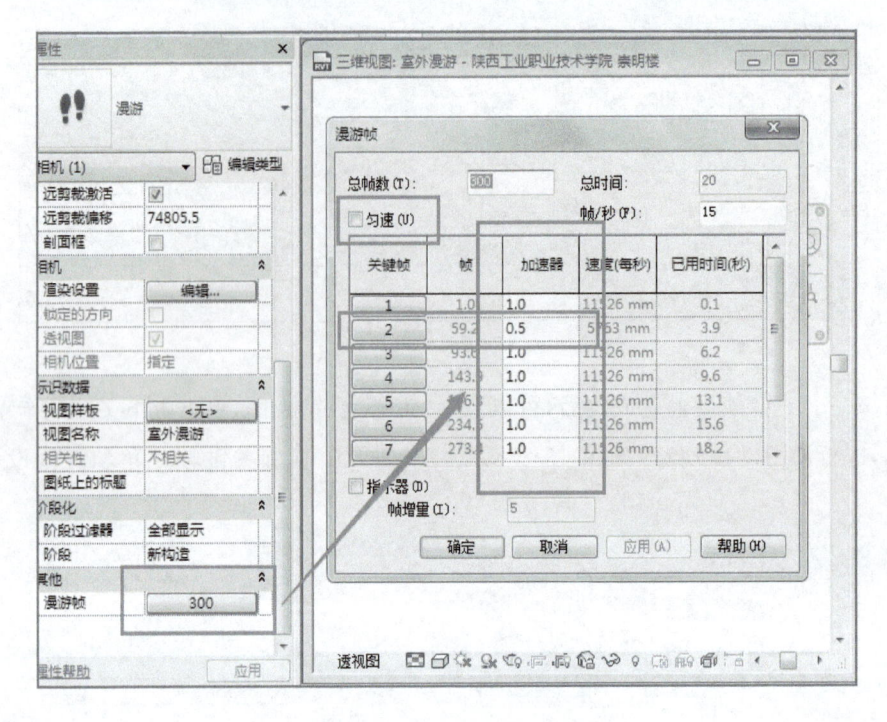

图 13-24　修改关键帧漫游速度

3. 导出漫游

在预览漫游没问题之后,可以将漫游动画导出,具体步骤如下:

单击"应用程序"菜单,单击"导出"-"图像和动画"-"漫游",在弹出的对话框中,通过修改"帧/秒"来达到修改"总时间"的目的,单击"确定"按钮,将漫游动画保存到需要的路径中即可,如图 13-25 所示。

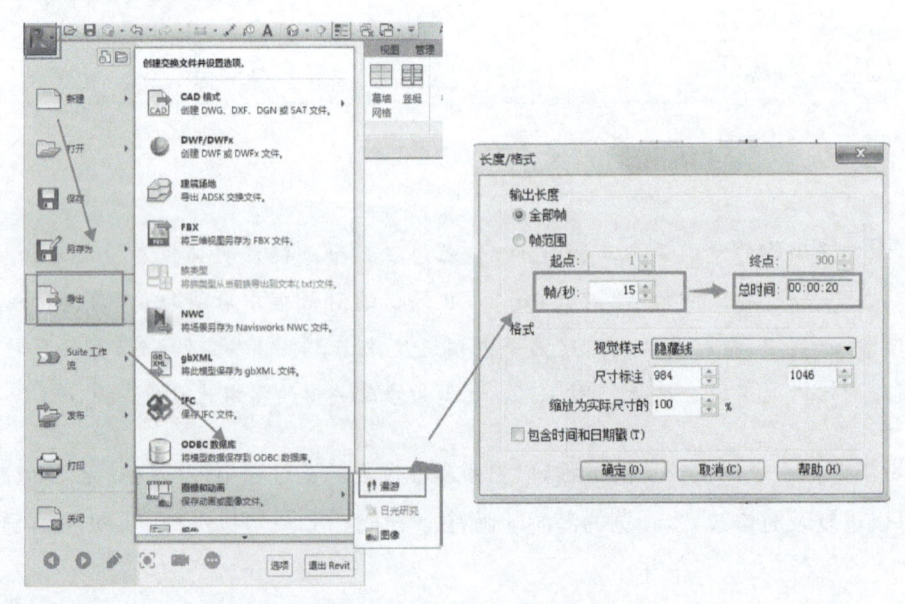

图 13-25　导出漫游

> 导出漫游动画时,如果对视图样式有要求,可在导出前,将"室外漫游"视图样式改为"真实",同时打开"日光"和"阴影",这样导出的漫游视频更加真实,但导出速度会变慢。

漫游动画作为 Revit 软件可视化特性的重要体现,不仅能够创建室外漫游,还可以创建室内漫游以及高差漫游,例如漫游上楼梯。这些漫游在创建时与前文介绍的方法基本一致,当漫游路径出现高差变化时,只需要对相机的相对高度做单独的设置即可,大家可以自行探索不同的漫游效果。

小 结

本模块重点介绍了模型创建好之后的可视化表达,包括视觉样式的设置、日光阴影的设置及漫游的创建。调整模型的视觉样式、设置日光和阴影都是为漫游和渲染做准备,好的漫游效果不仅取决于模型的精细程度和视觉上的设置,也对漫游相机的视角要求更高。掌握本模块内容是完成良好建筑表现的基础。

模块 14 渲染与输出

Revit 软件在可视化方面提供了渲染三维视图的功能。使用软件自带的渲染器 Mentalray,渲染界面使用智能默认设置,可以轻松生成高质量的渲染图像,而不需要对渲染技术有很深入的了解。此外,Revit 也可以导出三维视图,使用其他软件来渲染图像,如 3D Max。本模块将重点介绍 Revit 软件的渲染功能和模型输出应用。

14.1 渲染设置

创建三维视图

Revit 可以创建实时渲染,可以使用"真实"视觉样式显示 Revit 模型,也可以使用"渲染"工具创建模型的照片级真实感图像。在 Revit 中,渲染三维视图的工作流程如图 14-1 所示。

图 14-1 渲染三维视图的工作流程

1. 创建三维视图

Revit 渲染可以直接打开模型的三维视图,对整个模型制作出渲染图片,也可以通过架设相机的方式对模型局部图片进行渲染。前者直接打开三维视图,找好图片透视角度并启用渲染命令即可,多用来渲染大场景或鸟瞰图等;后者需要架设相机并编辑图片透视角度,多用来渲染室内或局部场景。

下面我们分别用上述的两种方法来创建两个三维视图。

(1) 创建室外鸟瞰图

打开默认三维视图,使用 Shift 键和鼠标滚轮一起将建筑图旋转至合适的鸟瞰视角,即可进行下一步材质及光线设置等渲染工作,图 14-2 所示为隐藏线模式下的鸟瞰图。

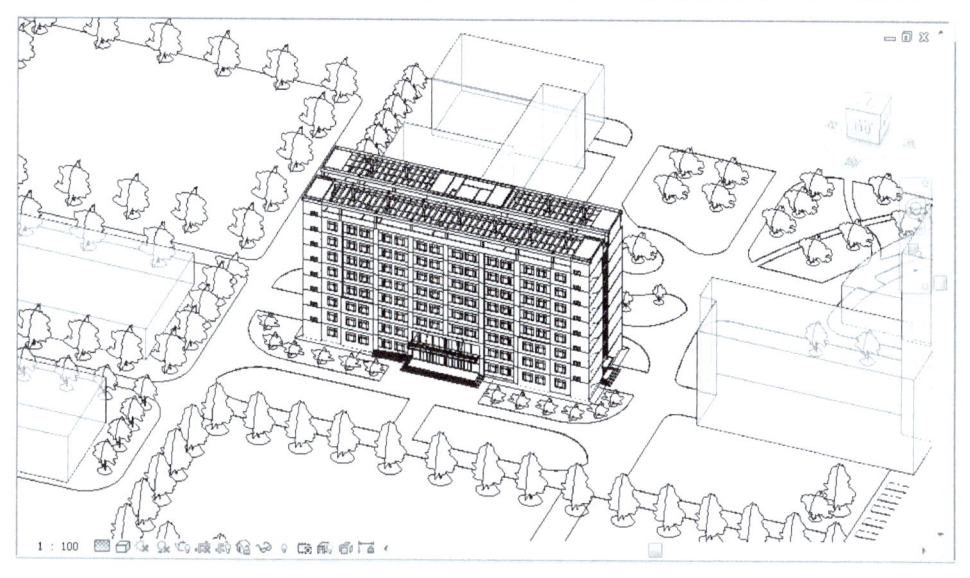

图 14-2　隐藏线模式下的鸟瞰图

> 注
> 在渲染之前,设置三维视图时,可将模型的显示样式设置为"隐藏线"模式,并关闭阴影,这样当调整模型角度时,软件不会太卡。

(2) 创建室内门厅透视图

打开"一层平面"视图,单击"视图"选项卡,在"创建"面板中的"三维视图"右侧下拉三角中选择"相机",此时鼠标位置自动挂上一个小相机的图标,在"一层平面"视图的主入口附近放置相机并设置透视方向,图 14-3 所示为创建门厅透视图。

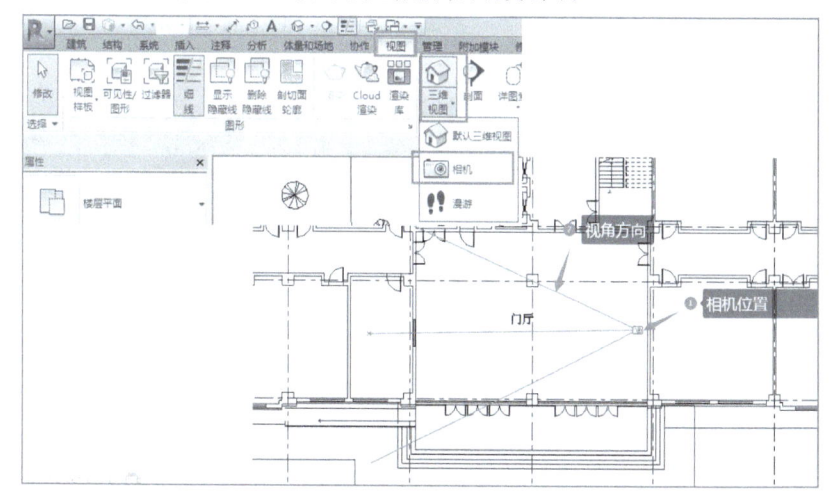

图 14-3　创建门厅透视图

相机放置好后，视图自动跳转至刚创建好的三维视图，在"项目浏览器"中"三维视图"下拉菜单中可以找到。在"项目浏览器"中创建完成的三维视图上单击右键，将视图名称重命名为"门厅透视"。在视图上可以看到四周边框，选中边框，拖动边框上的圆点来修改视图范围，达到满意的效果即可。图14-4所示为编辑门厅透视范围。

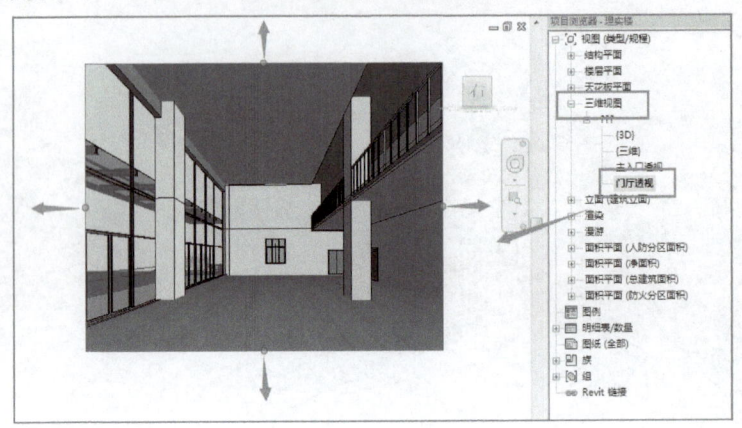

图14-4　编辑门厅透视范围

> ①在相机的属性参数设置中将"视点高度"和"目标高度"两个参数值调为一样，如图14-5所示，保证相机为两点透视，竖线垂直，否则透视看起来会有明显变形，美观度欠佳（仅人视角时需要，鸟瞰图忽略这一点）。
>
> ②使用上述拖拽视图边框来自定义渲染区域的方法容易使透视变形过大。当视图区域需要做较大调整时，此种方法并不适用，建议采用手动输入数值的方式修改视图边框范围，具体步骤为：选中视图边框，单击右上角"编辑边界"，在弹出的对话框中输入合适的长度和宽度。这样调整出来的视图区域，三维视图透视效果较好。图14-6所示为输入数值调整视图范围。

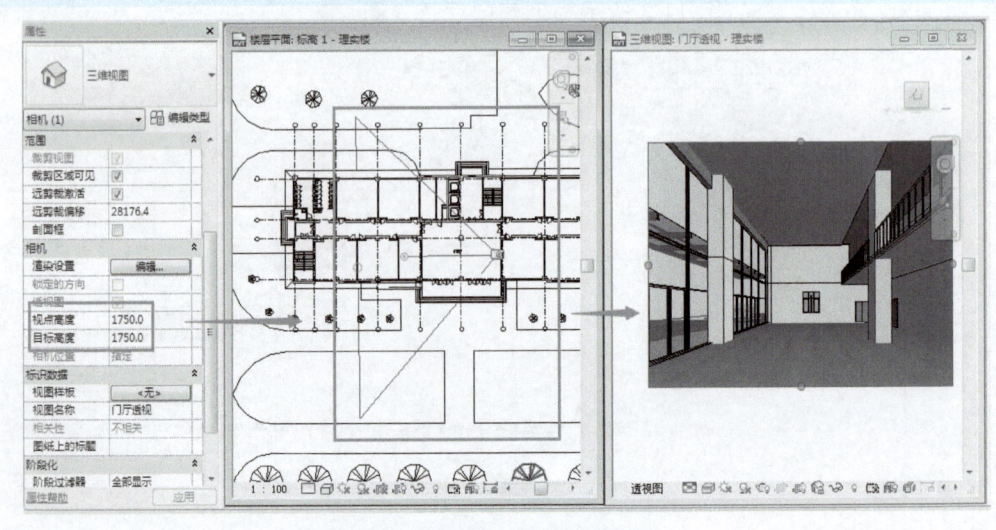

图14-5　调整视点高度和目标高度

模块 14　渲染与输出

图 14-6　输入数值调整视图范围

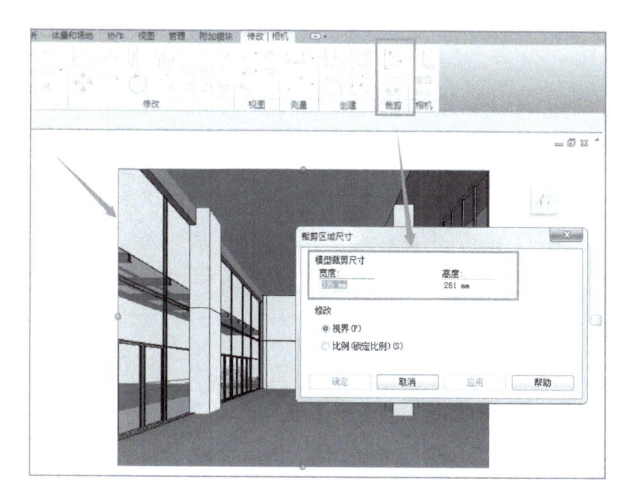

设置材质渲染外观

2. 设置材质渲染外观

在渲染之前，需要给图形调整材质外观，以达到更逼真、更合适的渲染效果。理实楼外立面主要为浅灰色仿砖涂料，搭配棕红色仿砖涂料窗槛墙装饰，门厅地面为浅褐色大理石材质。在建模初期，模块 6 创建墙体类型时就已经将材质特性设置到各个构件中了，在渲染之前需要检查构件材质外观显示细节，比如饰面特点、材质图像、材质的反光等情况。图 14-7 所示为内墙加气混凝土砌块材质图形属性，图 14-8 所示为门厅地面材质的构造层次。

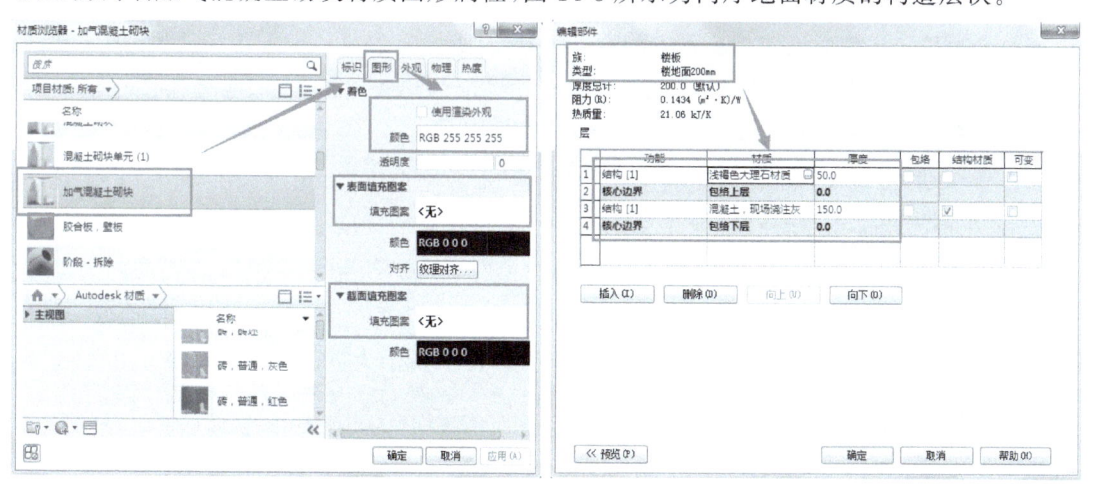

图 14-7　内墙加气混凝土砌块材质图形属性　　图 14-8　门厅地面材质的构造层次

在创建内墙时，应确认"加气混凝土砌块"材质中"图形"面板属性的设置如图 14-7 所示：取消勾选"使用渲染外观"、颜色为"RGB 255 255 255"、填充图案设置为"无"；在创建首层地面时，应确认楼板类型中的"楼地面 200 mm"类型中的构造层次为 150 mm 厚的现浇混凝土和 50 mm 厚的浅褐色大理石，如图 14-8 所示。这样我们在渲染室内效果图时，就可以确保各个材质的效果真实且舒适。

一般情况下，如果在建模初期已将各个构件材质完全设置好，那么此步骤可省略。在模型渲染完成后，可以根据渲染效果再修改构件材质的外观属性，尤其是对有反光的材质，比如玻璃、水面等进行反射率的设置，会对渲染效果有较大的影响。

3. 设置照明

灯光是表达设计意图、完善设计效果的一个重要因素。在渲染建筑模型的三维视图时，可以将自然灯光、人造灯光或两者共同作为建筑的照明。建模时，我们可以在建筑外部和内部放置人造灯光来解决照明需求并规划灯光的视觉效果。可以设置照明设备及其光源，然后将光源放置在建筑模型中，以获得最佳效果。如果渲染图像使用人造灯光，就要将灯光添加到建筑模型中；如果渲染图像将使用自然灯光，就要定义日光和阴影设置。一般情况下，渲染室内效果图使用人造灯光，渲染室外效果图使用自然灯光。

➤ 自然灯光：即日光，可指定日光的方向或位置、日期、时间来获得日光在建筑上的真实表现。

➤ 人造灯光：可以将照明设备添加到建筑模型中，然后根据需要将其归类到灯光组中。

本节介绍了两种渲染三维视图的创建方法，创建出"鸟瞰图"和"门厅透视"两种三维视图。通常情况下，鸟瞰效果图可以使用自然灯光，也就是为日光指定方向、日期、时间来创造出光线效果，这部分的具体操作步骤可以参照模块 13 中 13.2 日光及阴影设置的内容，也可以在下一步渲染设置中直接进行日光设置，这里不再赘述。由于"门厅透视"属于室内透视，渲染时不仅需要自然光，还需要室内灯光，因此我们在这里重点介绍为"门厅透视"三维视图添加灯光的步骤：

(1) 模型创建天花板：由于理实楼施工图未表达天花板二次装修的说明及图样，故前面内容并未为理实楼创建天花板。在 Revit 模型中，照明灯具必须基于天花板放置，理实楼门厅为二层通高设计，这里我们就以一层、二层门厅局部创建天花板为例，为效果图中所展示的门厅部分放置照明灯具。

打开"一层平面"视图，在"建筑"选项卡"构建"面板中单击"天花板"，在"属性"栏中选择"复合天花板无装饰"，"标高"设为"一层平面图"，"自标高的高度偏移"设为"3800.0"，在"修改丨放置天花板"选项卡中，可以选择"自动创建天花板"或"绘制天花板"（前者在四周墙体完整围合时，将鼠标放置到房间内空白处，会自动生成天花板边线；后者可以用"拾取"墙体的方式创建天花板轮廓，与生成楼板方式类似），图 14-9 所示为创建天花板命令。

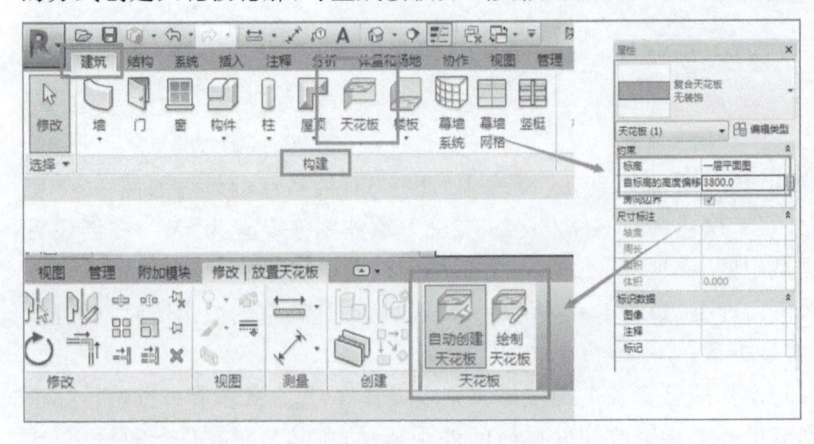

图 14-9 创建天花板命令

设置照明

模块 14　渲染与输出　　165

天花板绘制完成后,在"项目浏览器"中展开"天花板平面"下拉菜单,双击打开"一层平面"即可查看天花板的创建情况。用此方法可完成一层和二层门厅部位的天花板创建,如图14-10 所示。

(2)二层天花板平面的标高应为"二层平面图","自标高的高度偏移"设为"3800.0"。

(3)由于渲染图片仅展示门厅一二层通高效果,其他房间可不放置照明灯具,因此在这里不需要创建其他房间的天花板平面。

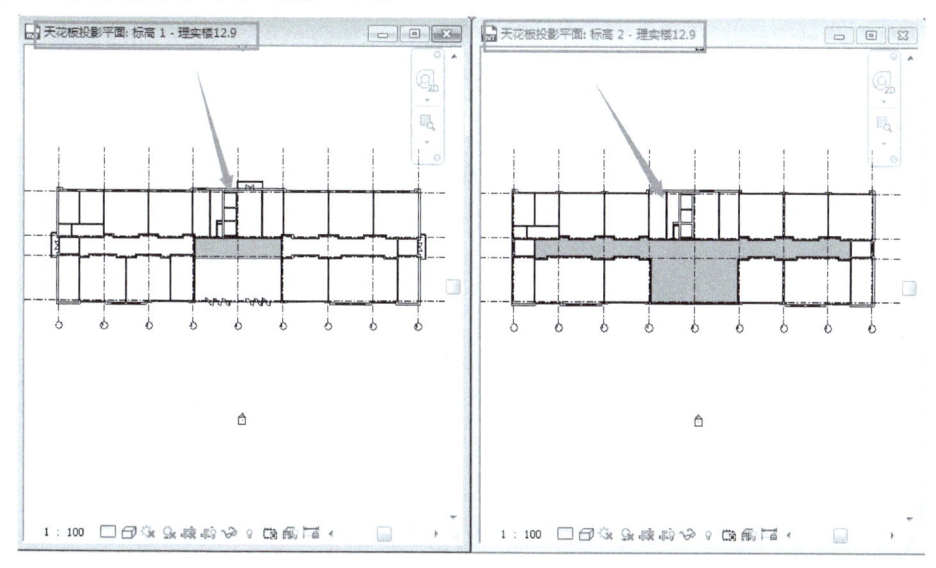

图 14-10　一层、二层门厅天花板平面

(4)在天花板上放置照明设备:在"项目浏览器中"打开"天花板平面"下拉菜单中的"一层平面"视图,在"插入"选项卡的"从库中载入"面板中单击"载入族",选择"理实楼族文件"中的"吸顶灯""射灯"文件,分别载入项目中,图 14-11 所示为载入照明灯具族。

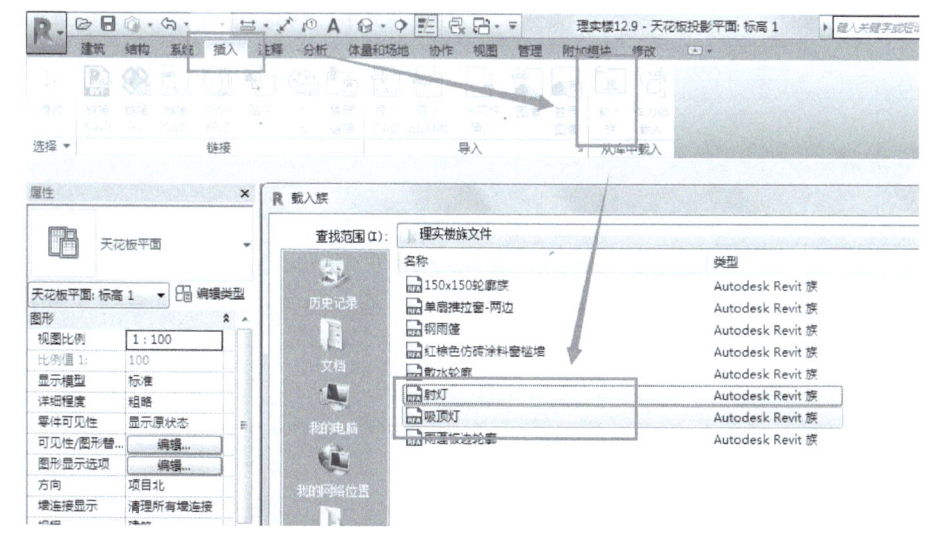

图 14-11　载入照明灯具族

在"建筑"选项卡"构建"面板中单击"构件",选择"放置构件",在一层主入口门厅的走廊处按照参照平面位置放置若干射灯构件,如图14-12所示。

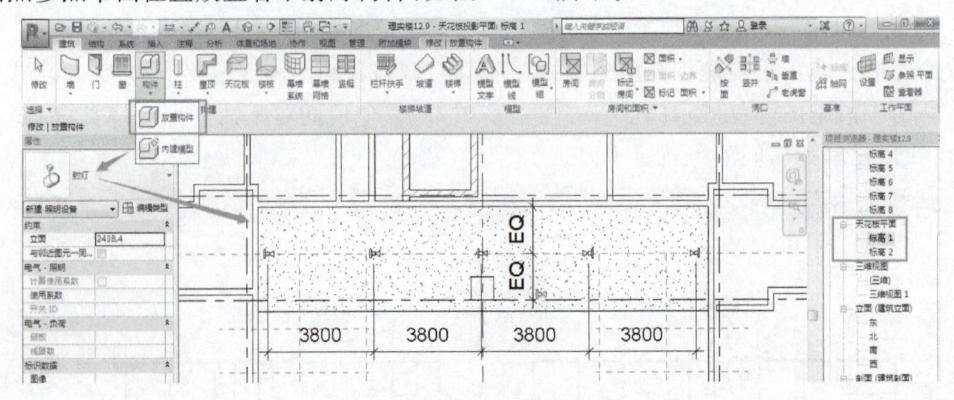

图14-12 在一层天花板平面放置射灯

打开"天花板平面"下拉菜单中的"二层平面"视图,在门厅挑空的位置,按照图示参照平面尺寸放置若干吸顶灯和射灯,如图14-13所示。

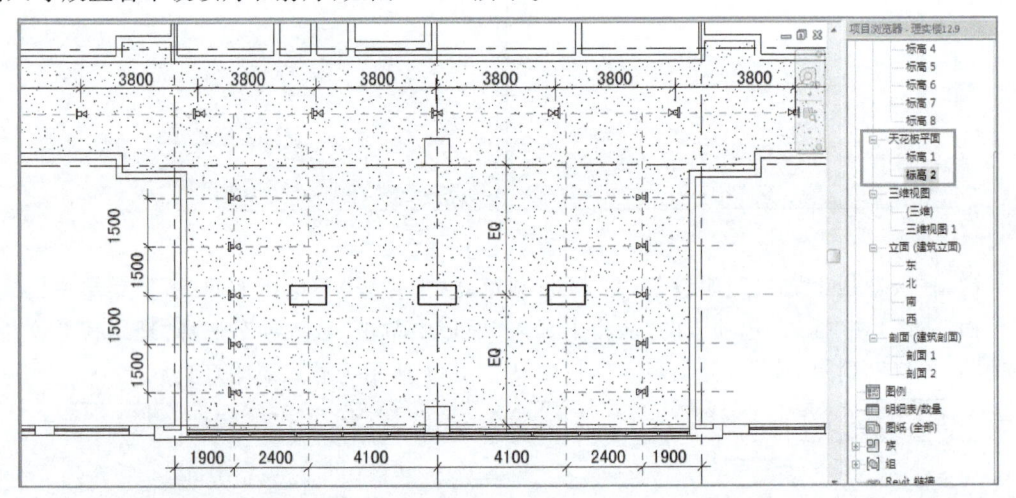

图14-13 在二层天花板平面放置吸顶灯及射灯

①放置完灯具,如果平面图或门厅透视图中没有显示,需要我们在未显示光源的视图中,打开"视图管理器"调整一下视图可见性:在键盘上输入快捷键"vv",在弹出的对话框中找到"照明设备",勾选下拉菜单中的"光源",单击"确定"按钮,透视图的光源即可显示,如图14-14所示。

②添加的灯具照明参数有时需要结合渲染效果进行修改,在本案例门厅透视效果图中,依照经验,我们可以对灯具的照明参数做如下设置:在"门厅透视"视图中选中"吸顶灯",单击"属性"栏中的"编辑类型",弹出"类型属性"界面,单击"初始亮度"选项,在弹出的界面中勾选"瓦特",将数值改为"1500.00W",单击"确定"按钮,退出吸顶灯属性编辑,如图14-15所示。

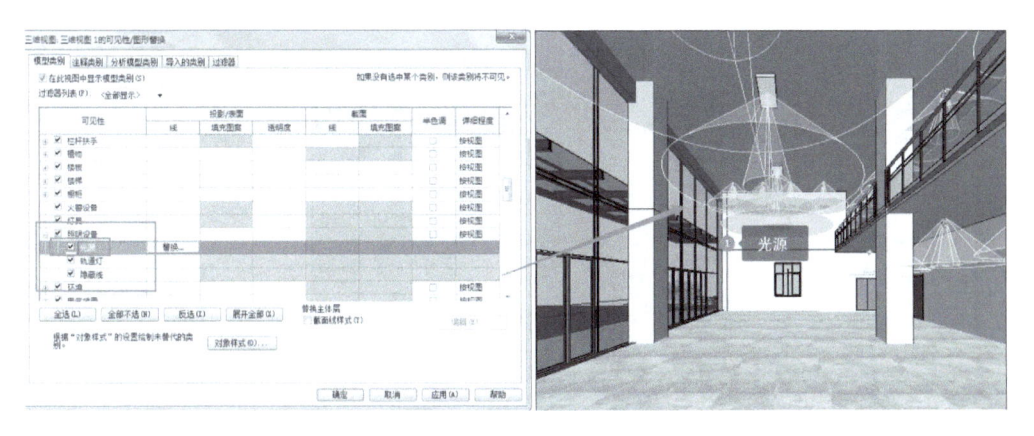

图 14-14　显示光源

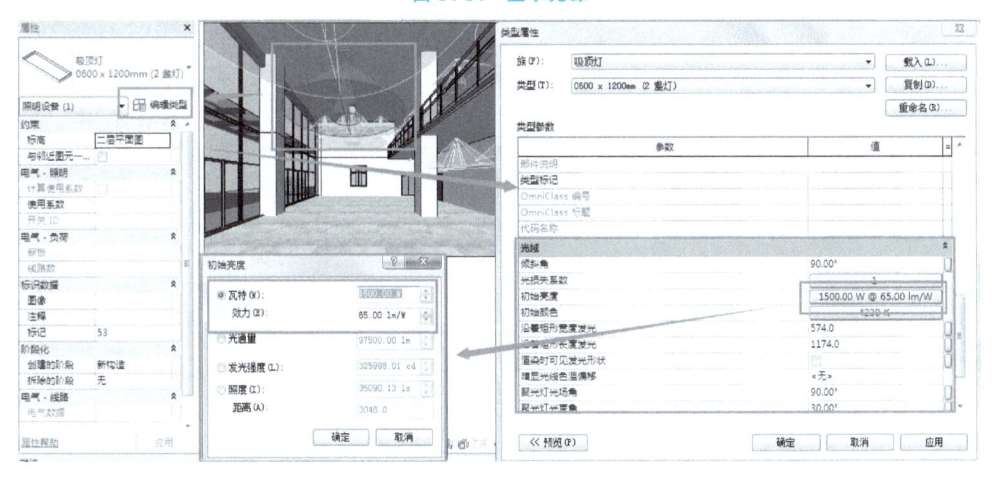

图 14-15　设置光源属性

使用同样的方法,把"射灯"的瓦特数值改为"1000.00W"。这样场景中的照明设备就设置好了,准备开始下一步的渲染工作。

4. 定义渲染设置

在进行渲染设置之前,我们需要先打开渲染对话框,了解每个标签的含义:单击"视图"选项卡,在"图形"面板中选择"渲染",弹出"渲染"对话框,如图 14-16 所示。可以看到渲染对话框中包含了区域、质量、输出设置、照明、背景、图像、显示等内容,这些内容在开始渲染前都需要做相应的调整,才能使渲染效果良好。

（1）区域

确定要渲染的视图区域。默认的渲染区域为三维视图的裁剪区域,当勾选"区域"时,在裁剪区域内会显示一个红色的方框,此时的渲染区域就是红色方框内的视图了,可以通过拖动红色方框四边的圆点来调整渲染区域;也可以不勾选"区域",此时就可以渲染整个视图区域了。图 14-17 所示为勾选"区域"时的红框。

图 14-16　"渲染"对话框

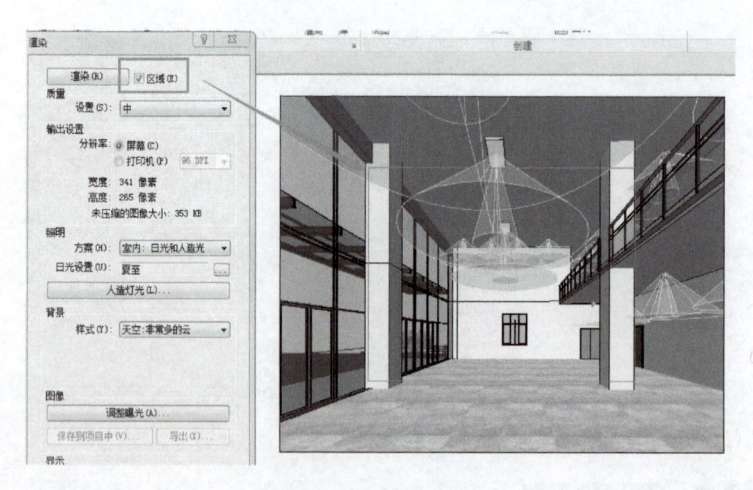

图 14-17　勾选区域时的红框

（2）质量

在向客户展示设计方案时，高质量的渲染效果图必然更有说服力，但是生成的速度会很慢，因此我们可以根据需要去设置渲染的质量。渲染质量包括：绘图、中、高、最佳、自定义、编辑。质量越高，对电脑配置要求越高，渲染的速度越慢，如图 14-18 所示。

（3）输出设置

在渲染三维视图之前，可以使用下列参数来控制打印尺寸（以像素为单位）和文件大小（以字节为单位），如图 14-19 所示。

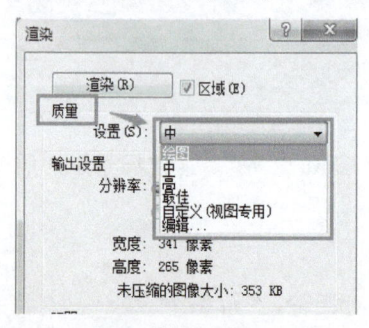

图 14-18　质量选项　　　　图 14-19　输出设置

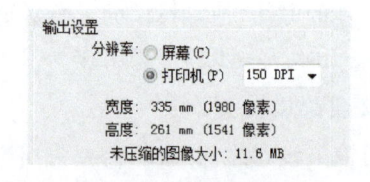

①分辨率：要为屏幕显示生成渲染图像，请选择"屏幕"；要生成供打印的渲染图像，请选择"打印机"。

②DPI（每英寸点数）：当"分辨率"是"打印机"时，请指定打印图像时使用的 DPI 数值。

③"宽度""高度""未压缩的图像大小"字段会根据前两项的选择来更新以反映这些设置。

（4）照明

在渲染之前，可以启用或禁用各个照明设备或灯光组以获得所需的效果。生成的渲染图像显示在该设计中照明的效果。

如果选择了日光方案，就进入日光设置调整日光的照明设置，包括调整照明的方位角、仰角等，调整方式与模块 13 中 13.2 日光及阴影设置中介绍的步骤和原则一致；如果选择使用人造灯光的照明方案,就单击"人造灯光"控制渲染图像中的人造灯光,具体方法将在"渲染图像"中介绍,图 14-20 所示为照明选项。

(5)背景

在"渲染"对话框中,可使用"背景"设置为渲染图像指定背景。背景可以显示单色、天空和云或者自定义图像,图 14-21 所示为背景选项。

> **注** 创建包含自然光的内部视图时,天空和云背景可能会影响渲染图像中灯光的质量。要获得更加漫射的自然光,可以使用"非常多的云",也可以用"颜色"或者导入"图像"来作为渲染背景。

图 14-20 照明选项　　图 14-21 背景选项

(6)图像

为渲染图像可调整曝光设置。如果调整了曝光设置,该曝光设置将作为视图属性的一部分保存起来,下次再渲染此视图时,将默认使用相同的曝光设置,如图 14-22 所示。此步骤建议在渲染完成之后进行设置,方便实时观察曝光效果以便合理调整。

图 14-22 曝光控制

(7)显示

当渲染完成时,可控制视图"显示渲染"或"显示模型",在两种视图之间随时切换。

5. 渲染图像

以上文中"鸟瞰图"和"门厅透视"为例,分别为大家介绍室内、室外效果图的渲染方法和技巧。

(1)渲染"鸟瞰图"

打开三维视图,将模型调整至合理、美观的鸟瞰视角,单击"视图"选项卡,在"图形"面板中单击"渲染",按图 14-23 所示的"日光设置"对话框进行设置。单击框中的"渲染"按钮,等待视图渲染结果。

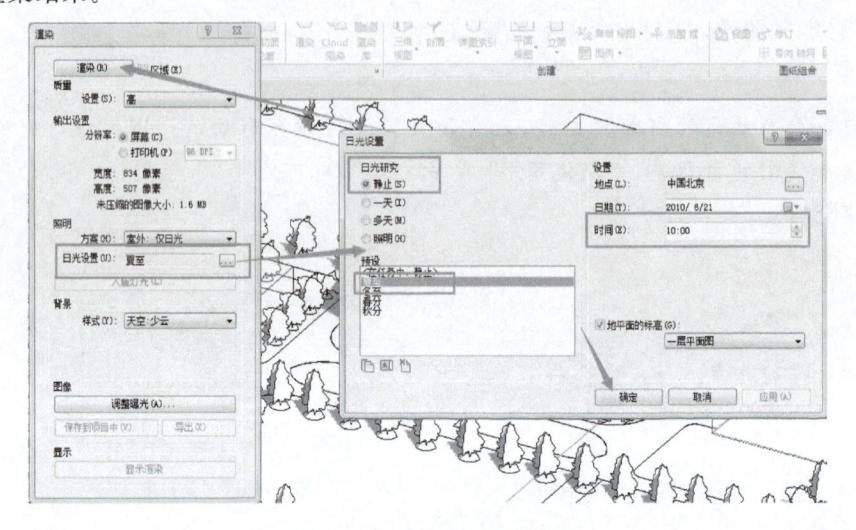

图 14-23 "日光设置"对话框

渲染完成,通过调整曝光参数,使效果图的色彩明暗表达更加准确、美观,如图 14-24 所示。

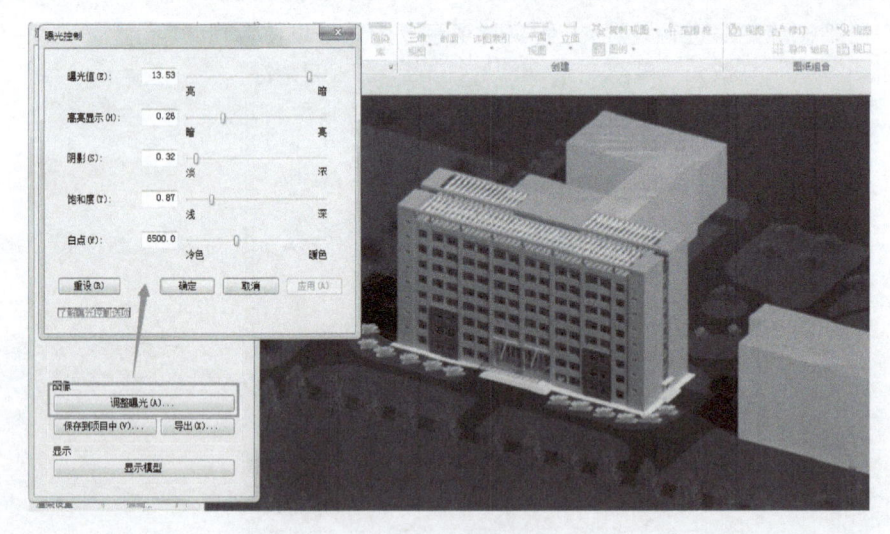

图 14-24 完成渲染

(2)渲染"门厅透视"

在"项目浏览器"中双击打开"门厅透视"三维视图,单击"视图"选项卡,在"图形"面板中单击"渲染",在弹出的"渲染"框中,将照明方案选择为"室内:日光和人造光",单击"日光设置",将日光设置为"夏至","时间"为"7:00",单击"人造灯光",在弹出的对话框中勾选所有上文放置的照明设备,并将"暗显"数值填为"1"(0 为不显示,1 为最亮),单击"渲染"按钮,等待视图渲染结果,图 14-25 所示为渲染灯光设置。

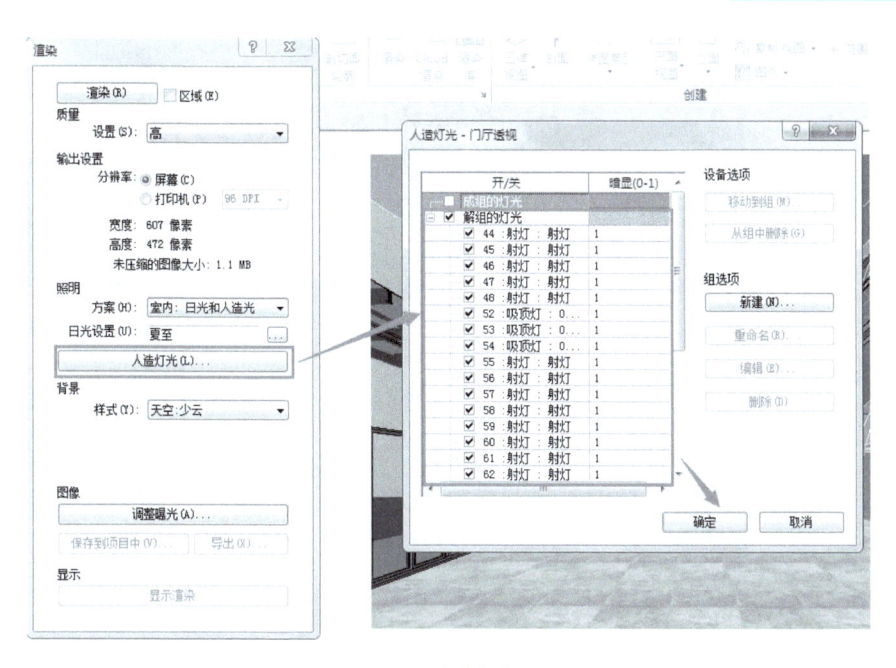

图 14-25　渲染灯光设置

渲染完成，通过调整曝光参数，使效果图的色彩明暗表达更加准确、美观，如图 14-26 所示。

6. 保存渲染图像

每一个渲染完成的图片，必须先单击"渲染"框下方的"保存到项目中"，或者直接单击"导出"，不能直接关掉"渲染"框，否则渲染完成的图片会随着"渲染"框一起关闭，无法再保存或导出。

"保存到项目中"的效果图，可以在"项目浏览器"中的"渲染"下拉菜单中找到，在视图上可以单击鼠标右键进行重命名。本节介绍的两个渲染图片分别被命名为"鸟瞰图"和"门厅透视"，保存在"项目浏览器"中，如图 14-27 所示。

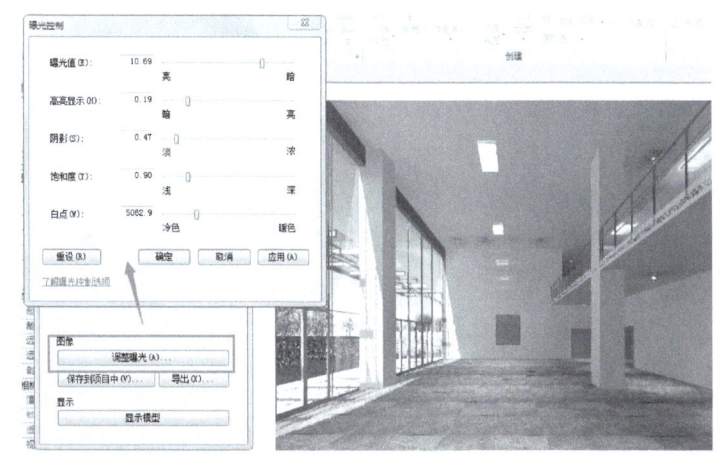

图 14-26　调整曝光参数　　　　　　　　图 14-27　保存渲染图像

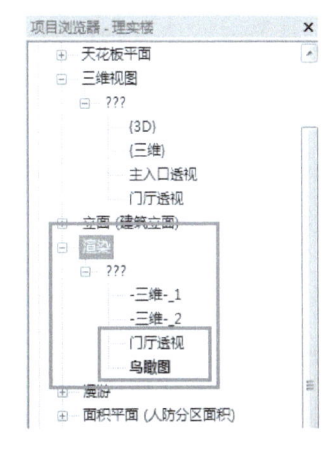

14.2 导出效果图及渲染优化

1. 导出效果图

图像渲染完成后,可将该图像另存为项目视图,此步骤在上一节中已介绍;也可以将效果图导出到文件中,此文件存储在项目之外的指定位置。Revit 支持导出的图像文件格式有 BMP、JPEG、JPG、PNG、TIFF。

导出效果图有两种方法:

方法一:在未关闭"渲染"框时,单击下方"导出"按钮,选择导出格式和存储格式即可。

方法二:在把效果图保存在"项目浏览器"的前提下,单击"应用程序菜单",选择"导出"—"图像和动画",选择要导出的效果图即可,图 14-28 所示为两种导出效果图的方法。

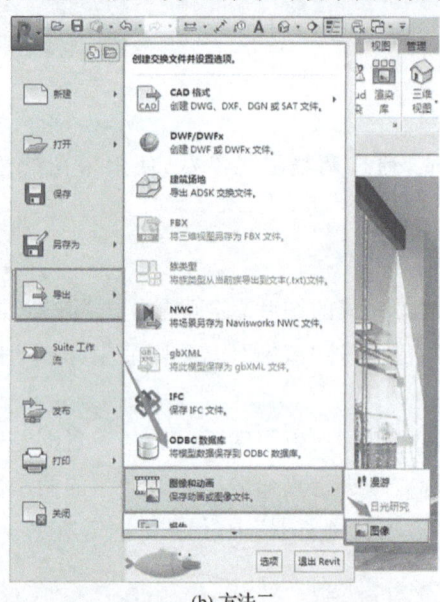

(a) 方法一　　(b) 方法二

图 14-28　两种导出效果图的方法

2. 渲染优化

通过建筑模型的设置,可以提升渲染性能,缩短渲染时间。可以通过以下方式提高渲染性能:

(1) 隐藏不必要的模型图元

例如,在渲染室外效果图之前,隐藏远处的配景或内墙远端处的家具,可以减少渲染引擎在渲染进程中必须考虑的图元数量。

(2) 修改模型详细程度

将视图的详细程度修改为粗略或中等,通过在三维视图中减少细节的数量,可以减少渲染对象的数量,从而缩短渲染时间。

(3)减小要渲染的视图区域

可以通过使用剖面框、裁剪区域、摄影机裁剪平面或渲染区域,只保留三维视图中需要在图像中显示的那一部分,忽略不需要的区域。

(4)减少照明

渲染时间直接与场景中的光线数成正比,通常灯光越多,渲染时间就越长,可考虑关闭不需要的灯光。此外,光源的"形状"也会影响渲染时间,例如,点光源比其他形状的灯光渲染更快。

(5)材质、材质的反射类型等都会影响渲染性能

例如,平滑的单色表面渲染速度较快,密实的、复杂的填充图案渲染速度较慢。带反射的材质,如玻璃、金属、水面的渲染速度也较慢。

(6)渲染图像的尺寸和质量也会影响渲染时间

尺寸和质量与渲染时间成正比,图像尺寸越大,质量越高,渲染时间越长。

Revit 的傻瓜式渲染,图像细腻,操作简单,重点在于材质和光线的调节,但缺点是难以渲染出高质量的效果图,需要模型对材质的深度配合,调节光线与各个材质的关系,渲染高品质的作品比较麻烦。如果需要渲染高品质的效果图,建议将 Revit 模型导出到 Sketchup 软件用 Lumion 渲染,或者导出到 3ds Max 用 Vray 渲染器渲染。

14.3 软件交互及应用

"BIM+三维激光扫描技术"助力历史文化传承

Revit 软件作为 BIM 领域非常重要的建模软件,之所以具有很高的市场占有率,是因为 Revit 软件与其他软件之间数据的传递和调用是非常畅通的。信息传递无障碍,是 Revit 在 BIM 建模软件中很受欢迎的主要原因。

1. 导出为 CAD 格式

Revit 的精确度很高,一些大型空间,用 CAD 来绘制立面很困难且容易出错,如果先用 Revit 搭建出立面框架,再导入 CAD 进行细部处理,那么效率会提高很多。

导出 CAD 格式的具体步骤如下:单击"应用程序"菜单-"导出"-"CAD 格式",选择"DWG",在弹出的"DWG 导出"对话框中勾选导出内容,单击"下一步"按钮,图 14-29 所示为指定保存名称及路径,即可完成视图或图纸的导出。

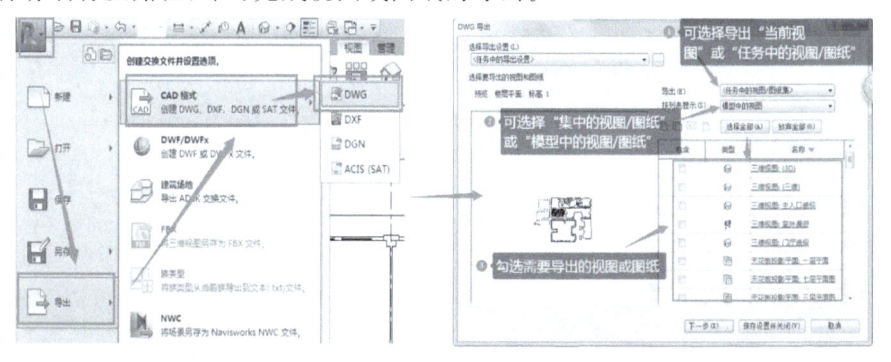

图 14-29 导出 CAD 格式的步骤

2. 导出为 DWF 格式

使用 DWF 文件可以安全又轻松地共享设计信息，避免意外修改项目文件，也可以与客户以及没有 Revit 的其他人共享项目文件。DWF 文件明显比原始 RVT 文件小，因此可以很轻松地将其通过电子邮件发送或发布到网站上。

Revit 可以导出二维或三维的 DWF 文件，操作步骤为：单击"应用程序"菜单－"导出"－"DWF/DWFx"，在弹出的对话框中选择要导出的图纸或视图，如图 14-30 所示（需要导出二维 DWF 就选择二维的平、立、剖面视图；需要导出三维视图，就选择模型的三维视图）。

将所有 Revit 视图或图纸导出为二维 DWF 文件：如果将项目中的多个视图导出到一个 DWF 文件中，则可以在 Autodesk Design Review 中单击某个链接，跳到相关视图。

将 Revit 三维视图导出为三维 DWF 文件：通过 Autodesk Design Review，可以打开三维 DWF 文件并对三维模型进行浏览。可以旋转、放大建筑的某个部分，选择图元（如屋顶）以及使此图元透明以查看它下方或后方的事物等。

3. 导出建筑场地

建筑设计师可以在 Revit 中进行建筑设计，然后将相关的建筑内容以三维模型的形式导出到接受 Autodesk 交换文件（ADSK）的土木工程应用程序中，例如 AutoCAD。

将三维建筑场地导出到 ADSK 文件的步骤如下：

（1）准备要导出的建筑场地（创建场地的三维视图，并降低该视图中模型的复杂性，只将场地相关图元显示出来）。

（2）单击"应用程序"菜单－"导出"－"建筑场地"（要导出建筑场地，必须指定一个总建筑面积平面。如果以前未创建总建筑面积，则可以立即创建，然后必须重复执行"导出"命令），图 14-31 所示为导出 ADSK 交换文件。

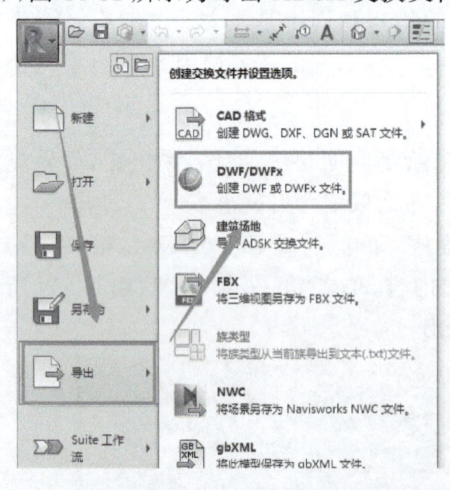

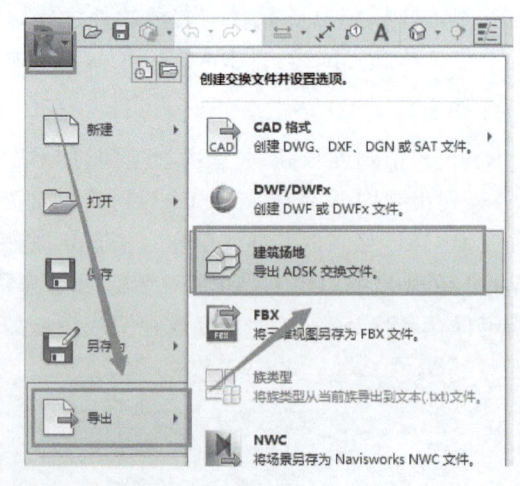

图 14-30　导出 DWF 文件　　　　图 14-31　导出 ADSK 交换文件

（3）检查"建筑场地导出设置"对话框中的导出设置。

（4）单击"导出"，将建筑场地保存为一个 ADSK 交换文件。（在"导出建筑场地"对话框中，确认已选择了"在默认浏览器中查看导出报告"。如果选择此选项，将可以在默认 Web 浏览器中查看导出报告。）

（5）查看"导出建筑场地"报告，确认无误后将 ADSK 交换文件提交给项目组其他成员。

4. 导出到 3ds Max

在 Revit 中完成项目的初步设计、布局和建模后,可以使用 3ds Max 或 3ds Max Design 生成高端渲染效果并添加最后的细节。

3ds Max 是一个专业三维动画工具包,可针对设计可视化和视觉效果方面最复杂的问题提供额外的动画、建模和工作流功能;3ds Max Design 是面向建筑师、工程师、设计师和视觉效果专家的三维设计视觉效果解决方案。其设计目的是与 Revit 中的 FBX 文件进行交互操作,同时保留 Revit 项目中的模型几何图形、灯光、材质、相机设置和其他元数据。联合使用 Revit 和 3ds Max Design 时,设计师可以扩展建筑信息模型流程,使其设计可视化。

具体交互步骤为:打开 Revit 项目的三维视图,单击"应用程序"菜单-"导出",选择"FBX",为导出文件指定命名和保存路径,如图 14-32 所示。

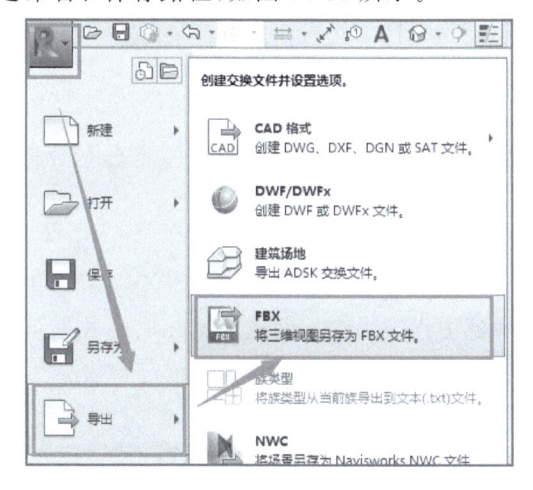

图 14-32　导出 FBX 文件

在 3ds Max 中,将 FBX 导入,即可为设计创建复杂的渲染效果,与客户分享。FBX 文件格式可将渲染信息传递给 3ds Max,包括三维视图的光、渲染外观、天空设置以及材质指定信息。通过在导出过程中保留上述信息,Revit 可保持高保真度,并可减少 3ds Max 中所需的工作量。

5. 将项目视图导出为 HTML

可以创建与 Revit 项目中视图和图纸的 HTML 版本相链接的网页。

导出步骤如下:单击"应用程序"菜单,"导出"-"图像和动画"-"图像",在"导出图像"对话框的"导出范围"下,勾选"所选视图/图纸"并单击右侧"选择",在"视图/图纸集"中,选择要导出的视图和图纸,单击"确定"按钮,在"输出"下指定导出文件的名称和路径,勾选"为每个视图创建附带 HTML 链接页面的可浏览网站",根据需要修改"图像尺寸""选项""格式"等参数设置,单击"确定"按钮,如图 14-33 所示为导出 HTML 格式。

Revit 将创建网页。从网页中,可以打开目录中的视图。视图标记为超链接。例如,假设导出"标高 1"视图和"北立面"视图。则在网页中查看"北立面"视图时,可以单击"标高"视图标记链接到"标高 1"视图。在网页所在的文件夹中,Revit 会创建一个包含源 HTML 文件和图像的文件夹。此文件夹还包含一个层叠样式表(CSS 文件)。编辑此文件可修改网页格式。

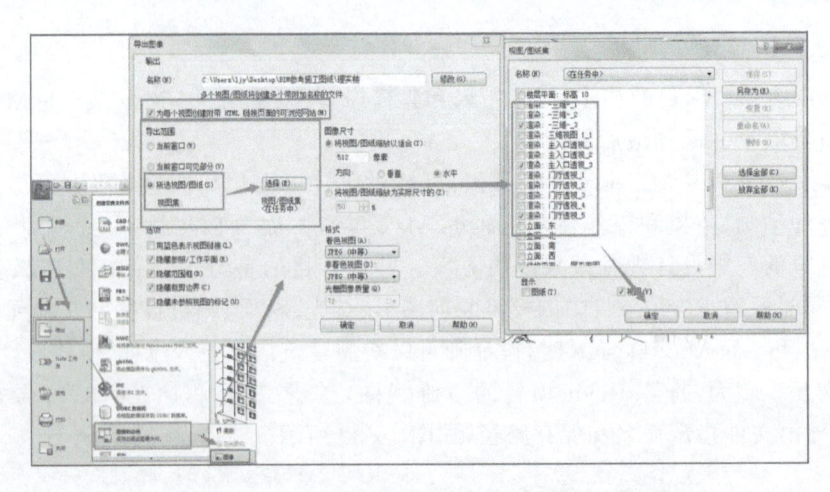

图 14-33　导出 HTML 文件

6. 导出为 gbXML

模型导出为 gbXML 是为了使用其他软件对项目进行能量分析。Revit 导出到 gbXML 有两种方法：

（1）使用能量设置

此方法导出通过 Revit 创建的能量分析模型。能量分析模型由分析空间和分析表面组成，是基于"能量设置"对话框中指定的参数创建的。导出的数据可为分析提供精确的能量模型。在使用此方法之前，应在"能量设置"对话框中指定参数并创建能量分析模型。

（2）使用房间/空间体积

此方法使用建筑模型中指定的体积（基于模型中房间或空间）。这些体积可能没有使用"能量设置"创建的体积准确。在使用此方法之前，应将房间或空间添加到模型中。

生成的 gbXML 文件包含模型的能量信息，这些信息取决于基于 gbXML 方案的 gbXML 文件结构。创建的 gbXML 方案用来帮助建筑设计人员获取有关建筑项目能量消耗特征的信息。

7. 导出到其他文件格式

（1）导出到 ODBC

可以将模型构件数据导出到 ODBC（开发数据库链接）数据库中。导出的数据可以包含已指定给项目中一个或多个图元类别的项目参数。对于每个图元类别，Revit 都会导出一个模型类型数据库表格和一个模型实例数据库表格。ODBC 导出仅使用公制单位。

（2）导出到 NWC

这是 Autodesk Revit 与 Autodesk Navisworks 软件对接的文件格式。Navisworks 软件主要完成模型的可视化浏览和仿真模拟，能够分析多种格式的三维设计模型。导出的 NWC 文件附加进 Navisworks 软件中，可以实现项目的实时漫游浏览、管线综合、施工进度模拟等一系列可视化工作，帮助所有相关方将项目作为一个整体来看待，从而优化从设计决策、建筑实施、性能预测和规划直至设施管理和运营等各个环节。

导出 NWC 格式的前提是电脑同时安装了 Autodesk Revit 和 Autodesk Navisworks 软件，这时在 Revit 的"应用程序"菜单的"导出"中，才能看到导出"NWC"的标签。

(3)导出到广联达系列软件

①广联达 BIM5D

广联达 BIM5D 软件是以 BIM 集成平台为核心,集成土建、钢构、机电、幕墙等多个专业的三维模型,将施工过程中的进度、合同、成本、清单、质量、安全、图纸等信息集成到同一平台,为施工过程中的进度管理、现场协调、合同成本管理、材料管理等工作提供便捷,减少施工变更、缩短工期、在提升质量的前提下控制项目成本。

在广联达 BIM5D 正确安装的前提下,Revit 软件的"附加模块"选项卡中会出现"BIM5D"标签,根据需要选择此标签下的"导出全部图元""导出所选图元",就可以实现软件之间的交互。

②广联达土建算量 GCL

广联达土建算量 GCL 软件内置全国各地现行清单、定额计算规则,运用三维计算轻松处理土建工程算量问题。

在安装了广联达研发的"GFC 插件"之后,可以实现 Revit 软件和广联达算量软件 GCL 的交互。安装插件之后,Revit 中会多出一个"广联达 BIM 算量"选项卡,这个选项卡中包括了"导出 GFC""模型检查""批量修改族名称"等内容,选择"导出 GFC"命令,即可根据提示导出需要的楼层模型,实现文件交互。

小 结

本模块重点介绍了 Revit 渲染的相关知识和 Revit 模型与其他 BIM 软件的交互。渲染使用 Revit 自带渲染器完成的建筑表达,可满足基本的渲染需求。我们在渲染时,一方面要学工具的使用,另一方面要了解效果图的基本套路和原则。在软件交互方面,Revit 作为 BIM 领域市场占有率极高的建模软件,基本能够满足与大部分 BIM 软件交互的要求,学会创建 Revit 模型,在实际项目中,可根据项目需求进行模型的导出和应用。

"BIM+装配式"
创造"中国速度",
助力火神山医院交付

《中国建设者》未来
之城,勇担使命与责任

参 考 文 献

1. 黄亚斌,王全杰.Revit建筑应用实训教程[M].北京:化学工业出版社,2016.
2. 徐勇戈,高志坚,孔凡楼.BIM概论[M].北京:中国建筑工业出版社,2018.
3. 李建成,王广斌.BIM应用.导论[M].上海:同济大学出版社,2014.
4. 清华大学BIM课题组.中国建筑信息模型标准框架研究[M].北京:中国建筑工业出版社,2012.
5. 叶雯,路浩东.建筑信息模型(BIM)概论[M].重庆:重庆大学出版社,2017.
6. 李建成.数字化建筑设计概论[M].北京:中国建筑工业出版社,2012
7. 何关培.BIM总论[M].北京:中国建筑工业出版社,2011.
8. 刘霖,郭清燕,王萍.BIM技术概论[M].天津:天津科学技术出版社,2018.

附　　录

附表1　柱编号、截面尺寸及数量

类型	编号	尺寸/(mm×mm)	数量
框架柱	KZ1	800×800	2
	KZ2	800×800	2
	KZ3	800×800	2
	KZ4	800×800	2
	KZ5	800×800	4
	KZ6	800×800	4
	KZ7	800×800	7
	KZ8	800×800	7
	KZ9	800×800	1
	KZ10	800×800	1
	KZ11	800×800	2
	KZ12	800×800	2

附表2　标高3.950梁的尺寸及数量

类型	编号	截面尺寸/(mm×mm)	数量 标高3.950
框架梁	KL1(3)	350×950	1
	KL2(3)	350×850	1
	KL3(3)	350×850	3
	KL4(3)	350×850	1
	KL5(2)	350×850	1
	KL6(3)	350×850	1
	KL7(3)	350×950	1
	KL8(8)	350×750	1
	KL9(8)	350×750	1
	KL10(8)	350×750	1
	KL11(8)	350×750	1

类型	编号	截面尺寸/(mm×mm)	数量 标高3.950
非框架梁	L1(1)	250×350	1
	L2(2)	300×600	1
	L3(2)	250×400	1
	L4(1)	300×600	8
	L5(1)	300×600	1
	L6(1)	250×350	1
	L7(1)	300×700	1
	L8(1)	300×700	1
	L9(3)	300×600	1
	L10(5)	250×400	3
	L11(1)	250×400	1
	L12(1)	250×300	1
	L13(1)	250×400	2
	L14(1)	300×450	1
	L15(6)	250×400	1
	L16(1)	300×700	2